北京理工大学“双一流”建设精品出版工程

# Modern Optoelectronic Measurement and Testing Technology

# 现代光电测试技术

郝群 胡摇 王姗姗 张韶辉 ◎ 编著

北京理工大学出版社
BEIJING INSTITUTE OF TECHNOLOGY PRESS

图书在版编目（CIP）数据

现代光电测试技术/郝群等编著.—北京：北京理工大学出版社，2020.4（2024.8重印）
ISBN 978－7－5682－8378－6

Ⅰ.①现…　Ⅱ.①郝…　Ⅲ.①光电检测－测试技术　Ⅳ.①TN206

中国版本图书馆CIP数据核字（2020）第061271号

出版发行／北京理工大学出版社有限责任公司
社　　址／北京市海淀区中关村南大街5号
邮　　编／100081
电　　话／（010）68914775（总编室）
　　　　　（010）82562903（教材售后服务热线）
　　　　　（010）68948351（其他图书服务热线）
网　　址／http：//www.bitpress.com.cn
经　　销／全国各地新华书店
印　　刷／廊坊市印艺阁数字科技有限公司
开　　本／787毫米×1092毫米　1/16
印　　张／11.25
字　　数／281千字
版　　次／2020年4月第1版　2024年8月第3次印刷
定　　价／48.00元

责任编辑／刘兴春
文案编辑／李丁一
责任校对／周瑞红
责任印制／李志强

# PREFACE 前 言

测试是测量、试验和检验的总称，其基础是各种测量原理和测量仪器，并在此基础上形成测试方法和测试技术。测试技术建立在仪器技术的基础上，是我们进行科学探索和认识世界的重要手段。大量事实表明，谁掌握或者拥有最先进的测量仪器，谁就有可能做出最先进、最杰出的科研成果；强大的科技创新能力的基础，是科学仪器和测试方法的创新。

20 世纪以来，随着激光技术、光波导技术、光电子技术、光纤技术、计算机技术的发展，以及傅里叶光学、现代光学、二元光学和微光学的出现和发展，光电测试技术无论从测量原理、方法还是准确性等方面都得到迅速发展，已成为测试技术新的发展方向，广泛应用于工业、农业、文教、卫生、国防、科研和家庭生活等各领域。

本书以光电被测对象为主线，较全面地介绍了光学量和几何量测量中所涉及的基本理论，主要测量原理、方法，主要测量仪器的组成及主要技术特点。

本书与常规以原理和技术为主线的写法不同，而是以应用对象为主线，将原理各不相同的测试方法联系起来，便于各方法之间的分析比较，突出将理论应用到实际中，注重对工程思维培养。

本书可作为光学工程、仪器科学与技术、电子科学与技术、信息科学与技术专业的研究生教材，亦可作为有关工程技术人员及高年级本科生的参考书。全书共分 6 章，第一章介绍精密测试技术的发展历史和发展方向；第二章介绍光电测试的基础理论和基本原理，包括干涉原理、激光多普勒原理、差分与斜率测量原理、三角测量原理、莫尔测量原理等；第三章介绍长度测量，包括柯氏干涉仪测长、双频干涉测长、激光多普勒技术、绝对距离测量和三角法测距；第四章介绍波前误差测量，包括移相干涉测量、同步干涉测量、哈特曼测量、位相反衍技术及波前误差拟合与处理方法；第五章介绍形貌测量，包括三角测量法、激光束偏转法、莫尔条纹法，以及结构光测量物体的表面轮廓；第六章介绍微观形貌测量，包括光学探针法、共焦显微镜法和白光干涉轮廓仪法等。

由于同一测量原理可能会用于测量多个对象，所以多个章节会重复出现同一测量原理，为避免重复讲解，并使全书的条理更清晰，本书将所用的光电测试基础理论和基本原理集中在第二章中统一介绍，化解了因按测量对象编排有可能带来的使基础测量原理分散、重复混乱的问题。对于光学基础较弱的读者，有利于补充光学基础的欠缺，对于有一定光学基础的读者也起到一个回顾和强化的作用。

本书在保留经典测量方法的同时，介绍了当代国内外主流的、代表未来发展方向的光电测量原理和仪器，如同步移相干涉测试技术等。同时也将作者多年的研究成果融入其中，如数字莫尔移相干涉非球面测试技术、激光束偏转法非球面测试技术等，使读者充分了解光电测试技术领域的学术动态和最新成果。同时，介绍了自适应光学中所应用的位相反衍技术和哈特曼波前传感技术，以丰富波前检测的方法，扩展应用范围。

本书第一章由郝群和胡摇编写，第二章由胡摇、张韶辉、王姗姗编写，第三章由张韶辉、胡摇编写，第四章由王姗姗、郝群编写，第五章由胡摇、王姗姗编写，第六章由王姗姗、胡摇编写。感谢浙江大学汪凯巍副教授的有益讨论。

由于作者水平有限，本书编排是一种新的尝试，难免有不妥之处，欢迎读者提出建设性的宝贵意见。

**编著者**

# 目 录
CONTENTS

# 第一章
# 绪　　论

## 1.1　精密测试的意义和特点

精密测试技术是工业发展和科学研究的基础和先决条件之一，这已被生产发展的历史所确认。从生产发展的历史来看，工业和科学研究水平的提高总是与精密测试技术的发展水平相关的。以精密加工领域为例，由于有了千分尺类量具，使加工精度达到了0.01 mm；有了测微比较仪，使加工精度达到了1 μm左右；有了电容/电感测微仪等精密测量仪器，使加工精度达到了0.1 μm；有了激光干涉仪，使加工精度达到了0.01 μm。目前国际上机床的加工水平已能稳定地达到1 μm的精度，正在向着稳定精度为纳米级的加工水平发展，表面粗糙度的测量则向亚纳米级的水平发展，纳米技术正在形成新的技术热点。有人认为，材料、精密加工、精密测量与控制是现代精密工程的三大支柱。同理，对于科学技术来说，测量与控制是使其发展的促进因素，测量的精度和效率在一定程度上决定着科学技术的水平。

目前在基础工业的某些领域，例如研究切削速度与进刀量对加工误差的影响、摩擦磨损等，精密测试已成为不可分割的重要组成部分；在电子工业部门，精密测试技术也被提到从未有过的高度，例如制造超大规模集成电路，目前半导体工艺的典型线宽为14 nm，正向7 nm过渡，如果定位要求占线宽的1/3，那么就要求2 nm量级的精度，所以要研究这种集成电路的装备，必须有高精度测量用的稳频激光系统和定位系统；又如在阿伏伽德罗基础常数的测定中，不仅要求X射线干涉仪的工作台能在10 nm的分辨率下连续移动，而且在50 mm的位移行程上的角偏量为千分之几的秒级；此外，在对半导体材料、生物细胞、空气污染微粒、石油纤维、纳米材料等基础研究中，无不需要精密测试技术。

针对上述应用需求，光电测试技术由于具有高精度、非接触、多功能等特点，得到广泛的关注和应用。

利用自然界存在的光线进行计量与测试最早始于天文和地理测量中。望远镜和显微镜的出现，光学与精密机械的结合，使许多传统的光学计量与测试仪器广泛用于各级计量及工业测量部门。激光器的出现和信息光学的形成，特别是激光技术与微电子技术、计算机技术的结合，出现了光机电一体化的光电测试技术。在光机电金字塔中，塔顶是光，光学是这个基本体系中的原理基础，而精密机械、电子技术与计算机技术构成塔底，是光学测量的支撑基础。相比传统的光学测量系统，现代光学测量系统具有以下主要特点：

（1）从主观测量发展成为客观测量，即用光电探测器取代人眼这个主观探测器，提高了测量精度与效率；

（2）用激光光源取代常规光源，获得方向性极好的光束用于各种光学测量上；

（3）从光机结合的模式向光机电一体化的模式转换，实现测量与控制的一体化。

## 1.2 精密测试基础

### 1.2.1 基本概念

计量（Metrology）：是指研究测量、保证测量统一和准确的所有工作；计量泛指对物理量的标定、传递与控制。计量研究的主要内容包括：计量单位及其基准，标准的建立、保存与使用，测量方法和计量器具，测量不确定度，观察者进行测量的能力以及计量法制与管理等。计量也包括研究物理常数和物质标准以及材料特性的准确测定。

测量（Measurement）：是指将被测值和一个作为测量单位的标准量进行比较，求其比值的过程。测量过程可以用一个基本公式表示为

$$L = Ku \tag{1.1}$$

式中，$L$ 为被测长度；$u$ 为长度单位；$K$ 为比值。

从计量的定义和内容可以看出，计量的主要表现方式是测量。测量的目的是得到具体的测量数值，这个测量数值还应包含测量的不确定度。一个完整的测量过程包括 4 个测量要素：测量对象和被测量，测量单位和标准量，测量方法，测量的不确定度。

检验（Inspection）：是指判断测量是否合格的过程，通常不一定要求具体数值。

测试（Measuring and Testing）：是指具有试验研究性质的测量，一般是测量、试验与检验的总称。测试是人们认识客观事物的方法。测试过程是从客观事物中摄取有关信息的认识过程。在测试过程中，需要借助专门的设备，通过合适的试验和必要的数据处理，求得所研究对象的有关信息量值。

灵敏度（Sensitivity）：是指测量系统输出变化量 $\Delta y$ 与引起该变化量的输入变化量 $\Delta x$ 之比，其表达式为

$$k = \frac{\Delta y}{\Delta x} \tag{1.2}$$

测量系统输出曲线的斜率就是其灵敏度。对于线性系统，其灵敏度是一个常数。

分辨率（Resolution）：是指测量系统能检测到的最小输入增量。

误差（Error）：是指测得值与被测量的真值之间的差。误差可以分为系统误差、随机误差与粗大误差。

精度（Accuracy）：是指反映测量结果与真值接近程度的量。在现代计量测试中，精度的概念逐步被测量的不确定度代替。

测量不确定度（Uncertainty of Measurement）：是指表征合理地赋予被测量的量值的分散性。主要包括：①不确定度的 A 类评定，即用对重复观察值的统计分析进行不确定度评定的方法；②不确定度的 B 类评定，即用不同于统计分析的其他方法进行不确定度评定的方法。

### 1.2.2 基本构成

任何一个测量系统，其基本组成部分可用图 1.1 所示的原理方框图来表示。

**图 1.1　测量系统原理框图**

传感器用于从被测对象获取有用的信息，并将其转换为适合于测量的信号。不同的被测物理量要采用不同的传感器，这些传感器的作用原理所依据的物理效应或其他效应是千差万别的。对于一个测量任务来说，第一步是能够有效地从被测对象取得能用于测量的信息，因此传感器在整个测量系统中的作用十分重要。

信号处理是对从传感器所输出的信号作进一步的加工和处理，包括对信号的转换放大、滤波、存储和一些专门的信号处理。这是因为从传感器输出的信号往往除有用信号外还夹杂有各种干扰和噪声，因此在作进一步处理之前必须尽可能将干扰和噪声滤除掉。此外，传感器的输出信号往往具有光、机、电等多种形式，而对信号的后续处理通常采取电的方式和手段，因此必须把传感器的输出信号转换为适宜于电路处理的电信号。通过信号的处理，最终获得便于传输、显示、记录及可进一步后续处理的信号。

显示与记录是将处理过的信号用便于人们观察和分析的介质与手段进行显示或记录。

图 1.1 所示的三个方框构成了测量系统的核心部分。但被测对象和观察者也是测量系统的组成部分，它（他）们同传感器、信号处理部分以及数据显示与记录部分一起构成了一个完整的测量系统。这是因为在用传感器从被测对象获取信号时，被测对象通过不同的连接方式对传感器产生了影响和作用；同样，观察者通过自身的行为和方式直接或间接地影响着系统的特性。

一个光电测量系统的基本组成部分主要包括光源、被测对象与被测量光信号的形成与获得、光信号的转换、信号或信息处理等部分。按照不同的需要，实际的光学测量系统可能简单些，也可能还要增加某些环节，或者由若干个不同的光学测量系统集成。下面对每一部分分别加以说明。

（1）光源。光源是光学测量系统中必不可少的一部分。在许多光学测量系统中需要选择一定辐射功率、一定光谱范围和一定空间分布的光源，以此发出的光束作为携带被测信息的载体。

（2）被测对象与被测量。被测对象主要是指具体要测量的物体或物质，被测量就是具体要测量的参数，被测量可以分为几何量、力学量、光学量、时间频率、电磁量、电学量等。

（3）光信号的形成与获得。实际上就是光学传感部分，主要是利用各种光学效应，如干涉、衍射、偏振、反射、吸收、折射等，使光束携带上被测对象的特征信息，形成可以测量的光信号。能否使光束准确地携带上所要测量的信息，是决定光学测量系统成败的关键。

（4）光信号的转换。就是通过一定的途径获得原始的光信号。目前主要通过各种光电接收器件将光信号转换为电信号，以利于采用目前最为成熟的电子技术进行信号的放大、处理和控制等。也可采用信息光学或其他手段来获得光信号，并用光学或光子学方法对其进行直接处理。最终观察者得到的是电信号、图像信息或数字信息。

（5）信号与信息处理。根据获得的信号的类型不同，信号或信息处理主要包括模拟信号处理、数字信号处理、图像处理以及光信息处理。在当代光电测量系统中，大部分系统采用计算机来处理、分析和显示各种信息，也可以通过计算机形成闭环测量系统，对某些影响测量结果的参数进行控制。

在光电测量系统中，特别需要注意的是光信号的匹配处理。通常表征被测量的光信号可以是光强的变化、光谱的变化、偏振性的变化、各种干涉和衍射条纹的变化等。要使光源发出的光或产生携带各种待测信号的光与光电探测器等环节间实现合理的，甚至是最良好的匹配，经常需要对光信号进行必要的处理。例如，利用光电探测器进行光强信号测量时，当光信号过强时，需要进行衰减处理；当入射信号光束不均匀时，则需要进行均匀化处理等。

## 1.3 光电测试技术的发展

随着光电子产业的迅速发展，对光电测试技术提出了新的要求，促使光电测试技术向以下几个方向发展：

（1）亚微米级、纳米级的高精密光电测试技术首先得到发展，利用新的物理学原理和光电子学原理产生的光电测试技术将不断出现；

（2）以微细加工技术为基础的高精度、小尺寸、低成本的集成光学和其他微传感器将成为技术的主流方向，小型、微型非接触式光学传感器以及微光学这类微结构光电测量系统将得到广泛应用；

（3）快速、高效的3D测试技术将取得突破，发展具有存储功能的全场动态测量仪器；

（4）发展闭环式光电测试技术，实现光电测量与控制的一体化；

（5）发展光学诊断和光学无损检测技术，以替代常规的无损检测方法与手段。

## 参考文献

[1] 冯其波．光学测量技术与应用［M］．北京：清华大学出版社，2008.

[2] 李岩．精密测量技术［M］．北京：中国计量出版社，2001.

[3] Gao W, Kim S, Bosse H, et al. Measurement technologies for precision positioning [J]. CIRP Annals-Manufacturing Technology, 2015, 64, 773 – 796.

[4] Dorey A P, Bradley D A. Measurement Science and Technology-Essential Fundamentals of Mechatronics [J]. Measurement Science and Technology, 1994, 5 (12): 1415 – 1428.

# 第二章

# 光电测试的基础理论

本章将介绍光电测试方法中常用的基础物理理论，包括干涉原理、激光多普勒原理、差分与斜率测量原理、三角测量原理和莫尔测量原理等，作为全书测试技术的基础。

## 2.1 干 涉 原 理

19 世纪 60 年代，麦克斯韦的电磁理论证实了光是一种电磁波。电磁波谱中能够引起人眼视觉感受的部分称为“可见光”，波长在 400 ~ 760 nm，超出这个范围人眼就感觉不到。不同波长的可见光对人眼引起的色觉不同，大致对应关系如表 2.1 所示。

**表 2.1 波长与颜色的关系** 单位：nm

| 760 ～ 620 | 620 ～ 590 | 590 ～ 570 | 570 ～ 500 | 500 ～ 475 | 475 ～ 450 | 450 ～ 400 |
|---|---|---|---|---|---|---|
| 红 | 橙 | 黄 | 绿 | 青 | 蓝 | 紫 |

同一波长的光，具有相同的颜色，称为“单色光”。由不同波长的光波混合而成的光称为“复色光”。白光是由各种波长光混合而成的一种复色光。

光是电磁波，具有波动性，当两束（或多束）光波在空间某一区域相遇时，会发生叠加现象。有些情况下，两束（或多束）光波在同一空间域叠加时，该空间域的光能量密度分布不同于各个分量波单独存在时的光能量密度之和，则称光波在该空间域发生了干涉，该空间域称为干涉场。

光波的叠加服从叠加原理：两束（或多束）波在相遇点产生的合振动是各个波单独产生的振动的矢量和。叠加原理表明了光波的传播具有独立性。

### 2.1.1 光波叠加

本节以两束频率相同、振动方向相同的单色光波相遇为例，研究光波叠加后的复振幅分布。如图 2.1 所示，设光波分别发自光源 $S_1$ 和 $S_2$，$P$ 点是两光波相遇区域内的任意一点，$P$ 到 $S_1$ 和 $S_2$ 的距离分别为 $r_1$ 和 $r_2$，则两光波在 $P$ 点产生的光振动可以写为

$$\begin{cases} E_1 = a_1\cos(kr_1 - \omega t + \varphi_1) \\ E_2 = a_2\cos(kr_2 - \omega t + \varphi_2) \end{cases} \tag{2.1}$$

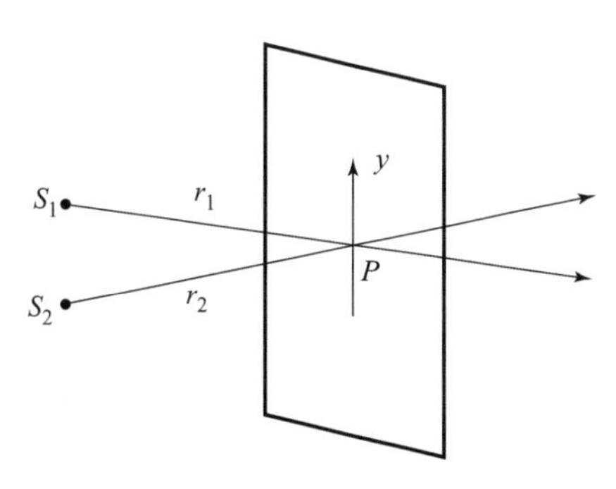

图 2.1 光波叠加示意图

式中，$a_1$ 和 $a_2$ 分别为两光波在 $P$ 点的振幅；$\varphi_1$ 和 $\varphi_2$

分别为两束光波在光源处的初相位。则 $\alpha_1 = kr_1 + \varphi_1$，$\alpha_2 = kr_2 + \varphi_2$ 分别为两束光波在 $P$ 点的初相位，根据叠加原理，合振动为

$$\begin{aligned} E &= E_1 + E_2 = a_1\cos(\alpha_1 - \omega t) + a_2\cos(\alpha_2 - \omega t) \\ &= (a_1\cos\alpha_1 + a_2\cos\alpha_2)\cdot\cos\omega t + (a_1\sin\alpha_1 + a_2\sin\alpha_2)\cdot\sin\omega t \end{aligned} \tag{2.2}$$

因为 $a_1$、$a_2$ 和 $\alpha_1$、$\alpha_2$ 均为常数，所以可令

$$\begin{cases} a_1\cos\alpha_1 + a_2\cos\alpha_2 = A\cos\alpha \\ a_1\sin\alpha_1 + a_2\sin\alpha_2 = A\sin\alpha \end{cases} \tag{2.3}$$

将式（2.3）等号两侧分别平方相加，并化简可得

$$A^2 = a_1^2 + a_2^2 + 2a_1a_2\cos(\alpha_1 - \alpha_2) \tag{2.4}$$

将式（2.3）等号两侧对应相除可得

$$\tan\alpha = \frac{a_1\sin\alpha_1 + a_2\sin\alpha_2}{a_1\cos\alpha_1 + a_2\cos\alpha_2} \tag{2.5}$$

因此，由式（2.2）、式（2.3）可得，$P$ 点的合振动仍可写为简谐振动的形式，即

$$E = A\cos(\alpha - \omega t) \tag{2.6}$$

若两束单色光的振幅相等，即 $a_1 = a_2 = a$ 时，$P$ 点的光强可以写为

$$I = A^2 = 2a^2[1 + \cos(\alpha_1 - \alpha_2)] \tag{2.7}$$

当两束光波在 $P$ 点的初相位差（$\alpha_1 - \alpha_2$）为 $2\pi$ 的整数倍，即 $\alpha_1 - \alpha_2 = \pm 2m\pi$（$m = 0, 1, 2, \cdots$），则 $P$ 点的光强具有最大值。

当两束光波在 $P$ 点的初相位差（$\alpha_1 - \alpha_2$）为 $2\pi$ 的半整数倍，即 $\alpha_1 - \alpha_2 = \pm\left(m + \frac{1}{2}\right)\cdot 2\pi$（$m = 0, 1, 2, \cdots$），则 $P$ 点的光强具有最小值。

若光源 $S_1$ 和 $S_2$ 的初相位 $\varphi_1$ 和 $\varphi_2$ 相同，则两束光波在 $P$ 点的初相位差（$\alpha_1 - \alpha_2$）与传播距离差（$r_1 - r_2$）之间满足关系

$$\alpha_1 - \alpha_2 = \frac{2\pi}{\lambda} n(r_2 - r_1) \tag{2.8}$$

式中，$\lambda$ 为真空中的波长；$n$ 为介质折射率；$n(r_2 - r_1)$ 为光程差。

显而易见，在两光波叠加区域内，不同点的光程差可能不同，所以光强也不同。但对于理想的单色光波，即使光程差不同，只要两束光波的位相差保持不变，叠加区域内各点的强度分布也不变。把叠加区域内出现的光强稳定的强弱分布现象称为光的干涉，产生光干涉的光波称为相干光波，光源称为相干光源。

### 2.1.2 干涉条件

干涉基于光波叠加原理，光的干涉现象是指两束或多束光波在某区域内叠加时，叠加区域内出现的各点强度稳定的强弱分布现象。通过分析处理干涉条纹，可以获取被测量的有关信息。下面来探讨下发生稳态干涉的条件。

平面波用数学表达式可表示为

$$\boldsymbol{E} = \boldsymbol{A}\exp[\mathrm{i}(\boldsymbol{k}\cdot\boldsymbol{r} - \omega t + \varphi)] \tag{2.9}$$

式中，$\boldsymbol{A}$ 为光波振幅矢量；$\boldsymbol{k}$ 为波矢；$\boldsymbol{r}$ 为方向矢量；$\omega$ 为光波的角频率；$\varphi$ 为平面波的初始相位。根据光矢量波的叠加原理及 $\boldsymbol{I} = \langle \boldsymbol{E}\cdot\boldsymbol{E}^* \rangle$，设在空间点 $P$ 处同时存在两个平面光

波 $\boldsymbol{E}_1=\boldsymbol{A}_1\exp[\mathrm{i}(\boldsymbol{k}_1\cdot\boldsymbol{r}-\omega_1 t+\varphi_1)]$，$\boldsymbol{E}_2=\boldsymbol{A}_2\exp[\mathrm{i}(\boldsymbol{k}_2\cdot\boldsymbol{r}-\omega_2 t+\varphi_2)]$，该点的光强应为两光波叠加后的光强

$$\begin{aligned}\boldsymbol{I}&=<(\boldsymbol{E}_1+\boldsymbol{E}_2)\cdot(\boldsymbol{E}_1+\boldsymbol{E}_2)^*>\\&=<\boldsymbol{E}_1\cdot\boldsymbol{E}_1^*>+<\boldsymbol{E}_2\cdot\boldsymbol{E}_2^*>+<\boldsymbol{E}_1\cdot\boldsymbol{E}_2^*>+<\boldsymbol{E}_2\cdot\boldsymbol{E}_1^*>\\&=\boldsymbol{I}_1+\boldsymbol{I}_2+\boldsymbol{I}_{12}\end{aligned}\tag{2.10}$$

从式（2.10）可以看出，该点的光强除两束光波单独在该点产生的强度和之外，还增加了 $\boldsymbol{I}_{12}$，称为干涉项，并可以得到

$$\begin{cases}\boldsymbol{I}_{12}=<\boldsymbol{E}_1\cdot\boldsymbol{E}_2^*>+<\boldsymbol{E}_1^*\cdot\boldsymbol{E}_2>=2\boldsymbol{A}_1\cdot\boldsymbol{A}_2\cos\Delta\varphi\\\Delta\varphi=(\boldsymbol{k}_1-\boldsymbol{k}_2)\cdot\boldsymbol{r}-(\omega_1-\omega_2)t+(\varphi_1-\varphi_2)\end{cases}\tag{2.11}$$

由式（2.10）、式（2.11）可以看出，$\boldsymbol{I}_{12}\neq0$ 是干涉现象产生的条件。$\boldsymbol{I}_{12}$与方向夹角和初始相位差有关，从这两项得到了产生干涉现象的条件：

（1）频率相同或非常接近。由于相位的表达式中含有（$\omega_1-\omega_2$）项，说明两光波的频率差造成相位差随时间变化。如果两光波频率差远大于探测器的响应频率，探测器探测到的为瞬时光强 $\boldsymbol{I}_{12}$的平均值，这个平均值等于0，看不到干涉现象。如果两光波的频率相差不大，通过探测器可以看到两光波产生周期性变化的拍频现象。

（2）振动方向不垂直。干涉项 $\boldsymbol{I}_{12}$与两光波的振动方向夹角 $<\boldsymbol{A}_1, \boldsymbol{A}_2>$ 以及在 $P$ 点的相位差 $\Delta\delta$ 相关。当两光波振动矢量相互平行，及 $\boldsymbol{A}_1\cdot\boldsymbol{A}_2=|\boldsymbol{A}_1||\boldsymbol{A}_2|$ 时，此时合强度 $\boldsymbol{I}=\boldsymbol{I}_1+\boldsymbol{I}_2+2\sqrt{\boldsymbol{I}_1\boldsymbol{I}_2}$为干涉光强的最大值；当两光波振动方向相互垂直时，$\boldsymbol{A}_1\cdot\boldsymbol{A}_2=0$，$\boldsymbol{I}_{12}=0$，此时不产生干涉现象，其合强度为 $\boldsymbol{I}=\boldsymbol{I}_1+\boldsymbol{I}_2$；当两光波振动方向存在一定的夹角 $\alpha$ 时，$\boldsymbol{I}_{12}=2\boldsymbol{A}_1\boldsymbol{A}_2\cos\alpha<\cos\Delta\varphi>$，只有振动的两个平行分量可以发生干涉，垂直分量则形成背景光，影响干涉条纹的对比度。

（3）初始相位差恒定。干涉场 $\boldsymbol{I}_{12}$与相位差的余弦函数相关。如果相位差不恒定，而是在 $0\sim2\pi$ 中随机变化，其变化频率大于探测器的响应频率，探测器探测到的光强将是瞬时光强随时间的积分值，接近于0。

由此可以得到两束光波发生干涉必须满足3个基本条件：频率相同或相近，振动方向不垂直，具有恒定的相位差。

从干涉条件中可以知道，两个独立的光源（即便是两个独立的原子）发出的光波不能产生干涉，因此为了获得两个相干光波，只能利用同一个光源，通过具体的干涉装置使之分成两束光波。

由于参与干涉的两束光波是从一个光源得到的，这两束光波天生具有相同的频率和振动方向。但应该指出的是，对于一束光波分离出来的两束光波，只有当它们通过的光程差不是太大时，才可能满足相位差恒定的条件，从而发生干涉。光源辐射的光波可看作一段段有限长的波列，进入干涉装置的每个波列也都分成同样长的两个波列，当它们到达相遇点的光程差大于波列长度时，这两个波列就不会相遇。这时相遇的是对应于光源前一时刻和后一时刻发出的两个不同波列，它们之间已无固定的位相关系，也就不能发生干涉。要得到相干光源，必须利用同一光源同一发光时刻发出的波列。而要保证这一条件，必须使光程差小于光波的波列长度。

### 2.1.3 影响条纹对比度的因素

为进行高精度观测，要求得到的干涉条纹不仅明亮、清晰、稳定，而且亮暗分明，即具有良好的对比度。干涉条纹的对比度定义为

$$K=\frac{I_{\max}-I_{\min}}{I_{\max}+I_{\min}} \tag{2.12}$$

式中，$I_{\max}$和$I_{\min}$分别为静态干涉场中光强的最大值和最小值，也可以理解为动态干涉场中某点的光强最大值和最小值。

对于式（2.12），当$I_{\min}=0$时$K=1$，对比度有最大值；而当$I_{\max}=I_{\min}$时$K=0$，干涉条纹完全消失。对于目视干涉仪而言，当$K>0.75$，可以看到对比度较好的条纹。在实际应用的干涉仪中，由于种种原因，所观察到的干涉图样对比度都是小于1的。

常见影响条纹对比度的因素主要有以下几个方面：

（1）光源的时间相干性和空间相干性；

（2）相干光束的光强不相等；

（3）杂散光的存在；

（4）各光束的偏振状态有差异。

另外还有一些因素，如振动、空气扰动及干涉仪结构的刚性不足，都有可能导致干涉图样的对比度下降，甚至条纹消失。下面分析影响条纹对比度的各项因素。

1. 光源单色性与时间相干性

干涉测量中实际使用的光源都有一定的谱线宽度，记为$\Delta\lambda$。如图2.2所示，实线1和虚线2分别对应$\lambda$和$\lambda+\Delta\lambda$两组条纹的强度分布曲线，其他波长对应的条纹强度分布曲线居于上述两曲线之间。干涉场中实际见到的条纹是这些干涉条纹叠加的结果。

如图2.2中实线3所示，在零级位置处，各波长的极大值重合，之后慢慢错开。干涉级次越高，各波长极大值错开的距离越大，合强度峰值逐渐变小，对比度逐渐降低。当$\lambda+$

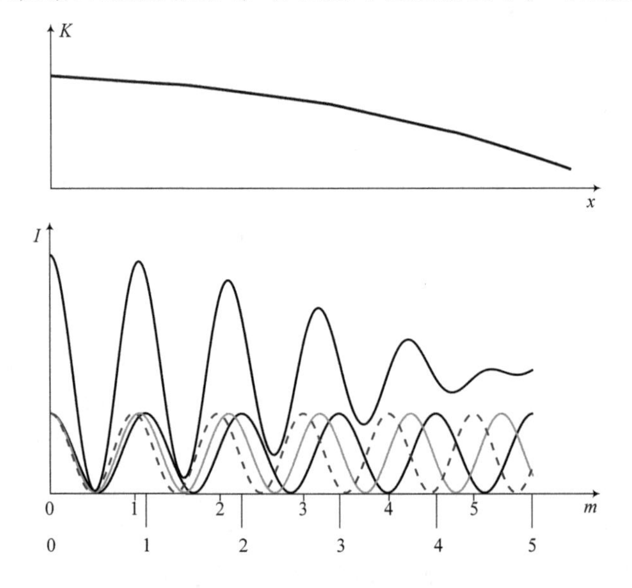


**图2.2　各种波长干涉条纹的叠加**

$\Delta\lambda$ 的第 $m$ 级亮纹与 $\lambda$ 的第 $m+1$ 级亮纹重合后，所有亮纹开始重合，而在此之前是彼此分开的。以上条件可作为尚能分辨干涉条纹的限度，即

$$(m+1)\lambda = m(\lambda + \Delta\lambda) \tag{2.13}$$

由此得最大干涉级 $m=\lambda/\Delta\lambda$，因此相应的尚能产生干涉条纹的两束相干光的最大光程差（即光源的相干长度）为

$$L_M = \frac{\lambda^2}{\Delta\lambda} \tag{2.14}$$

式（2.14）表明，光源的相干长度与其谱线宽度成反比。表 2.2 列出了一些干涉仪光源的相干长度与辐射亮度的参考数值。表中所列的氦氖（He－Ne）激光器，其相干长度最长，辐射亮度也比同位素灯大 10 个量级。

**表 2.2　几种光源的相干长度和辐射亮度**

| 光　源 | | 波长/nm | 相干长度/mm | 辐射亮度 /$(\mathrm{W\cdot Sr^{-1}\cdot mm^{-2}})$ |
|---|---|---|---|---|
| 白炽灯加干涉滤光片 | | 550 | 0.06 | $1\times10^{-5}$ |
| 汞灯 | 超高压汞灯<br>低压汞灯 | 546.1<br>546.1 | 1<br>50 | $2.5\times10^{-4}$<br>$5\times10^{-6}$ |
| 氙灯 | d 谱线 | 578.56 | — | — |
| 钠灯 | D 谱线 | 589.3 | <10 | — |
| 单色同位素灯 | $Hg^{198}$<br>$Cd^{114}$<br>$Kr^{86}$ | 546.1<br>644.0<br>605.7 | 500<br>330<br>710 | $1.5\times10^{-6}$<br>$2.9\times10^{-6}$<br>$3\times10^{-7}$ |
| 激光器 | He－Ne<br>半导体 | 632.8<br>633，670，1 530 等 | $>1\times10^5$<br>10（典型值） | $1\times10^4$<br>>5 mW（功率） |

2. 光源大小与空间相干性

干涉图样的照度，在很大程度上取决于光源的尺寸，而光源的大小又会对各类干涉仪的干涉图样的对比度产生不同的影响。

由平行平板产生的等倾干涉，无论多么宽的光源尺寸，其干涉图都有很好的对比度。而杨氏干涉实验只在限制狭缝宽度的情况下才能看清干涉图样。由楔形板产生的等厚干涉图样，则是介于以上两种情况之间。如图 2.3 所示，光源是被均匀照明的直径为 $2r$ 的光阑孔，光阑孔上不同点 $S$ 经过准直物镜后形成与光轴不同夹角 $\theta$ 的平行光束。不同 $\theta$ 角的平行光束经干涉仪形成彼此错位的等厚干涉条纹，经叠加后形成的干涉条纹如图 2.4 所示。当光阑孔较小时，干涉条纹的对比度较好；随着光阑孔增大，干涉条纹的对比度下降，直至趋于零。如取对比度降至 0.9 为限，可得光源的最大许可半径为

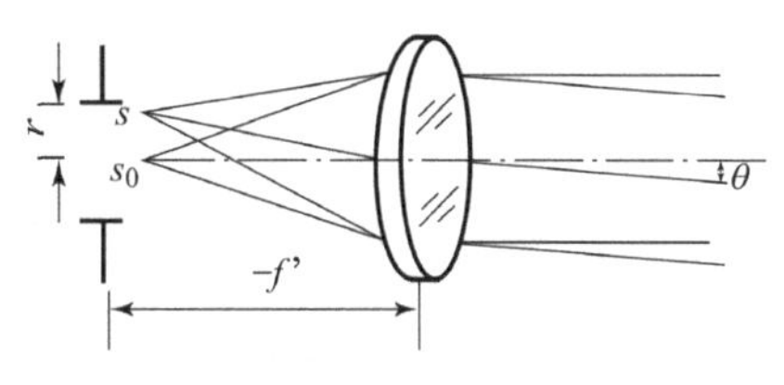

**图 2.3　等厚干涉仪中的扩展光源**

$$r_m \leqslant \frac{f'}{2}\sqrt{\frac{\lambda}{h}} \tag{2.15}$$

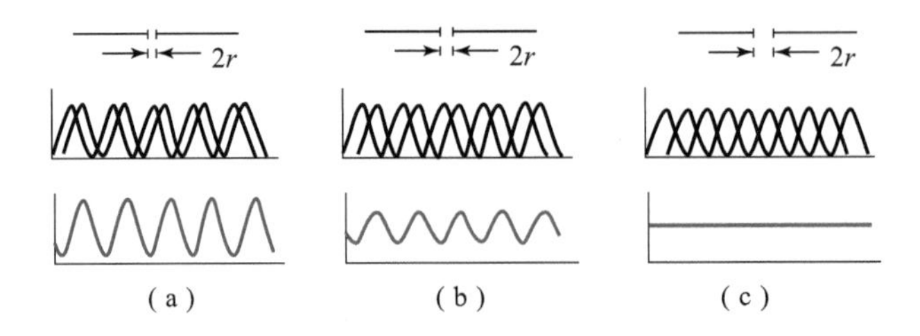


**图 2.4　光阑孔大小对干涉条纹对比度影响**

（a）光源半径很小时，干涉条纹对比度高；（b）光源半径变大时，干涉条纹对比度下降；
（c）继续增大光源半径，干涉条纹对比度降为 0

可见，光源的最大许可半径正比于准直物镜的焦距 $f'$，反比于等效空气层厚度 $h$ 的平方根。空气层厚度越小，光源开孔越可调大，干涉条纹则具有较高的亮度。

在干涉测量中，采取尽量减少光源尺寸的措施，虽然可以提高条纹对比度，但干涉场的亮度也随之减弱，从而不利于观测。如能设法改变参考光路或测量光路的光程，使两束光的等效空气层厚度减薄，可以达到适当增大光源的目的。

3. 相干光束光强不等和杂散光的影响

干涉实验中，设两束相干光的光强的关系为 $I_2=nI_1$，则有

$$K=\frac{2\sqrt{n}}{n+1} \tag{2.16}$$

图 2.5 所示实线表示了干涉条纹对比度 $K$ 随两束光束强度比 $n$ 的变化。当 $n=6$ 时，$K=0.7$。

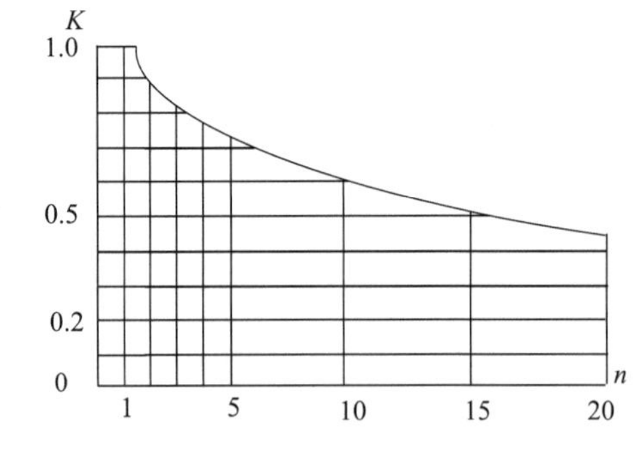


**图 2.5　对比度 *K* 与两束干涉光强比 *n* 的关系**

此外，在干涉测试中，还常常伴有非期望的杂散光进入干涉场。例如，光束在干涉仪光学零件表面上的反射、散射等。

设混束两束干涉光路中杂散光的强度均为 $I'=mI_1$，这种情况下，

$$I_{\min}=(1+n+m-2\sqrt{n})I_1 \tag{2.17}$$

$$I_{\max}=(1+n+m+2\sqrt{n})I_1 \tag{2.18}$$

由此得到

$$K=\frac{2\sqrt{n}}{1+n+m} \tag{2.19}$$

当 $n=1$ 时，有

$$K=\frac{2}{2+m} \tag{2.20}$$

可见，在两束光强接近，即光强比 $n$ 较小时，杂散光对条纹对比度的影响更为明显。所以，必须重视干涉仪中采取抵制和消除非期望的杂散光的技术措施，主要包括在光学零件表面镀增透膜、设置消杂光光阑、选用带楔角的分光板等。

4. 干涉光束偏振状态的不同影响

在使用激光光源的干涉仪中，大都是部分偏振光干涉的情况。如果两束干涉光的偏振态

不同，干涉图样的对比度也会降低。为提高干涉条纹的对比度，有时会在干涉仪的出口处安装一个偏振片。下面简要介绍偏振面为任意角度的两束线偏振光的干涉。

如图 2.6 所示，两束振幅为 $a_1$ 和 $a_2$ 的线偏振光的振动分别位于法向量为 $\boldsymbol{q}_1$ 和 $\boldsymbol{q}_2$ 的平面上（下文简称平面 $\boldsymbol{q}_1$ 和 $\boldsymbol{q}_2$ 上，本节中均使用法向量表征平面），两个振动面之间的夹角为 $\varphi$。为方便推导，令 $\boldsymbol{q}_1$ 与直角坐标系 $x$ 轴相重合，选取坐标轴方向，使 $\varphi$ 可取 $0°\sim90°$的任意值。首先，假设两相干光束都是全偏振光，它们都在一个平面 $\boldsymbol{p}$ 内振动，并且具有相同的振幅 $a_0$。这时，两束光在平面 $\boldsymbol{q}_1$、$\boldsymbol{q}_2$ 内的分振幅分别为

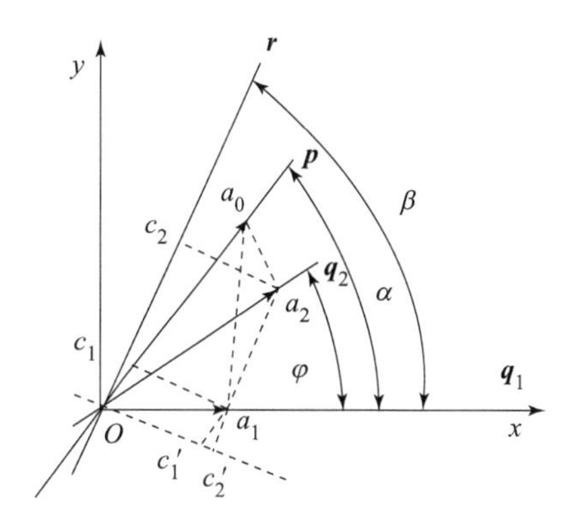


**图 2.6　两束线偏振光干涉示意图**

$$a_1 = a_0 \cos\alpha \tag{2.21}$$

$$a_2 = a_0 \cos(\alpha - \varphi) \tag{2.22}$$

式中，$\alpha$ 为平面 $\boldsymbol{p}$ 和 $\boldsymbol{q}_1$ 之间的夹角。

如果在干涉仪的出射孔处安装一个检偏片，并使其振动面 $\boldsymbol{r}$ 和平面 $\boldsymbol{q}_1$ 之间的夹角为 $\beta$，则两支干涉光束的振幅分别为

$$c_1 = a_1 \cos\beta \tag{2.23}$$

$$c_2 = a_2 \cos(\beta - \varphi) \tag{2.24}$$

则

$$I = c_1^2 + c_2^2 + 2c_1c_2\cos\delta \tag{2.25}$$

式中，$\delta$ 为两个振动之间的相位差。取 $\cos\delta$ 分别为 +1 和 −1，可得干涉图样对比度为

$$K_1 = \frac{2c_1c_2}{c_1^2 + c_2^2} = \frac{2\cos\alpha\cos\beta\cos(\alpha-\varphi)\cos(\beta-\varphi)}{\cos^2\alpha\cos^2\beta + \cos^2(\alpha-\varphi)\cos^2(\beta-\varphi)} \tag{2.26}$$

从上式可以得出结论：

（1）当 $\alpha = 90° + \varphi$ 和 $\alpha = 90°$，以及 $\beta = 90° + \varphi$ 和 $\beta = 90°$时，$K_1 = 0$。因为在这些情况下，产生的干涉振动之一的光束的振幅等于 0。

（2）当 $c_1 = c_2$ 或 $\alpha + \beta = \varphi$ 时，对比度具有最大值。

可见，采用以适当的方式定向偏振片和检偏器的情况下，可以在平面 $\boldsymbol{q}_1$ 和 $\boldsymbol{q}_2$ 之间的夹角 $\varphi$ 为任意值时，得到高对比度的干涉图样。

假设去掉检偏器，这时无论是 $a_1$ 还是 $a_2$ 都可以分解为分别位于平面 $\boldsymbol{r}$ 和 $\boldsymbol{r}'$上的两个相互垂直的振动，即分解为 $c_1$、$c_1'$ 和 $c_2$、$c_2'$。经过上式类似的推导，得到条纹对比度为

$$K_2 = \frac{2a_1a_2\cos\varphi}{a_1^2 + a_2^2} = \frac{2\cos\alpha\cos(\alpha-\varphi)\cos\varphi}{\cos^2\alpha + \cos^2(\alpha-\varphi)} \tag{2.27}$$

$K_2$ 的量值与 $\beta$ 无关。这意味着，在计算 $K_2$ 时，可以采用相互间呈任意配置的平面 $\boldsymbol{r}$ 和 $\boldsymbol{r}'$。

假设检偏片安装在最有利的位置上 $\left(\beta = \dfrac{\varphi}{2}\right)$，这时有

$$K_1 = \frac{2\cos\alpha\cos(\alpha-\varphi)}{\cos^2\alpha + \cos^2(\alpha-\varphi)} \tag{2.28}$$

假如去掉起偏器（保留检偏器），也就是说，如果平面 $\boldsymbol{q}_1$ 和 $\boldsymbol{q}_2$ 上的振动来自自然光，则角 $\alpha$ 的任意值都是等概率的，眼睛或其他接收器所感受到的图样对比度取决于 $K_1$ 的平均值。为了求得这一平均值，需要对 $\alpha$ 在 $0 \sim \pi$ 的区间上积分，并将结果除以 $\pi$，结果为

$$K_3 = \frac{1}{\pi}\int_0^{\pi} K_1 \mathrm{d}\alpha = \frac{1 - \sin\varphi}{\cos\varphi} \tag{2.29}$$

式中，$K_3$ 为两个干涉振动面之间夹角 $\varphi$ 的函数。

为了计算既没有起偏器又没有检偏器情况下的对比度，应该算出由式（2.27）所决定的对比度 $K_2$ 的平均值。由式（2.27）和式（2.28）可得 $K_2 = K_1\cos\varphi$。由此进一步求得

$$K_4 = \frac{1}{\pi}\int_0^{\pi} K_2 \mathrm{d}\alpha = K_3\cos\varphi = 1 - \sin\varphi \tag{2.30}$$

由上面的计算结果可以看出，把偏振片安装在干涉仪之前（$K_2$）比安装在干涉仪之后（$K_3$）效果更好。可是，当角 $\varphi$ 的量值相当大时，只有采用两个偏振片（其中一个安装在干涉仪的前面，而另一个安装在干涉仪的后面）的情况下，才能得到好的图样对比度。

上述结论是针对干涉光束为全偏光的极限情况得到的，而在干涉仪中通常存在的是部分偏振光。安装偏振片虽然不是必需的，但在许多情况下，可以显著地提高干涉图样的对比度。

## 2.2 激光多普勒原理

1842 年奥地利科学家 Doppler、Christian Johann 首次发现，任何形式的波传播，由于波源、接收器、传播介质或散射体的运动，会使接收到的波频率发生变化，此现象称为多普勒效应（Doppler Effect），也称作多普勒频移。多普勒频移是波的普遍特性，包括声波在内的机械波以及包括光波在内的电磁波都会产生这种形式的频移。例如，当火车靠近观察者时，观察者会听到更加尖锐的汽笛声，而当火车远离时，汽笛的音调会变得低沉；同理，由于宇宙在加速膨胀，我们所测量到的星体和星系发射的光谱也存在红移（频率变小）现象，天狼星伴星测得的红移，相当于由 19 km/s 的远离地球速度所产生的多普勒频移。

1964 年，Yeh 和 Cummins 首先观察到水流中粒子的散射光有频移，证实了可用激光多普勒技术来确定液体流动速度，随后又有人利用该技术测量气体的流速。由于激光具有非常好的单色性、极高的频率以及良好的频率稳定性，使得多普勒频移相对于机械波更容易实现高精度、高运动速度检测，因此特别适用于上述气体和液体运动速度的精确测量。目前，激光多普勒频移技术已广泛应用于天文学、流体力学、空气动力学、燃烧学、生物医学以及工业生产中的速度测量及其他相关测量领域中。

### 2.2.1 多普勒频移原理

1. 普适多普勒原理及表达式

为得到普适的多普勒频移公式，可采用狭义相对论原理进行分析。

根据狭义相对论原理，一切物理定律（除引力外的力学定律、电磁学定律以及其他相互作用的动力学定律）在所有惯性系中均有效，不同惯性系时空坐标之间符合洛伦兹变换关系。

洛伦兹变换可分为特殊洛伦兹变换和普通洛伦兹变换。

如图 2.7 所示，惯性系 $S(O, x, y, z)$ 相对于惯性系 $S'(O', x', y', z')$ 以匀速 $\boldsymbol{v}_0(v_x, 0, 0)$ 运动，两个惯性坐标系 $S$ 和 $S'$之间的变换关系为

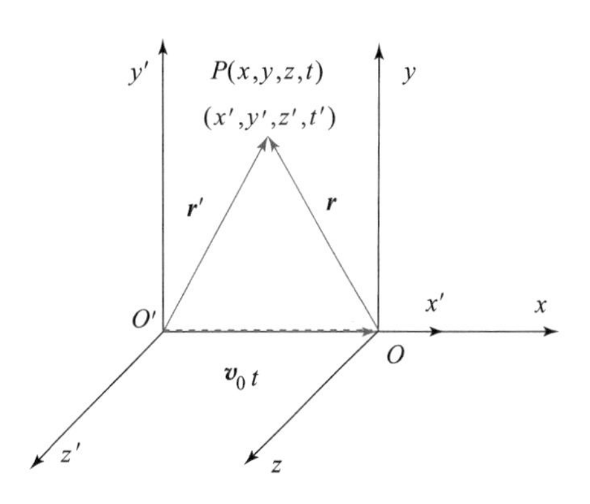

图 2.7　特殊洛伦兹变换

$$\begin{cases} x = \gamma(x' - v_0 t) \\ y = y' \\ z = z' \\ t = \gamma\left(t' - \dfrac{vx'}{c^2}\right) \end{cases} \tag{2.31}$$

式中，$\gamma = \dfrac{1}{\sqrt{1-\beta^2}}$；$\beta = \left|\dfrac{v_0}{c}\right|$。由于两个惯性系相对运动的方向沿 $x'$轴，我们称之为特殊的洛伦兹变换。

由特殊洛仑兹变换公式可以得出结论：在相对以匀速运动的惯性系坐标变换中，垂直于 $\boldsymbol{v}_0$ 方向上的长度不变，平行于 $\boldsymbol{v}_0$ 上的长度乘上变换因子 $\boldsymbol{\gamma}$，时间的变换与相对运动的方向无关，$t = \gamma\left(t' - \dfrac{vx'}{c^2}\right)$。因此，如图 2.8 所示，当惯性系 $S(O, x, y, z)$ 相对于惯性系$S'(O', x', y', z')$ 以匀速 $\boldsymbol{v}_0(v'_x, v'_y, v'_z)$ 运动时（运动是相对的，如果以惯性系 $S(O, x, y, z)$ 作为参考，则惯性系 $S'$相对于惯性系 $S$ 的速度 $\boldsymbol{v}_0(v'_x, v'_y, v'_z)$ 方向相反），可将任意一点的位矢 $\boldsymbol{r}$ 分解成平行于 $\boldsymbol{v}_0$ 的分量以及垂直于 $\boldsymbol{v}_0$ 的分量，即

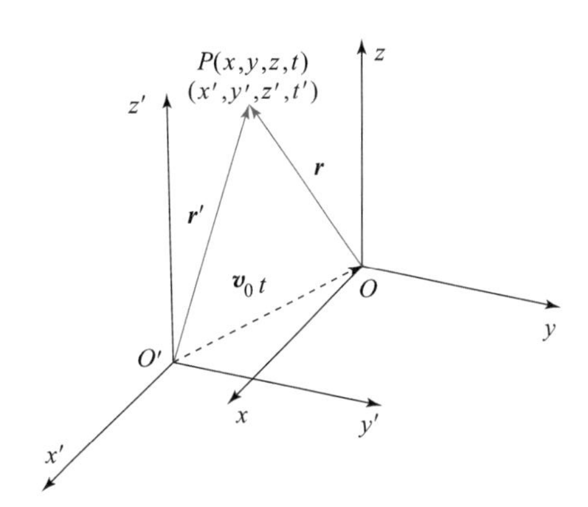

图 2.8　普遍洛伦兹变换

$$\boldsymbol{r}' = \boldsymbol{r}'_{/\!/} + \boldsymbol{r}'_{\perp}，\ \boldsymbol{r} = \boldsymbol{r}_{/\!/} + \boldsymbol{r}_{\perp} \tag{2.32}$$

其中，

$$\boldsymbol{r}'_{/\!/} = \left(\boldsymbol{r}' \cdot \frac{\boldsymbol{v}_0}{|\boldsymbol{v}_0|}\right)\frac{\boldsymbol{v}_0}{|\boldsymbol{v}_0|} = \frac{\boldsymbol{v}_0 \cdot \boldsymbol{r}'}{|\boldsymbol{v}_0|^2}\boldsymbol{v}_0 \tag{2.33}$$

根据上述结论可得，$\boldsymbol{S}(O, x, y, z)$ 中位矢 $\boldsymbol{r}$ 及时间 $t$ 可以表示为

$$\boldsymbol{r}_{/\!/} = \gamma(\boldsymbol{r}'_{/\!/} - \boldsymbol{v}_0 t') \tag{2.34}$$

$$\boldsymbol{r}_{\perp} = \boldsymbol{r}'_{\perp} \tag{2.35}$$

$$t = \gamma\left(t' - \frac{\boldsymbol{v}_0 \cdot \boldsymbol{r}'}{c^2}\right) \tag{2.36}$$

根据式（2.34）及式（2.35）可得

$$\boldsymbol{r} = \boldsymbol{r}_{/\!/} + \boldsymbol{r}_{\perp} = \gamma(\boldsymbol{r}'_{/\!/} - \boldsymbol{v}_0 t') + \boldsymbol{r}'_{\perp} = \boldsymbol{r}' + (\gamma - 1)\boldsymbol{r}'_{/\!/} - \gamma\boldsymbol{v}_0 t' \tag{2.37}$$

将式（2.33）代入式（2.37）可得

$$\boldsymbol{r} = \boldsymbol{r}' + (\gamma - 1)\frac{\boldsymbol{v}_0 \cdot \boldsymbol{r}'}{|\boldsymbol{v}_0|^2}\boldsymbol{v}_0 - \gamma\boldsymbol{v}_0 t' \tag{2.38}$$

式（2.36）与式（2.38）构成普遍的洛伦兹变换关系。

波的表达式可写作

$$f(t, \boldsymbol{r}) = A_0 \mathrm{expi}(\boldsymbol{k} \cdot \boldsymbol{r} - \omega t + \varphi_0) \tag{2.39}$$

式中，$A_0$ 为波的振幅；$\boldsymbol{k}$ 为波矢且$|\boldsymbol{k}| = \dfrac{2\pi}{\lambda}$，$\omega = 2\pi\nu$ 为角频率，$\nu$ 为频率；$\varphi_0$ 为初始相位。

设点波源位于惯性系 $S'$ 中的原点 $O'$，且连续不间断地发射式（2.39）所描述的波，$O'$ 点的初始相位为0，即 $\varphi_0=0$。$P$ 为空间中任意一点，在任意惯性系中观测波源，$P$ 点的相位保持不变，此为位相不变定理。因此在惯性系 $S'$ 中 $t'$ 时刻观察 $P$ 点相位应该等于在惯性系 $S$ 中 $t$ 时刻观察 $P$ 点的相位，即

$$\begin{aligned}&\boldsymbol{k}'\cdot\boldsymbol{r}'-\omega't'=\boldsymbol{k}\cdot\boldsymbol{r}-\omega t\\&\Rightarrow\omega'\left(t'-\frac{\boldsymbol{n}'\cdot\boldsymbol{r}'}{v'}\right)=\omega\left(t-\frac{\boldsymbol{n}\cdot\boldsymbol{r}}{v}\right)\end{aligned}\tag{2.40}$$

式中，$\boldsymbol{n}'$ 与 $\boldsymbol{n}$ 分别为 $\boldsymbol{k}'$ 与 $\boldsymbol{k}$ 的单位矢量；$v'$ 与 $v$ 分别为波在惯性系 $S'$ 和惯性系 $S$ 中的传播速度。

$$\begin{aligned}v&=\frac{\mathrm{d}\boldsymbol{r}}{\mathrm{d}t}=\frac{\mathrm{d}\left(\boldsymbol{r}'+(\gamma-1)\dfrac{\boldsymbol{v}_0\cdot\boldsymbol{r}'}{|\boldsymbol{v}_0|^2}\boldsymbol{v}_0-\gamma\boldsymbol{v}_0t'\right)}{\mathrm{d}\left(\gamma\left(t'-\dfrac{\boldsymbol{v}_0\cdot\boldsymbol{r}'}{c^2}\right)\right)}\\&=\frac{\mathrm{d}\boldsymbol{r}'+(\gamma-1)\dfrac{\boldsymbol{v}_0\cdot\mathrm{d}\boldsymbol{r}'}{|\boldsymbol{v}_0|^2}\boldsymbol{v}_0-\gamma\boldsymbol{v}_0\mathrm{d}t'}{\gamma\left(\mathrm{d}t'-\dfrac{\boldsymbol{v}_0\cdot\mathrm{d}\boldsymbol{r}'}{c^2}\right)}\\&=\frac{\boldsymbol{v}'+(\gamma-1)\dfrac{\boldsymbol{v}_0\cdot\boldsymbol{v}'}{|\boldsymbol{v}_0|^2}\boldsymbol{v}_0-\gamma\boldsymbol{v}_0}{\gamma\left(1-\dfrac{\boldsymbol{v}_0\cdot\boldsymbol{v}'}{c^2}\right)}\end{aligned}\tag{2.41}$$

式（2.41）表明，$v$ 是时间 $t'$ 无关项。

式（2.40）可以进一步写作 $t'$ 相关项和 $t'$ 无关项，即

$$\begin{aligned}&\omega'\left(t'-\frac{\boldsymbol{n}'\cdot\boldsymbol{r}'}{v'}\right)=\omega\left(t-\frac{\boldsymbol{n}\cdot\boldsymbol{r}}{v}\right)\\&\Rightarrow2\pi\nu'\left(t'-\frac{\boldsymbol{n}'\cdot\boldsymbol{r}'}{v'}\right)=2\pi\nu\left[\gamma\left(t'-\frac{\boldsymbol{v}_0\cdot\boldsymbol{r}'}{c^2}\right)-\frac{\boldsymbol{n}\cdot\left(\boldsymbol{r}'+(\gamma-1)\dfrac{\boldsymbol{v}_0\cdot\boldsymbol{r}'}{|\boldsymbol{v}_0|^2}\boldsymbol{v}_0-\gamma\boldsymbol{v}_0t'\right)}{v}\right]\\&=2\pi\nu t'\left[\gamma\left(1+\frac{\boldsymbol{n}\cdot\boldsymbol{v}_0}{v}\right)\right]+(t'\text{无关项})\\&\Rightarrow2\pi\nu't'=2\pi\nu t'\left[\gamma\left(1+\frac{\boldsymbol{n}\cdot\boldsymbol{v}_0}{v}\right)\right]\\&\Rightarrow\nu'=\gamma\left(1+\frac{\boldsymbol{n}\cdot\boldsymbol{v}_0}{v}\right)\nu\end{aligned}\tag{2.42}$$

式（2.42）给出在惯性系 $S'$ 中观察到的波的频率与惯性系 $S$ 中观察到的波频率之间的关系，其中 $\boldsymbol{v}_0$ 为波源所在惯性系相对于观察者所在惯性系的速度。

2. 具体场景多普勒频移表达式

式（2.42）为多普勒频移的普适公式，波源运动以及观察者运动、横向多普勒效应以

及纵向多普勒效应、电磁波以及机械波等都可以由表达式（2.42）描述。

1）波源运动与观察者运动的多普勒频移

由于式（2.42）中 $\boldsymbol{v}_0$ 为观察者所在惯性系 $S$ 相对于波源所在惯性系 $S'$ 的运动速度，所以无论是波源运动还是观察者运动，式（2.42）都是成立的。

2）横向多普勒频移与纵向多普勒频移

式（2.42）中 $\boldsymbol{n}\cdot\boldsymbol{v}_0$ 表示从波源指向观测点的单位矢量 $\boldsymbol{n}$ 与相对运动速度 $\boldsymbol{v}_0$ 的标量积（点积）$\boldsymbol{n}\cdot\boldsymbol{v}_0=|\boldsymbol{n}||\boldsymbol{v}_0|\cos\theta$，因此 $\boldsymbol{n}$ 与 $\boldsymbol{v}_0$ 之间的夹角 $\theta$ 已经考虑在内，所以任意角度的多普勒频移效应都可以由式（2.42）来计算。

通常所说的横向多普勒频移即相对运动的速度方向与观察者相对于波源的方向正交，此时 $\theta=\dfrac{\pi}{2}$，因此 $\boldsymbol{n}\cdot\boldsymbol{v}_0=|\boldsymbol{n}||\boldsymbol{v}_0|\cos\theta=0$。由此可知横向多普勒频移公式为

$$\nu'=\gamma\nu=\frac{\nu}{\sqrt{1-\beta^2}} \tag{2.43}$$

式中，$\beta=\left|\dfrac{\boldsymbol{v}_0}{c}\right|$

在此推导过程中并未假设波为电磁波或机械波，因此式（2.42）所描述的横向多普勒频移效应适用于所有类型的波。

通常所说的纵向多普勒频移是指相对运动的速度和观察者相对于波源的速度同向或反向，此时 $\theta=0$ 或 $\pi$，因此 $\boldsymbol{n}\cdot\boldsymbol{v}_0=|\boldsymbol{n}||\boldsymbol{v}_0|\cos\theta=|\boldsymbol{n}||\boldsymbol{v}_0|$或$-|\boldsymbol{n}||\boldsymbol{v}_0|$。由此可知纵向多普勒频移公式为

$$\nu'=\gamma\left(1+\frac{|\boldsymbol{n}||\boldsymbol{v}_0|}{\boldsymbol{v}}\right)\nu \text{ 或 } \nu'=\gamma\left(1-\frac{|\boldsymbol{n}||\boldsymbol{v}_0|}{\boldsymbol{v}}\right)\nu \tag{2.44}$$

横向和纵向多普勒频移只是两种特殊的情况，对于任意情况下的多普勒频移，其频移公式都符合式（2.42），即 $\nu'=\gamma\left(1+\dfrac{\boldsymbol{n}\cdot\boldsymbol{v}_0}{\boldsymbol{v}}\right)\nu$。

3）机械波与电磁波的多普勒频移

机械波与电磁波的重要区别是：机械波的传播需要介质，而电磁波则不需要；此外，机械波的传输速度是与参考系的选择相关的（上述分析未考虑机械波传播中参考系相对运动速度大于波传播速度的情形），而电磁波的速度在任何惯性参考系中都为光速（此为狭义相对论光速不变原理）。这里我们只关注光的多普勒频移，因此式（2.42）中波的传播速度 $\boldsymbol{v}$ 可由 $c$ 替换，从而得到光（电磁波）的多普勒频移公式

$$\nu'=\gamma\left(1+\frac{\boldsymbol{n}\cdot\boldsymbol{v}_0}{c}\right)\nu \tag{2.45}$$

### 2.2.2　激光多普勒频移测量

1. 激光多普勒测量原理

式（2.42）及式（2.45）描述的系统只包含波源和观测者两个对象，因此只涉及单次多普勒频移。而在应用激光多普勒频移技术进行测量时，研究对象为运动物体对照射其上的光波的频移，该物理过程如图 2.9 所示。光源观察者相对静止，被测物体以速度 $\boldsymbol{v}_0$ 运动

（因此，$P$ 点相对于 $S$ 点的速度为 $\boldsymbol{v}_0$，而 $Q$ 点相对于 $P$ 点的速度为 $-\boldsymbol{v}_0$），光源 $S$ 发出的频率为 $\nu$ 的光波被物体 $P$ 所散射（或反射/衍射），在 $Q$ 处观察由物体 $P$ 散射（或反射/衍射）之后的光，$P$ 点处观察到光频率为 $\nu'$，$Q$ 点处观察到的光频率为 $\nu''$，因此这个过程涉及两次多普勒频移。其中，$\theta_1$ 为 $\boldsymbol{n}_1$ 与 $-\boldsymbol{v}_0$ 的夹角，$\theta_2$ 为 $\boldsymbol{n}_2$ 与 $\boldsymbol{v}_0$ 的夹角。

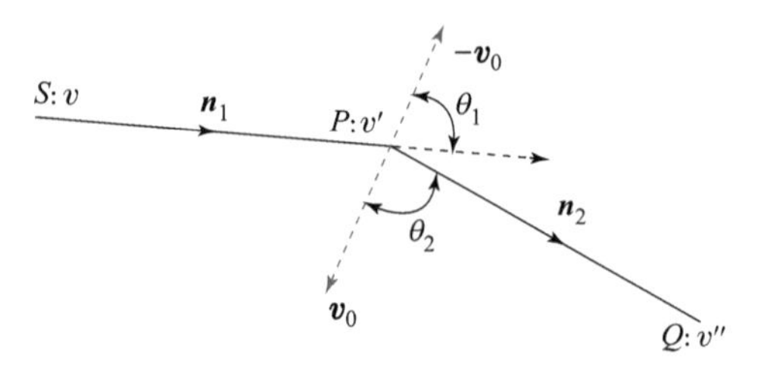


**图 2.9　运动物体 *P* 产生多普勒频移**

根据式（2.42），$P$ 点所观测到的频率方程为

$$\nu' = \gamma\left(1 + \frac{\boldsymbol{n}_1 \cdot (-\boldsymbol{v}_0)}{c}\right)\nu = \gamma\left(1 + \frac{|\boldsymbol{v}_0|}{c}\cos\theta_1\right)\nu \tag{2.46}$$

$Q$ 点接收到的光的频率方程为

$$\nu'' = \gamma\left(1 + \frac{\boldsymbol{n}_2 \cdot \boldsymbol{v}_0}{c}\right)\nu' = \gamma\left(1 + \frac{|\boldsymbol{v}_0|}{c}\cos\theta_2\right)\nu \tag{2.47}$$

因此，综合式（2.46）与式（2.47），$Q$ 点处接收到的光的频率方程为

$$\nu'' = \gamma^2\left(1 + \frac{\boldsymbol{n}_2 \cdot \boldsymbol{v}_0}{c}\right)\left(1 + \frac{\boldsymbol{n}_1 \cdot (-\boldsymbol{v}_0)}{c}\right)\nu$$

或

$$\nu'' = \gamma^2\left(1 + \frac{|\boldsymbol{v}_0|}{c}\cos\theta_1\right)\left(1 + \frac{|\boldsymbol{v}_0|}{c}\cos\theta_2\right)\nu \tag{2.48}$$

本式为采用光学多普勒频移技术测量运动物体运动速度时的常用方程。

如果忽略相对论效应（即令 $\gamma = 1$）以及二阶小量 $\frac{|\boldsymbol{v}_0|^2}{c^2}\cos\theta_1 \cdot \cos\theta_2$，即可通过式（2.48）过渡得到经典的非相对论多普勒频移公式：

$$\begin{aligned} \nu'' &= \left(1 + \frac{|\boldsymbol{v}_0|}{c}\cos\theta_1 + \frac{|\boldsymbol{v}_0|}{c}\cos\theta_2\right)\nu \\ \Rightarrow \Delta\nu &= \nu'' - \nu = \frac{|\boldsymbol{v}_0|}{c}(\cos\theta_1 + \cos\theta_2)\nu \end{aligned} \tag{2.49}$$

2. 激光多普勒频移测量分类

1）散射多普勒频移

运动物体散射会产生多普勒频移，多普勒频移的规律符合式（2.48）。其测量原理图即为图 2.9，但其中角度 $\theta_1$ 与 $\theta_2$ 的选取并不是任意的，探测器的位置布置需要满足散射相关的物理定律以确保探测器能接收到散射光。

2）反射多普勒频移

运动物体的平面反射效应同样可以产生多普勒频移效应，但是利用此原理进行测量需要光源、反射面与探测器的位置关系满足光反射定律的约束。

3）衍射多普勒频移

利用衍射光栅在其自身平面内的运动能产生持久的衍射光多普勒频移。其多普勒频移符合式（2.48），但其中各个向量之间的角度还需要满足光栅方程，因此光源、光栅以及探测器的位置关系需要受到光栅方程的约束，如图 2.10 所示。

光栅常数为 $d$ 的衍射光栅在其自身平面内以速度 $\boldsymbol{v}_0$ 运动，平面光波以 $\theta_1$ 入射，在 $\theta_2$ 角的方向上有一衍射波，入射光与衍射光之间需满足光栅方程，即

$$d(\cos\theta_1+\cos\theta_2)=m\lambda \tag{2.50}$$

式中，$m$ 为光栅的衍射级次。

综合考虑式（2.49）及式（2.50）可得光栅的衍射多普勒频移公式

$$\begin{aligned}\Delta\nu&=\frac{|\boldsymbol{v}_0|}{c}(\cos\theta_1+\cos\theta_2)\nu\\&=\frac{|\boldsymbol{v}_0|}{\lambda}(\cos\theta_1+\cos\theta_2)\\&=\frac{m|\boldsymbol{v}_0|}{d}\end{aligned} \tag{2.51}$$

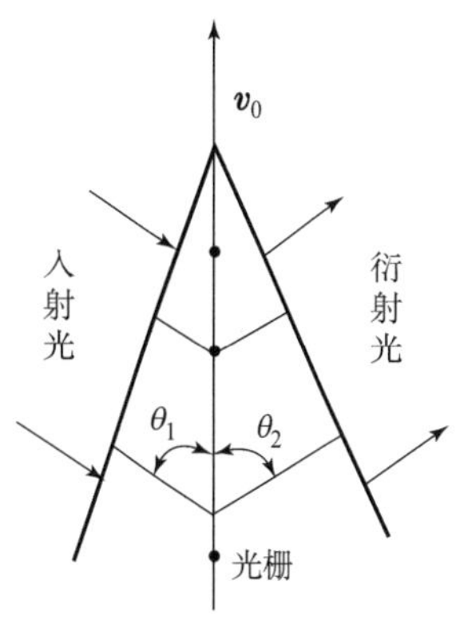


**图 2.10　光栅的多普勒频移效应**

## 2.2.3　小结

任何波在有相对运动的情况下都会发生多普勒频移现象，其中以声波为代表的机械波的传播需要介质，在讨论机械波多普勒频移中物体相对运动时都是相对于介质而言；而以光波为代表的电磁波的传播则不需要介质，可在真空中传播，相对运动只涉及不同参考系中的研究目标。经典的多普勒效应理论只能解释纵向多普勒频移效应产生原因，而基于狭义相对论的理论则能够全面且精确地解释多普勒频移的纵向以及横向效应。由于频率高、波长短、方向性好并且受介质扰动影响较小等特点，激光多普勒技术目前已发展成为多普勒测量的主流研究及应用方向。

在利用多普勒频移效应进行测量时，通常需要主动发射激光（电磁波），激光与物体相互作用后产生多普勒频移，接收携带多普勒频移信息的激光信号进行频率分析，从而提取出被测物体的运动速度及位移等信息，在此过程中光源、被测物以及探测器的位置选择受到不同类型多普勒频移原理的限制。激光多普勒频移技术已经广泛应用于科学研究、工程技术、医疗诊断、交通管理等科研和生产实践中，例如基于反射多普勒效应的微波及激光雷达已经发展非常成熟，在车辆、导弹、人造卫星、舰船等领域有十分重要的应用。

# 2.3　差分与斜率测量原理

根据相位信息获取方式的不同，波前测量可分为波前矢高测量、波前斜率测量和波前曲率测量等。之前介绍的干涉测量即属于波前矢高测量，本节将重点介绍波前斜率测量原理。

波前斜率测量是一种通过测量波前斜率（即波前一阶导数）来获得波前相位信息的波前检测方法，经典的测试技术有 Hartmann（哈特曼）与 Shack－Hartmann（夏克－哈特曼）波前测试技术和剪切干涉技术。哈特曼与夏克－哈特曼这两种技术都使用了相同的测量原理，首先对待测波前进行取样，分成许多小区域，并测量每个取样区域的平均波前前进方向，再集合所有取样区域的波前前进方向的信息，重构出相位分布。哈特曼与夏克－哈特曼波前测试技术的差别是哈特曼波前测试技术中运用孔径阵列对测量波前进行取样，而夏克－

哈特曼波前测试技术则运用微透镜阵列对测量波前进行取样，其目的仅是利用透镜将取样光束聚合，使探测器能感应到较微弱的光线；剪切干涉技术则是将所要测量的波前剪切成两道相同相位分布的波前，其中一道波前相对于另一道波前侧向位移、旋转一段距离或小量放缩，其中部分波前相互叠合产生干涉条纹，再依剪切的偏移量从干涉圆形中计算并还原出原光束的波前分布。

### 2.3.1 斜率测量原理

在光学测量中，有一种根据几何光学原理测定物镜几何像差或反射镜面形误差的哈特曼法。如图 2.11 所示，在被检物镜（或反射镜）前放置一块开有许多按一定规律排列的小孔的光阑，通常称为哈特曼光阑。光束通过此光阑后被分割成许多细光束，只要在被测物镜焦面前后两垂直光轴的截面上测出各细光束中心坐标，根据简单的几何关系就可以求得被检物镜的几何像差或被检反射镜的面形误差。这一经典方法是由德国的哈特曼于 1900 年首先提出的，直到现在在大型天文望远镜主反射镜面形误差的检验中仍常采用。哈特曼波前传感器（H-WFS）作为自适应光学系统的重要组成部件，在波前实时控制、光学元件检测、光束质量评价以及高功率激光系统中得到广泛应用。

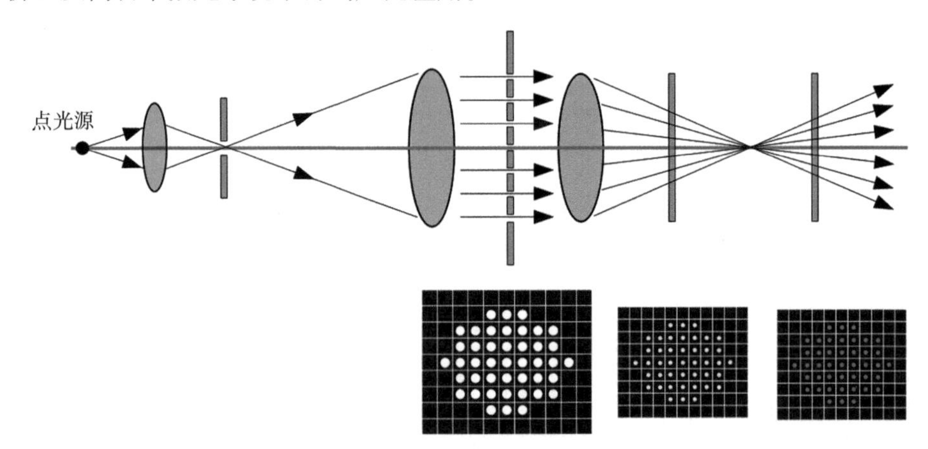


**图 2.11　经典哈特曼法原理**

由于经典哈特曼法中焦面前后截得的光斑直径较大，光斑中心坐标的测量精度较低，而且只利用了光阑上开孔部分的光线，光能损失较大。1971 年夏克（R·K. Shack）对此方法作了改进，把哈特曼光阑换成一阵列透镜，这样既可提高光斑中心坐标的测量精度，又提高了光能利用率。这种改进后的哈特曼法称为夏克-哈特曼法。根据夏克-哈特曼原理设计制造的波前传感器就称为夏克-哈特曼波前传感器，如图 2.12 所示。

夏克-哈特曼波前传感器由哈特曼检测法发展而来，它由二维平面上的微透镜阵列组成，将入射波前划分成多个子孔径，通过计算各子孔径上聚焦光斑质心偏移量，从而得到各子孔径上对应波前的平均斜率，采用波前重构算法可以得到波前信息。夏克-哈特曼波前传感器光能利用率较高，动态范围较大，对测量环境要求不高，适用于白光探测，是目前自适应光学系统中普遍采用的波前传感器。其工作原理如图 2.13 所示，待测波前经微透镜阵列被分割成多个子区域，每个子区域上的波前经微透镜会聚于焦平面。当入射波前为平面波时，会聚于微透镜焦点处；当入射波前存在波前畸变，子区域内的入射波前倾斜，对应的光

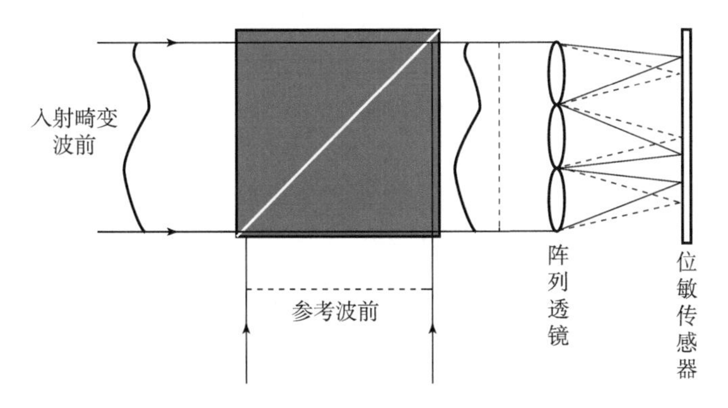


图 2.12 夏克 – 哈特曼波前传感器原理

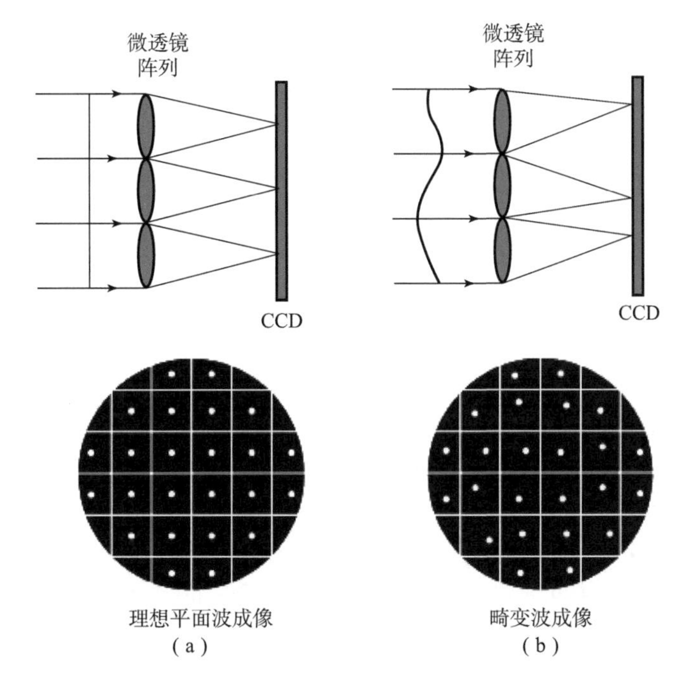


图 2.13 夏克 – 哈特曼波前传感器波前测量原理

(a) 入射光为理想平面波；(b) 入射光存在波前畸变

斑会产生偏移。通过探测焦斑的偏移量，能够得到子区域上的波前斜率。可以表示为

$$\frac{\partial \varphi}{\partial x}=\frac{\Delta x}{f} \tag{2.52}$$

$$\frac{\partial \varphi}{\partial y}=\frac{\Delta y}{f} \tag{2.53}$$

式中，$\varphi$ 表示畸变波前；$\Delta x$ 和 $\Delta y$ 分别为聚焦光斑在 $x$ 和 $y$ 方向的偏移量；$f$ 为微透镜焦距。

光斑的质心位置偏移参考位置的距离，分为水平方向和竖直方向，分别记为横、纵坐标。位置精度将直接影响到重构波前精度以及后续对退化函数的求取，所以光斑质心位置的计算是一个非常重要的问题。目前，已经有很多关于质心计算的方法。

1. 灰度质心算法

最基本、最常用的测量夏克－哈特曼波前传感器子孔径图像斜率的方法是灰度质心方法，可以用式（2.54）~式（2.57）表示。

$$S = \sum_{x,y} I(x, y) \tag{2.54}$$

$$Sx = \sum_{x,y} xI(x, y) \tag{2.55}$$

$$Sy = \sum_{x,y} yI(x, y) \tag{2.56}$$

$$xc = Sx/S, \quad yc = Sy/S \tag{2.57}$$

式中，$I(x, y)$ 为光斑强度；$x$，$y$ 为像素坐标。横、纵坐标的质心可以简单地认为是强度与该点坐标值的乘积。

灰度质心法的不足之处在于没有考虑到读出噪声、暗噪声和背景噪声等对夏克－哈特曼波前传感器的影响。当噪声较大时，离中心较远的像素点上的噪声受坐标加权的影响，对斜率探测的精度将产生较大影响。

2. 阈值－梯度质心算法

阈值－梯度质心法是对上述质心灰度法的一个改进。将夏克－哈特曼波前传感器获得的图像减去事先设定的阈值，并将其中负值设为0。该阈值设置能有效地估计噪声水平，从而简单有效地去除背景噪声。数学表示式仍可沿用式（2.54）~式（2.57）。但是在噪声较大时，该方法很容易将有用的信号也去除，从而引入质心偏差，对后续重构波前的精度产生影响。

3. 高斯加权质心算法

为了尽可能地减少噪声对质心的影响，提出了高斯加权质心法，对得到的光斑图像光强的灰度值给定一个权重，以突出中心光强的作用。基本步骤是先去除背景噪声，得到质心的大致区域；对光斑光强取一个高斯窗函数，采用半带宽度，再进行质心计算。将高斯函数的半带宽度设为稍微小于光斑的尺寸，这样边缘位置的噪声对质心斜率的影响作用将减弱。该方法的优点是质心探测的精度、重复性都比较高，而且在噪声较大时，精度提高更加明显。

4. 迭代高斯加权质心算法

高斯加权质心法中，高斯函数的中心是固定的，不能随计算得到的质心自适应地变化，从而无法实现窗口与光斑中心的高精度重合。为解决这个问题，DeVries、Baker 提出了迭代加权质心算法。通过同时迭代更新高斯函数的半带宽度和质心坐标来获得更高的质心探测精度，这样就可以迭代地对原始加权高斯函数的质心更新并减小噪声的影响。此外，还可以不断估计高斯函数的半带宽度，迭代地应用于更新高斯加权函数的参数。

### 2.3.2 差分测量原理

剪切差分干涉仪有多种实现方式，其基本方法是将光波分成两束存在一定位移的光束进行干涉，通过分析干涉条纹，可以得到波前的斜率信息，采用波前重构算法得到待测波前。剪切干涉仪具有较高的精度和灵敏度，可适用于较大口径的检测，对外界环境要求相对较低，但是对干涉条纹的分析相对复杂。

1. 横向剪切法

横向剪切法是剪切干涉测量一个重要分支，可广泛应用于检验光学系统、光学零件及研究液体或气体中的流动、扩散、均匀性等现象。其基本思想是将波前 $\varphi(x, y)$ 自身产生横向位移 $\Delta x$ 得到剪切波前 $\varphi(x-\Delta x, y)$，原始波前 $\varphi(x, y)$ 和剪切波前 $\varphi(x-\Delta x, y)$ 在重叠区域产生干涉，如图 2.14 所示。两波前差为 $\Delta\varphi(x, y)=\varphi(x, y)-\varphi(x-\Delta x, y)$，通过对干涉条纹的处理可以得到波前斜率信息。

$$\Delta\varphi(x, y)=n\lambda \tag{2.58}$$

式中，$\lambda$ 为干涉波长。在剪切量较小的情况下，可以得到

$$\frac{\partial\varphi(x, y)}{\partial x}\Delta x=n\lambda \tag{2.59}$$

同样，在 $y$ 方向剪切时可以得到

$$\frac{\partial\varphi(x, y)}{\partial y}\Delta y=m\lambda \tag{2.60}$$

于是得到了波前斜率信息。

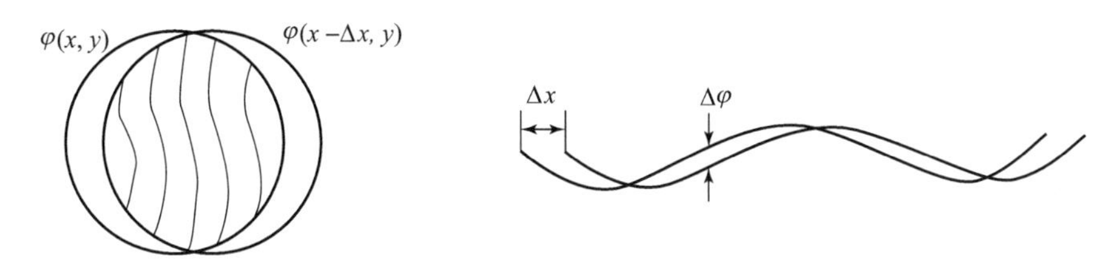


**图 2.14　横向剪切干涉仪的原理图**

2. 径向剪切法

径向剪切法多用于光学系统和光学元件测试，应力、应变和振动分析，温度和气体流动的研究，高速脉冲波前测量等。径向剪切干涉仪同其他干涉仪相比有其独特的优点：①不需要设置专门的参考光路，可以对较大尺寸的对象进行检测；②被测光与参考光来自同一支光路，对温度以及机械振动等环境因素不敏感，在不需要隔振和恒温的条件下也可以获得稳定的干涉条纹；③通过调节剪切比可以改变测量灵敏度。

同横向剪切干涉的原理相似，径向剪切干涉是将待测波面放大或者缩小来实现波面的剪切干涉，获得所需要的波面的相位分布。径向剪切干涉仪结构简单，获得的干涉条纹比较稳定，对环境因素不敏感，有利于实现现场测试。同时，由于径向剪切干涉只需一幅干涉图就可以进行检测，因此对于瞬态或者静态波面的测量均不会使系统变得复杂。但是其产生的干涉条纹是待测波前剪切干涉所得到的，并不是待测波面的实际信息，因此，要获得待测波面的位相还需要通过波面重构。

径向剪切干涉仪系统由硬件和软件两部分组成。硬件部分包括径向剪切系统、条纹拍摄光学系统、图像采集系统等；软件部分包括干涉图采集软件和干涉图处理软件。经过软件处理，可以得到波像差的均方根值 RMS、峰谷值 PV、Zernike 多项式以及二维、三维的波前分布图等。

瞬态波前径向剪切干涉系统原理如图 2.15 所示，径向剪切系统由分束镜、反射镜和伽利略望远系统组成，入射脉冲激光经分束镜后被分成两支光路，其中一支为反射光，经过分束镜反射→伽利略望远系统缩束→平面镜反射→分束镜反射后成为缩束光束；另一支为透射光，经分束镜透射→反射镜反射→伽利略望远系统扩束→分束镜透射后成为扩束光束。缩束

光束和扩束光束在分束镜后相遇干涉，其中由望远系统产生的虚焦点能够防止高能激光产生电离，方便系统装调。扩束光波与缩束光波形成剪切波面 $\Phi_0(\rho,\ \theta)$。

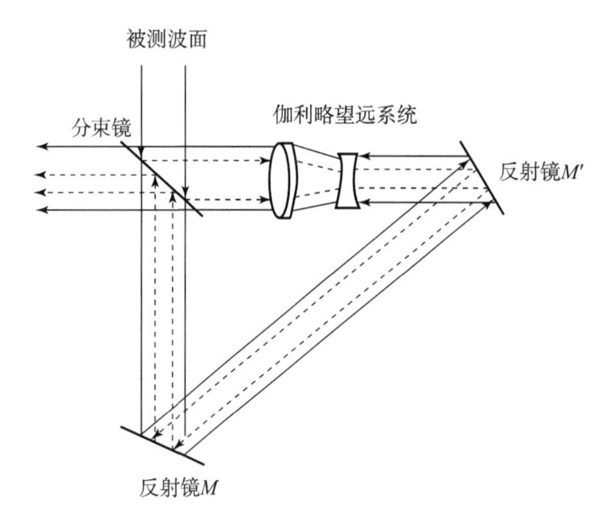


**图 2.15　径向剪切干涉仪硬件原理图**

由系统结构可以得到 $\Phi_0(\rho,\ \theta)$ 的表达式

$$\Phi_0 = w(\rho/\beta,\ \theta) - w(\beta\rho,\ \theta) \tag{2.61}$$

式中，$\theta$ 和 $\rho$ 分别为极角和极径；$w(\rho/\beta,\ \theta)$ 为待测波前表达式；$\beta$ 为径向剪切比，$\beta = f_2/f_1$，即径向剪切比等于前置伽利略望远镜放大率的倒数，$f_1$、$f_2$ 分别为伽利略望远系统物镜和目镜的焦距。

波面的频谱经过离散傅里叶变换获得，然后进行滤波，提取出其中的一级频谱，接着进行逆变换，得到的结果就是需要的信息。再对得到的结果求反三角函数，解包裹后可得到波面数据的位相分布，然后就可以计算出波面 RMS 值、PV 值等，再对该波面进行 Zernike 多项式拟合，以二维、三维的方式来显示波面以及相关波面参数。

### 2.3.3　波前重构算法

光波波前误差是影响发射激光束质量或光学成像质量的最主要因素。斜率测量法不能直接获得光波波前误差的数据，只能测得离散的波前斜率，这就需要从上述离散的波前斜率中恢复出连续的波前形状；同时，测得的波前数据中，通常还包含测量误差，也需要利用波前的全部数据来平滑个别测量点的误差。这两方面的工作都属于波前重构的内容。最普遍的重构波前的方法是区域法和模型法，二者均利用波前的斜率。

1. 区域法重构波前

波前上任意两点间的相位存在如下关系：

$$\varphi(\rho) = \int_C \nabla\varphi \mathrm{d}S + \varphi(\rho_0) \tag{2.62}$$

式中，$\nabla$ 为哈密顿算子；$C$ 为积分路径，此积分与路径无关。但是，当存在测量噪声的情况下，上一积分是与路径有关的，这就需要寻找更合适的关系式。

设测量得到的波前梯度是 $g(x,\ y)$，其中包括波前真正的梯度 $\nabla\varphi$ 和噪声 $n(x,\ y)$，即

$$g(x,\ y) = \nabla\varphi + n(x,\ y) \tag{2.63}$$

在最小二乘意义上，有

$$\int(\nabla\varphi - g)^2 \mathrm{d}x\mathrm{d}y = \min \tag{2.64}$$

这是一个变分问题，它满足欧拉方程

$$\nabla^2\hat{\varphi} = \nabla g \tag{2.65}$$

式中，$\hat{\varphi}$为在最小二乘意义上对 $\varphi$ 的估计。

式（2.65）是一椭圆微分方程。在波前相位估计的情况下梯度是已知的，所以变为纽曼（Neumann）边界值问题。在波前估计问题上，存在着唯一解。

最小二乘解的误差是

$$\varepsilon = \hat{\varphi} - \varphi \tag{2.66}$$

式 $\varphi(\rho) = \int_C \nabla\varphi \mathrm{d}S + \varphi(\rho_0)$ 可以离散化，可以用 $N$ 个点取代连续面问题。这样，一个完整的波前被细分成 $(N-1)^2$ 个子区间（子孔径）。利用子孔径边界上测量的波前梯度或相位差数据来重构整个波前相位，这一方法称为区域法估计波前相位。

根据测量参数的性质（梯度或相位差）和要求重构波前相位的位置，以及重构算法的不同，可以有许多具体的重构波前的方法。其中按照相位测量点与重构点相对位置的不同，有 3 种重要的重构模型，见图 2.16。

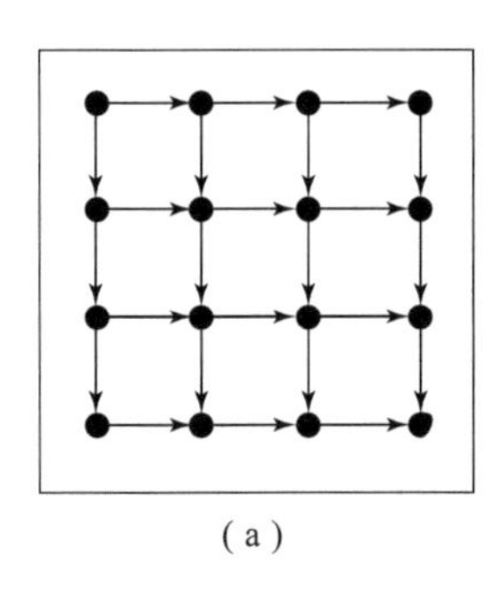
（a）

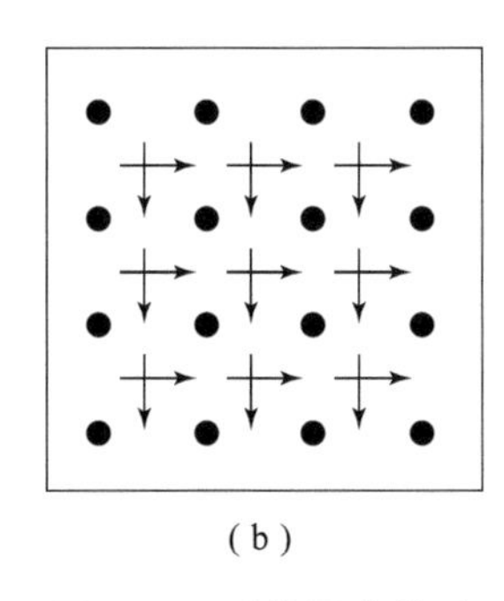
（b）

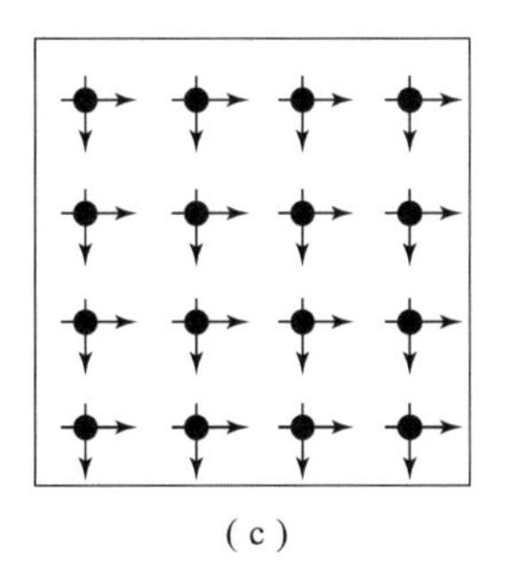
（c）

**图 2.16 重构网点模型**

（a）休晋（Hudgin）模型；（b）弗雷德（Fried）模型；（c）绍契威尔（Southwell）模型

·—待估计的相位点；→↑—测量数据的位置和方向

2. 模式法估计波前

区域法估计波前是利用子孔径四邻位置的测量数据估计中心点相位的方法。模式法与此不同，它将全孔径内的波前展开成不同的模式（例如：平移、倾斜、离焦、像散、彗差和球差等）。然后用全孔径内的测量数据去求解各模式的系数，得到完整波前展开式，以重构出波前。

一个完整的波前 $\varphi(x,\ y)$ 可以用多项式 $F(x,\ y)$ 展开成

$$\varphi(x,\ y) = \sum_{k=0}^{\infty} a_k n_k F_k(x,\ y) \tag{2.67}$$

式中，$n_k$ 为归一化常数；$a_k$ 为待定系数。

为了方便，使 $F_k(x,\ y)$ 的平均值为零，即

$$\langle F_k(x,\ y)\rangle = 0 \tag{2.68}$$

波前的相位方差为

$$\sigma_k^2 = \sum_{k=0}^{\infty} a_k^2 - a_0^2 \tag{2.69}$$

式中，$a_0$ 为相位的平均值。

多项式 $F_k(x, y)$ 是正交多项式，即

$$n_k n_l \sum_{i=1}^{N} \sum_{j=1}^{N} F_k(x_i, y_i) F_l(x_j, y_j) = N^2 \delta_{kl} \tag{2.70}$$

式中，$\delta_{kl}$为克罗内克符号。

常用的多项式是 Zernike 正交多项式 $Z(x, y)$，波前展开式为

$$\varphi(x, y) = \sum_{k=0}^{N} a_k Z_k(x, y) \tag{2.71}$$

上式是波前相位展开式的连续形式。实际上有用的是离散形式，即

$$\varphi_j = \varphi(x_j y_j) = \sum_{k=0}^{N} a_k Z_k(x_j y_j) \tag{2.72}$$

为求解展开系数 $a(a_0, a_1, \cdots, a_k)$，需要用到波前斜率展开式，从中求得系数 $a$，再根据波前相位展开式（2.67）恢复波前相位。

对式（2.71）微分，即得

$$\begin{cases} g_x = \sum_{k=0}^{N} a_k \dfrac{\partial Z_k(x, y)}{\partial x} + \varepsilon_x \\ g_y = \sum_{k=0}^{N} a_k \dfrac{\partial Z_k(x, y)}{\partial y} + \varepsilon_y \end{cases} \tag{2.73}$$

式中，$\varepsilon_x$ 和 $\varepsilon_y$ 为测量误差。因为波前传感器只能测量子孔径（$i$，$j$）内的平均斜率，则

$$\begin{cases} g(x_i) = \sum_{k=1}^{N} a_k \iint \dfrac{\partial Z_k(x_i, x, y)}{\partial x} \mathrm{d}x\mathrm{d}y + \varepsilon_{x_i} \\ g(y_i) = \sum_{k=1}^{N} a_k \iint \dfrac{\partial Z_k(y_i, x, y)}{\partial y} \mathrm{d}x\mathrm{d}y + \varepsilon_{y_i} \end{cases} \tag{2.74}$$

式（2.72）和式（2.73）用矩阵符号表示为

$$\boldsymbol{\phi} = \boldsymbol{D}_{\varphi} \boldsymbol{A}_{\varphi} \tag{2.75}$$

$$\boldsymbol{G} = \boldsymbol{D}_g \boldsymbol{A}_g + \boldsymbol{\varepsilon} \tag{2.76}$$

式中，$\boldsymbol{\phi}$ 为 $M$ 维列向量；$\boldsymbol{D}_{\varphi}$ 为 $M \times N$ 矩阵；$\boldsymbol{A}$ 为 $N$ 维列向量；$\boldsymbol{G}$ 为 $2M$ 维列向量；$\boldsymbol{D}_g$ 为 $2M \times N$ 矩阵；$\boldsymbol{A}_g$ 为 $N$ 维列向量。为了方便，令 $\boldsymbol{A} = \boldsymbol{A}_g$。

对于以离散波像差形式表示的原始测量数据，常用 Zernike 多项式（表 2.3）作最小二乘拟合求出被测波前的形状。对于以离散径向斜率值形式表示的原始测量数据，需要探讨能否改用 Zernike 多项式的径向斜率形式作最小二乘拟合，求解出被测波前的形状。

**表 2.3　泽尼克（Zernike）多项式及其径向斜率多项式**

| No. | $w(\rho, \theta)$ | $\partial w / \partial \rho$ |
|---|---|---|
| 1 | $\rho \cos\theta$ | $\cos\theta$ |
| 2 | $\rho \sin\theta$ | $\sin\theta$ |

续表

| No. | $w(\rho, \theta)$ | $\partial w/\partial\rho$ |
|---|---|---|
| 3 | $2\rho^2-1$ | $4\rho$ |
| 4 | $\rho^2\cos 2\theta$ | $2\rho\cos 2\theta$ |
| 5 | $\rho^2\sin 2\theta$ | $2\rho\sin 2\theta$ |
| 6 | $(3\rho^2-2)\rho\cos\theta$ | $(9\rho^2-2)\cos\theta$ |
| 7 | $(3\rho^2-2)\rho\sin\theta$ | $(9\rho^2-2)\sin\theta$ |
| 8 | $6\rho^4-6\rho^2-1$ | $24\rho^3-12\rho$ |
| … | … | … |

理论分析和计算机仿真结果表明，采样密度足够的情况下，根据已知波前径向斜率分量的离散采样值也完全可以以足够高的精度重构出原始波面的形状；如果径向斜率离散采样值包含有一定的随机误差，也仍能重构出精度与波前径向斜率采样精度相当的波前形状。

由径向斜率重构波前与前述模式法重构波前的方法类似，只需将 Zernike 多项式中的各项换成 Zernike 斜率多项式的表达形式$\frac{\partial w}{\partial \rho}$，波前测量值替换为波前径向斜率测量值 data，即

$$\frac{\partial w}{\partial \rho}\text{znk} = \text{data} \tag{2.77}$$

式中，znk 既是 Zernike 斜率多项式的各项系数，同时也是重构波前的 Zernike 多项式系数。只要采样点数大于多项式项数 $n$，式（2.77）就可写出最小二乘解

$$\text{znk} = ((\partial w/\partial\rho)^{\mathrm{T}}\cdot(\partial w/\partial\rho))^{-1}\cdot(\partial w/\partial\rho)^{\mathrm{T}}\cdot\text{data} \tag{2.78}$$

## 2.4　三角测量原理

三角测量法是一种传统的距离测试技术，具有悠久的历史。随着新的光电扫描技术和阵列型光电探测器件的发展，加之微机的控制与数据处理，使这种传统的方法有了很多新的进展及应用。

最简单的三角测量法光路，是由光源投射一个单光点到被测物体表面，在另一个方向上通过观察成像光点的位置，从而计算出光源到物点的距离。因为其投影光轴、成像光轴和光电检测器基线构成一个三角形，所以这种方法被称为三角测量法。按照入射光线和被测物体表面法线间形成的角度，可分为直射式和斜射式。

### 2.4.1　直射式激光三角法

直射式测量光学系统如图 2.17 所示。激光器发出的光束，经聚光后垂直入射到被测物体表面上产生一光点，光点的一部分散射光通过接收透镜成像于光电检测器的感光面上。如果被测物体沿激光光轴移动或表面高度变化，将导致入射光点沿入射光轴移动，那么光电探测器上的成像点也会相应随之移动，根据物像之间的关系从而确定被测物的变化。

图 2.17 中，$O$ 平面为被测物的基准位置；$P$ 点为成像光点的基准点；$a$ 为激光光轴与接

收透镜光轴的交点到接收透镜主平面的距离，定义为工作距；$b$ 为接收透镜主平面到成像基准点的距离，定义为像距；$\alpha$ 为激光光轴与成像光轴之间的夹角，定义为工作角；$\beta$ 为光电探测器基线与成像光轴间的夹角，定义为成像角；$x$ 为成像光点相对于成像基准点移动的距离；$y$ 为被测物体相对于基准位置移动的距离。

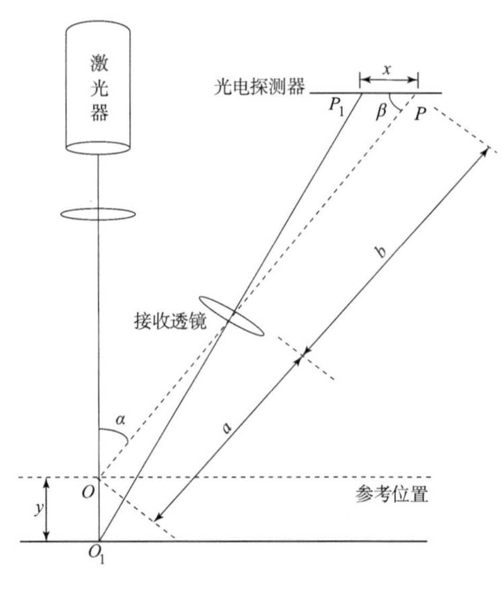


**图 2.17　直射式激光三角测量示意图**

将激光轴线与成像光轴的交点所在的位置作为参考位置，而这时像点的位置就是测量的参考零点。根据图 2.18 光斑成像示意图，可知要使光斑在探测器上成清晰的实像就要满足近轴透镜成像公式，即要满足式（2.79）：

$$\frac{1}{a}+\frac{1}{b}=\frac{1}{f} \tag{2.79}$$

式中，$f$ 为接收透镜的焦距。

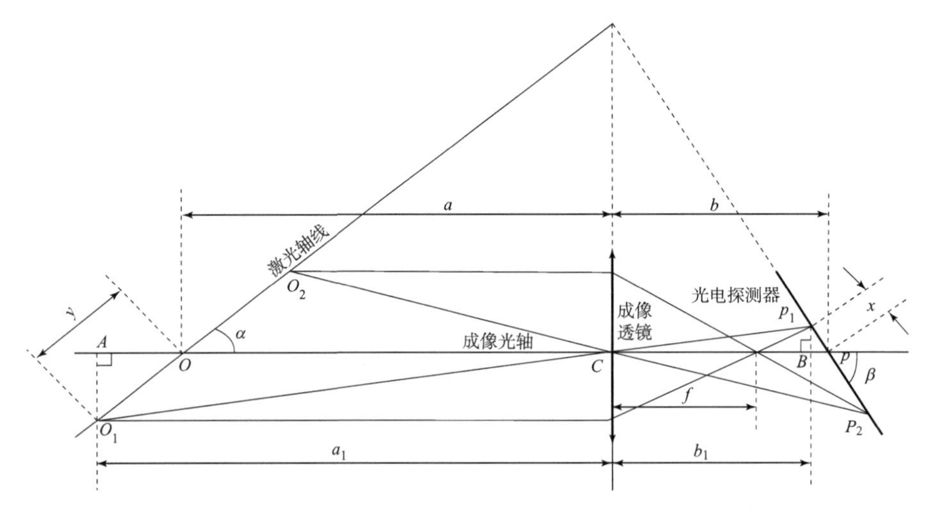


**图 2.18　轴外目标成像示意图**

当被测物体沿激光轴线远离激光器时，即光斑由 $O$ 点移动到 $O_1$，对于透镜光轴以外的光线，要想在光电探测器上成清晰的像也要满足成像公式，即

$$\frac{1}{a_1}+\frac{1}{b_1}=\frac{1}{f} \tag{2.80}$$

此时，

$$\begin{cases} a_1 = a + y\cos\theta \\ b_1 = b - x\cos\beta \end{cases} \tag{2.81}$$

由 $\Delta CAO_1 \sim \Delta CBP_1$ 可以得到

$$\frac{a_1}{b_1}=\frac{y\sin\alpha}{x\sin\beta} \tag{2.82}$$

联立式（2.79）、式（2.80）得到

$$\frac{a+b}{ab}=\frac{a_1+b_1}{a_1b_1}\Rightarrow\frac{a_1(b_1-b)}{b_1(a-a_1)}=\frac{b}{a} \tag{2.83}$$

又

$$\tan\alpha=\frac{b}{a}\tan\beta \tag{2.84}$$

即

$$\tan\beta=\frac{a-f}{f}\tan\alpha \tag{2.85}$$

式（2.85）就是著名的斯凯姆普夫拉格（Scheimpflug）条件（也称“沙姆定律”），即激光轴线、物镜主平面、光电探测器基线三者的延长线应该相交于一点或者三者相互平行。满足式（2.79）、式（2.85）的光路即为恒聚焦光路，这样的光路无论被测物体怎样移动，成像光斑都可以准确的落地接收探测器的感光面上，并且成清晰的像。

因为 $\Delta CAO_1\sim\Delta CBP_1$，根据相似三角形各边的比例关系有

$$\frac{y\sin\alpha}{x\sin\beta}=\frac{a+y\cos\alpha}{b-x\cos\beta} \tag{2.86}$$

由此可以求出被测物的位移与光斑在成像面上的位移间的关系式

$$y=\frac{ax\sin\beta}{b\sin\alpha-x\sin(\alpha+\beta)} \tag{2.87}$$

当被测物体沿激光轴线靠近激光器时，同样道理可以得到

$$y=\frac{ax\sin\beta}{b\sin\alpha+x\sin(\alpha+\beta)} \tag{2.88}$$

如果规定 $x$ 在被测物体远离激光器时取“+”，而靠近时取“-”，则式（2.87）、式（2.88）就可综合为一式。这样 $x$ 用 $y$ 可表示为

$$x=\frac{by\sin\alpha}{b\sin\beta+y\sin(\alpha+\beta)} \tag{2.89}$$

由式（2.89）可得激光三角测量物像位移关系如图 2.19 所示。由图可见，随着被测物

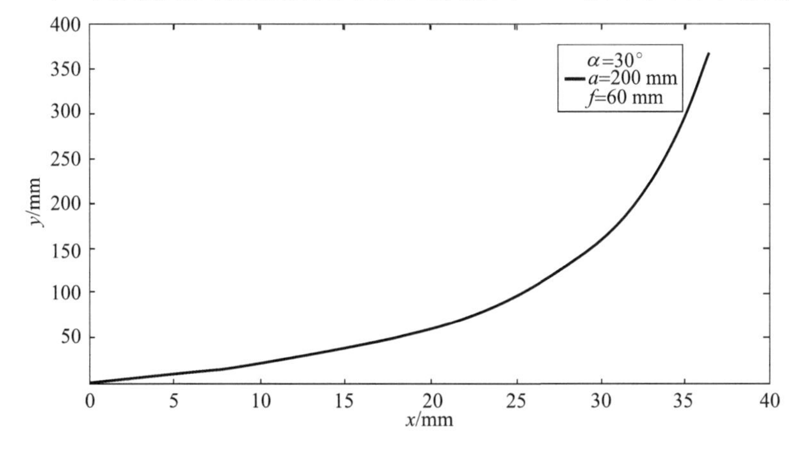


**图 2.19　物像位移关系图**

体 $y$ 沿激光轴线远离激光器，其相应的像点在光电探测器上的位置 $x$ 变化越来越慢，即放大倍率逐渐变小。而随着被测物体 $y$ 靠近激光器，其像点在光电探测器上的位置 $x$ 变化越来越快，即放大倍率逐渐变大。

### 2.4.2 斜射式激光三角法

斜射式激光三角测量光路图如图 2.20 所示。激光器发射的光束以被测物表面法线成 $\alpha_1$ 角入射到被测物表面，接收透镜光轴与被测物表面法线成 $\alpha_2$ 角，反射光经过接收透镜成像于光电探测器感光面上，而光电探测器基线与接收透镜光轴的夹角为 $\beta$。

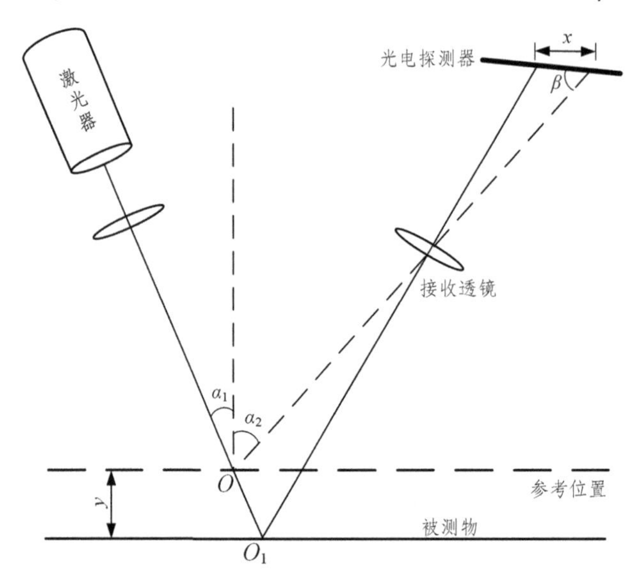


**图 2.20 斜射式激光三角测量光学系统示意图**

与直射式测量系统一样，激光光斑要在光电探测器成清晰的像点，光路也要满足斯凯姆普夫拉格条件，即

$$\tan(\alpha_1+\alpha_2)=\frac{b}{a}\tan\beta \tag{2.90}$$

同理，由相似三角形各边之间的比例关系

$$\frac{(y/\cos\alpha_1)\sin(\alpha_1+\alpha_2)}{x\sin\beta}=\frac{a+(y/\cos\alpha_1)\cos(\alpha_1+\alpha_2)}{b-x\cos\beta} \tag{2.91}$$

可以得到 $y$ 与 $x$ 间的关系式

$$y=\frac{ax\sin\beta\cos\alpha_1}{b\sin(\alpha_1+\alpha_2)-x\sin(\alpha_1+\alpha_2+\beta)} \tag{2.92}$$

当 $\alpha_2=0$ 时，物象关系就成变成

$$y=\frac{ax\sin\beta}{b\sin\alpha_1-x\sin(\alpha_1+\beta)} \tag{2.93}$$

这时斜射式就变成了斜入射直接收式，其光路图如图 2.21 所示。这种方式是斜射式的特例，它弥补了斜射式体积大的局限性。

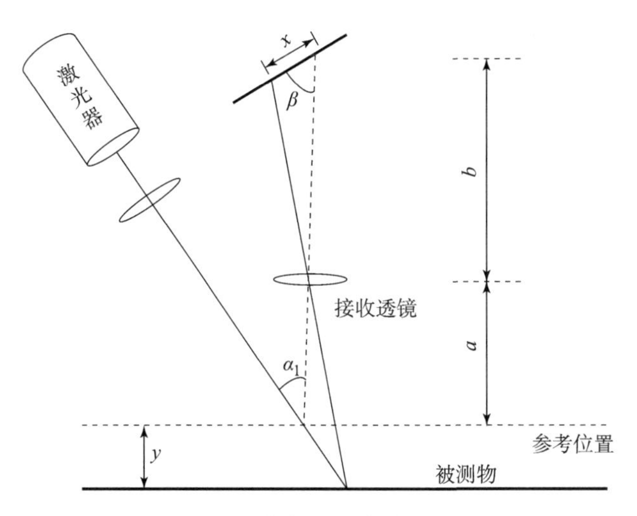


图 2.21　斜射直接收式光路图

### 2.4.3　直射式与斜射式特点比较

从以上原理分析，上述两种方法都可以用来进行位移和形貌等的测量，但是使用的效果各有不同，它们的主要区别有以下几个方面：

（1）斜射式测量系统中探测器接收的是来自被测物体表面的反射光，比较适合测量表面反射率较高的物体；而直射式测量系统中探测器接收的被测物表面的散射光，因此更适合于测量表面散射性较好的物体。当然，对直射式来说，其对光强要求较高，因为如果散射光强太弱，探测器无法感应就无法测量，这样就可能会出现测量盲区。

（2）直射式的优点是体积较小，而且光斑较小，光强集中，不会因被测物体的移动而扩大光斑。

（3）比较直射式和斜射式公式（2.88）与式（2.92），在相同的 $a$、$b$、$\beta$ 的情况下，相同的像点移动距离 $x$ 值，斜射式的物体移动距离 $y$ 值比直射式的要小，可见斜射式的测量系统传感器分辨能力高于直射式，但它的测量范围较小。而斜入射直接收式测量系统的体积和直入射式相当，并且分辨力高于直射式，因此在小范围测量中较为常用。

（4）比较图 2.17 与图 2.20，斜射式在测量过程中激光投射在被测物体表面的不同地方，因此不能直接给出被测物某具体点的位移，而直射式就可以直接测量出来。

在具体的应用中，应该根据实际情况，如被测面的粗糙度、工作距离、测量范围、安装位置、精度要求等来决定选择哪种类型。

## 2.5　莫尔测量原理

莫尔（Moire）一词在法文中的原意是表示水波纹或者波状花纹。当薄的两层丝绸重叠在一起并作相对运动时，则形成一种漂动的水波形花样，当时就将这种有趣的花样称为莫尔条纹。一般来说，任何两组（或多组）有一定排列规律的几何线族的叠加，均能产生按新规律分布的莫尔条纹图案。

1874 年英国物理学家瑞利首次将莫尔图案作为一种测量手段，根据条纹形态来评价光栅尺各线纹间的间隔均匀性，从而开创了莫尔测量技术。随着光刻技术和光电子技术水平的提高，莫尔技术获得较快发展，在位移测试、数字控制、伺服跟踪、运动比较等方面有广泛的应用。采用莫尔原理进行测量的光栅又称为计量光栅或长光栅。

## 2.5.1 莫尔测量基础

1. 几何光学原理

要形成莫尔条纹至少需要包括两块光栅，其中较长的作为光栅尺，又称为主光栅，较短的作为指示光栅，两者组成一对光栅副。如果所用的光源为非相干光源，光栅为栅线间距（栅距）较大的光栅，一般来说，栅距不应小于 0.01 mm，称为黑白光栅。而光栅副栅线面之间间隙较小时，通常可以按照光是直线传播的几何光学原理，利用光栅栅线之间的遮光效应来解释莫尔条纹的形成，并推导出光栅副结构参数与莫尔条纹几何图形的关系。更小栅距的光栅形成的莫尔条纹一般是衍射干涉形成的。下面讨论黑白光栅的性质。

设光栅对的栅线夹角为 $\theta$，取栅线竖直的主光栅 $A$ 的零号栅线为 $y$ 轴，垂直于主光栅 $A$ 的栅线的方向为 $x$ 轴。倾斜了 $\theta$ 角的指示光栅 $B$ 的零号栅线与 $y$ 轴的交点为原点，如图 2.22 所示。

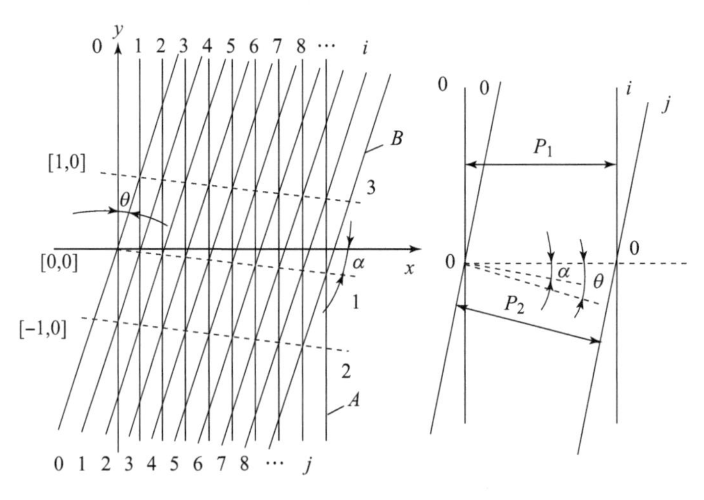


图 2.22 黑白光栅莫尔条纹形成原理

从图 2.22 容易看出，主光栅与指示光栅各栅线交点的连线即构成了莫尔条纹。如果主光栅栅线序列用 $i=1$，2，3，…表示，指示光栅栅线序列用 $j=1$，2，3，…表示，则两光栅栅线的交点为 $[i,\ j]$。莫尔条纹 1 由两光栅各同栅线交点 [0，0]，[1，1]，…的连线构成。又设主光栅 $A$ 的栅距为 $P_1$，指示光栅 $B$ 的栅距为 $P_2$。由图中看出，主光栅 $A$ 的栅线方程为

$$x_1 = iP_1 \tag{2.94}$$

指示光栅 $B$ 的栅线 $j$ 与 $x$ 轴交点的坐标为

$$x_j = \frac{jP_2}{\cos\theta} \tag{2.95}$$

莫尔条纹 1 是由 $A$、$B$ 两光栅 $i=j$ 栅线的交点连接而成，所以其条纹的方程为

$$\begin{cases} x_{i,j} = iP_1 \\ y_{i,j} = (x_j - x_{i,j})\cot\theta = \left(\dfrac{jP_2}{\cos\theta} - iP_1\right)\cot\theta = \dfrac{jP_2}{\sin\theta} - iP_1\cot\theta \end{cases} \tag{2.96}$$

莫尔条纹 1 的斜率为

$$\tan\alpha = \frac{y_{i,j} - y_{0,0}}{x_{i,j} - x_{0,0}} = \frac{iP_2}{iP_1\sin\theta} - \frac{iP_1}{iP_1}\cot\theta = \frac{P_2 - P_1\cos\theta}{P_1\sin\theta} \tag{2.97}$$

莫尔条纹 1 的方程可表示为

$$y_1 = x\tan\alpha = \frac{P_2 - P_1\cos\theta}{P_1\sin\theta}x \tag{2.98}$$

同样可以求得莫尔条纹 2 和 3 的方程分别为

$$y_2 = \frac{P_2 - P_1\cos\theta}{P_1\sin\theta}x - \frac{P_2}{\sin\theta} \tag{2.99}$$

$$y_3 = \frac{P_2 - P_1\cos\theta}{P_1\sin\theta}x + \frac{P_2}{\sin\theta} \tag{2.100}$$

由式（2.98）、式（2.99）、式（2.100）可以得出结论：莫尔条纹是周期函数，其周期 $T = P_2/\sin\theta$。它也被称为莫尔条纹的宽度 $B$。当 $P_1 = P_2$时，由式（2.98）可得

$$\tan\alpha = \frac{1 - \cos\theta}{\sin\theta} = \tan\frac{\theta}{2} \tag{2.101}$$

就得到横向莫尔条纹。横向莫尔条纹与 $x$ 轴的夹角为 $\theta/2$。实用中两光栅的夹角 $\theta$ 很小，因此可以认为莫尔条纹几乎与 $y$ 轴垂直，如图 2.23（a）所示。

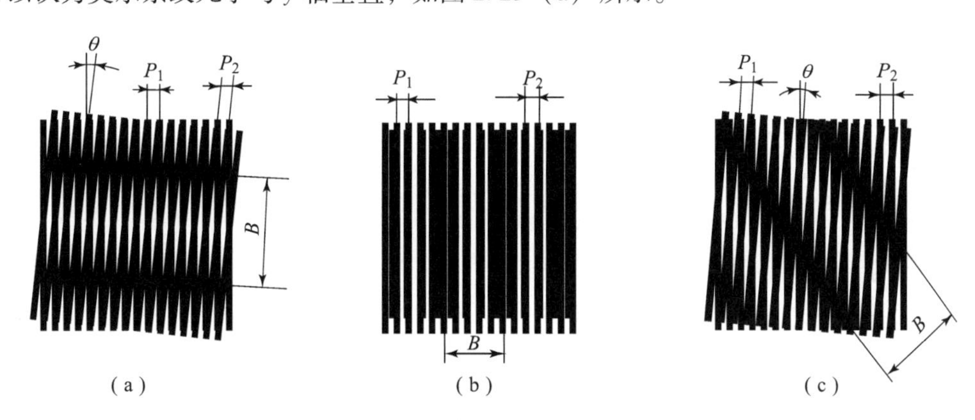


**图 2.23　不同形式的长光栅莫尔条纹**

（a）横向莫尔条纹；（b）纵向莫尔条纹；（c）斜向莫尔条纹

当 $\theta \neq 0$，而 $P_2 = P_1\cos\theta$ 时，就得到了严格的横向莫尔条纹。因此，当两光栅栅距不同时，总能找到一个 $\theta$ 角，得到横向莫尔条纹。

当 $\theta = 0$，而 $P_2 \neq P_1$ 时，就得到如图 2.23（b）所示的纵向莫尔条纹。

其他情况都是斜向的莫尔条纹，如图 2.23（c）所示。

在计量光栅中取 $P_1 = P_2$，且栅线夹角很小。当主光栅相对于指示光栅移动一个栅距时，莫尔条纹就移动了一个条纹间隔。在某一点观察时，能看到光栅的移动，某点的透过光强作明暗交替变化，这就是莫尔条纹的调制作用。莫尔条纹把光栅位移信息转换成光强随时间变

化的信号。在空间上光栅移动的周期为 $P_1$，而莫尔条纹移动的周期是 $B$。可见，莫尔条纹有放大作用，放大系数 $K = B/P_1$。虽然光栅栅距很小，但是它移动一个栅距，则莫尔条纹一个周期在空间尺寸就要大几百倍，这样就便于安装光电测量头进行测量。此外，莫尔条纹是由一系列光栅栅线交点组成的，光电器件接收莫尔条纹的透过能量。这样既能得到足够的光能量，有很高的信噪比，而且还能对栅线的工艺误差有平均作用，平均的结果使栅线误差在测量中的影响减小。

2. 衍射原理

单纯利用几何光学原理，不可能说明许多在莫尔测量技术中出现的现象。例如，在使用相位光栅时，这种光栅处处透光，它对入射光波的作用仅仅是对其相位进行调制，然而，利用相位光栅亦能产生莫尔条纹，这就不可能用栅线的遮光作用予以说明；当使用细栅距光栅时，在普通照明条件下就很容易观察到彩色衍射条纹。两块细栅距光栅叠合形成的莫尔条纹中，往往会出现暗弱的次级条纹，这些现象必须应用衍射原理才能解释；在莫尔测量技术中用到的光栅自成像现象也是无法用几何光学原理解释的。

使用衍射原理分析莫尔条纹原理主要分为两个步骤：①入射光在光栅副上的衍射；②衍射光的干涉。

1）光栅副的衍射

由物理光学可知，当一束单色平面波入射到光栅 $G_1$ 上时，将发生衍射，产生方向不同的各级平面衍射光，如图 2.24 所示。若在这块光栅后面再放置一块光栅，这两块光栅便形成一光栅副。一束单色平行光先入射到第一光栅上，由第一光栅产生的每一级的衍射光对第二光栅来说又是一入射光束，此入射光束通过第二光栅后又将产生不同级的衍射光束。因此，由光栅组合出射的每一衍射光束应由它在两个光栅上的两个衍射级序数表示。如果第一光栅 $G_1$ 的第 $n$ 级衍射光经 $G_2$ 后产生第 $m$ 级衍射光，此衍射光束的级序可表示为（$n$，$m$）。

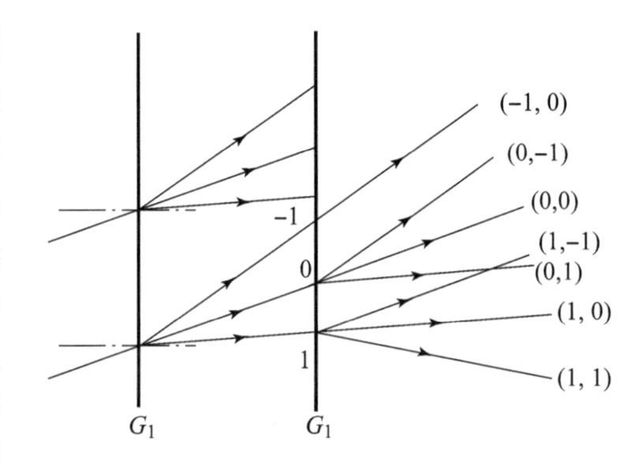


**图 2.24　双光栅的衍射级**

若 $G_1$ 最多可产生 $N$ 级衍射光，$G_2$ 最多可产生 $M$ 级衍射光，则总出射光束为 $N \times M$。尽管衍射光束有 $N \times M$ 个，但衍射光束的方向远小于 $N \times M$ 个，在 $G_1$ 和 $G_2$ 相同时，衍射级序满足 $n + m = r$ 的出射光束的方向总是相同的，这一方向称为光栅副的第 $r$ 级方向，在这个方向上包含多个衍射光束。当光栅副中 $G_1$ 和 $G_2$ 的栅距相差很小并且栅线夹角 $\theta$ 很小时，在同一级组光束中，各光束的出射方向基本相同。

2）衍射光的干涉

光栅副衍射光有多个方向，每个方向又有多个光束，它们之间相互干涉形成的条纹很复杂，形成不了清晰的莫尔条纹。可以在光栅副后面加透镜 L，在透镜焦点处用一光阑只让一个方向的衍射光通过，滤掉其他方向的光束，以提高莫尔条纹的质量，如图 2.25 所示。

在同一方向上的光束中，由于它们的衍射级次不同，相位和振幅不同，它们相干的结果仍很复杂。通常光栅低级次衍射的光能量要比高级次大得多，因此实际应用中常选用衍射级序数 $r = 1$ 的一级组工作。至于在一级组中，两相干衍射光束的选定则应按照等效衍射级次

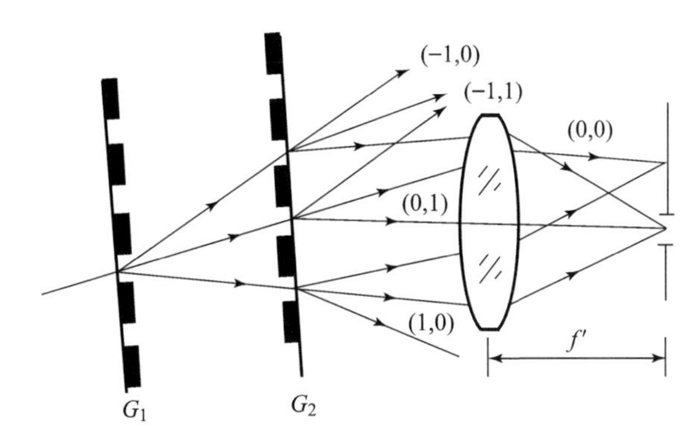


**图 2.25　光栅副衍射光的干涉**

最低的原则确定。所谓等效衍射级次是指每一束光两衍射级次绝对值之和 $|n|+|m|$，衍射级次越低则光能量越大。例如，在 $r=1$ 的一级组中，（0，1）和（1，0）这两束光的能量最大，为一级组中主要分量，一级组的干涉图主要由此两分量相干决定。

由一级组（0，1）和（1，0）两光束相干所形成的光强原理分析的结果较理想。但是在考虑同一组中各衍射光束干涉相加的一般情况下，莫尔条纹的光强分布不再是简单的余弦函数。通常，在其基本周期的最大值和最小值之间出现次最大值和次最小值，即在其主条纹之间出现次条纹、伴线。在许多场合，例如，对莫尔条纹信号做电子细分时要求莫尔条纹光强分布的数学表达式为较严格的正弦或余弦函数。此时，应当采用空间滤波或者其他措施，以除去莫尔条纹光强变化中的谐周期变化成分。

3. 傅里叶分析方法

莫尔条纹的形成基于光栅副的叠加作用。光栅可被看作一种对入射光波振幅和相位进行调制的装置。在数学上，光栅可被描述为一种空间周期函数，由此，可用傅里叶分析的方法分析光栅的特性及讨论莫尔条纹的形成原理。傅里叶分析方法可分析莫尔条纹的方向和宽度，又可计算出莫尔条纹的光强分布，并且分析过程灵活、简便。

1）单光栅的透射特性及其傅里叶表达式

a）标准表达式

设 $X$，$Y$ 平面为光栅栅线所在的平面，取直角坐标如图 2.26（a）所示。设 $X$ 轴垂直于栅线的方向，栅线结构对称于 $Y$ 轴分布。此透射光栅透过率的傅里叶级数表达式为

$$T(x) = \sum_{n=-\infty}^{\infty} A_n \exp(\mathrm{j}2\pi nfx) \tag{2.102}$$

式中，$f$ 为光栅的空间频率，$f=1/P$，$P$ 为栅距；$A_n$ 为傅里叶系数。

$$A_n = \alpha \sin c(n\alpha) = \frac{\sin(\pi n\alpha)}{\pi n} \tag{2.103}$$

式中，$\alpha$ 为光栅的占宽比，$\alpha=a/P$，即光栅上透光的孔宽 $a$ 与栅距 $P$ 之比。

b）平移光栅表达式

设光栅栅线沿 $X$ 轴方向平移 $s$，如图 2.26（b）所示。此时，光栅透过率的傅里叶级数为

$$T(x-s) = \sum_{-\infty}^{\infty} A_n \exp[\mathrm{j}2\pi nf(x-s)] \tag{2.104}$$

c）旋转光栅表达式

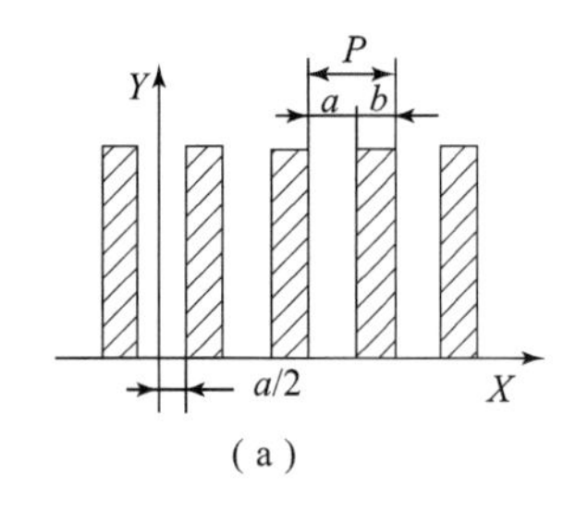

(a)

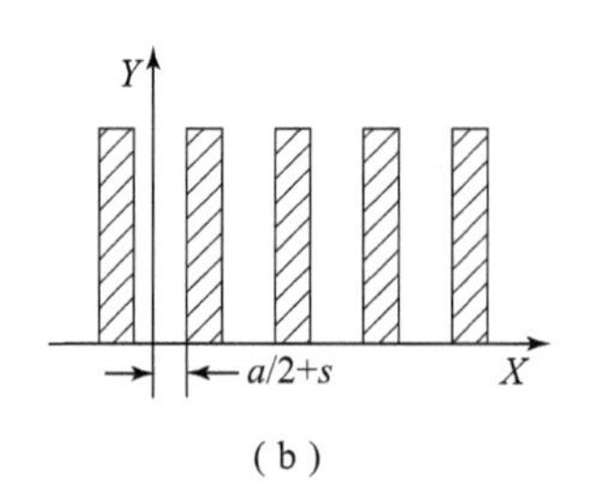

(b)

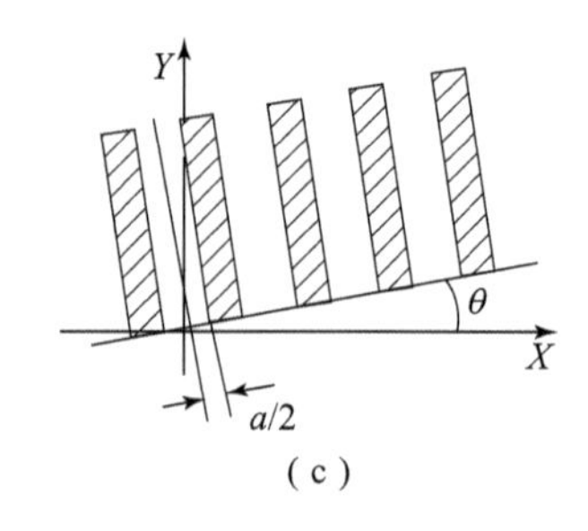

(c)

**图 2.26　单光栅投影**

(a) 光栅透过率分布；(b) 光栅平移；(c) 光栅旋转

设光栅绕垂直光栅自身平面的轴转动 $\theta$ 角，如图 2.26（c）所示，光栅透过率的傅里叶级数表达式为

$$T(x, y) = \sum_{-\infty}^{\infty} A_n \exp[\mathrm{j}2\pi n(xf_y + yf_x)] \tag{2.105}$$

2）莫尔条纹的光强分布

设 $G_1$ 和 $G_2$ 两个光栅的空间频率分别为 $f_1 = 1/P_1$，$f_2 = 1/P_2$。$G_2$ 为旋转平移光栅，$G_1$ 和 $G_2$ 的透过率傅里叶级数分别为

$$\begin{cases} T_1(x, y) = \sum\limits_{-\infty}^{\infty} A_n \exp(\mathrm{j}2\pi n f_1 x) \\ T_2(x-s, y) = \sum\limits_{-\infty}^{\infty} B_m \exp\{\mathrm{j}2\pi m f_2[(x-s)\cos\theta + y\sin\theta]\} \end{cases} \tag{2.106}$$

当 $G_1$ 与 $G_2$ 叠合，两栅间无间隙或间隙很小时，其透过率为

$$\begin{aligned} T &= T_1(x, y)T_2(x-s, y) \\ &= \sum_{-\infty}^{\infty}\sum_{-\infty}^{\infty} A_n B_n \exp[\mathrm{j}2\pi(bxf_1 + mxf_2\cos\theta - msf_2\cos\theta + myf_2\sin\theta)] \end{aligned} \tag{2.107}$$

如果入射光栅副 $G_1$ 和 $G_2$ 的入射光强为 $I_0(x, y)$，出射光强为 $I(x-s, y)$，取 $m = -n$，则

$$\begin{aligned} I(x-s, y) &= I_0(x, y) \cdot T \\ &= I_0 \sum_{-\infty}^{\infty} A_n B_{-n} \exp\{\mathrm{j}2\pi n[x(f_1 - f_2\cos\theta) + sf_2\cos\theta - yf_2\sin\theta]\} \end{aligned} \tag{2.108}$$

已知两个不同频率的正弦波以加或乘的形式叠加时，产生和频项和差频项。任意光栅均可视为具有一定空间频率的周期性结构，两光栅叠合时，其组合透过特性可表达为两个具有不同空间频率函数的乘积，因此，即产生空间频率概念上的和频与差频（拍频）项。一般认为，莫尔条纹的空间频率低于原光栅的空间频率，所以莫尔条纹即为两光栅叠合产生的拍频部分，莫尔条纹的空间频率就是拍频频率，空间频率最低（周期最大）的部分即为莫尔条纹的基波。莫尔条纹的形状由基波决定，其他谐波频率成分则只影响莫尔条纹的光强分布。

由以上分析，令式（2.108）中 $f_1 - f_2\cos\theta = F_x$，$-f_2\sin\theta = F_y$，则式（2.108）变为

$$I(x-s, y) = I_0 \sum_{-\infty}^{\infty} A_n B_{-n} \exp[\mathrm{j}2\pi n(xF_x + yF_y + sf_2\cos\theta)] \tag{2.109}$$

式中，$F_x$ 和 $F_y$ 为莫尔条纹在 $X$，$Y$ 轴上的分量。

用傅里叶分析方法分析两光栅叠合所产生的莫尔条纹时，可先将两光栅的频率分别在所选定的坐标轴上分解，然后在相应的坐标轴上作它们的差频，从而得到莫尔条纹在各个坐标轴上的频率分量 $F_x$ 和 $F_y$，则莫尔条纹的频率和方位分别为

$$F=\sqrt{F_x^2+F_y^2} \tag{2.110}$$

$$\varphi=\arctan\frac{F_y}{F_x} \tag{2.111}$$

如果两光栅的频率分别为 $f_1=10$ lp/mm，$f_2=9$ lp/mm，纵向莫尔条纹（$\theta=0$）的频率为

$$f=f_1-f_2=10-9=1$$

莫尔条纹宽度 $W=1/f=1$ mm。

可见，在分析莫尔条纹的频率（或周期）和方位，而不考虑其强度分布时，用空间频率的概念分析更为方便、简单。

## 2.5.2 莫尔条纹测长原理

从莫尔条纹分析中已经看到，若两条光栅互相重叠成一夹角，就形成了莫尔条纹。当长光栅固定，指示光栅相对移动一个栅距时，莫尔条纹就变化一个周期。一般情况下指示光栅与工作台固定在一起，工作台前后移动的距离由对指示光栅和长光栅形成的莫尔条纹进行计数来得到。指示光栅相对于长光栅移过一个栅距，莫尔条纹变化一个周期。当工作台移动进行长度测量时，指示光栅移动的距离 $x$ 为

$$x=NP+\delta \tag{2.112}$$

式中，$P$ 为光栅栅距；$N$ 为指示光栅移动距离中包含的光栅线对数；$\delta$ 为小于光栅栅距的小数。

在莫尔条纹测长仪中，最简单的形式是对指示光栅移动的光栅线对数 $N$ 进行直接计数。但实际系统并不单纯计数，而是利用电子细分方法将莫尔条纹的一个周期细分，从而可以读出小数部分 $\delta$，使系统的分辨能力提高。目前电子细分可分到几十分之一到几百分之一。如果单纯从光栅方面去提高分辨率，则光栅栅距必须再做小几十倍，工艺上是难以达到的。

1. 细分判向原理

电子细分方式用于莫尔条纹测长中有好几种，四倍频细分是用得较为普遍的一种。在光栅一侧用光源照明两光栅，在光栅的另一侧用 4 个柱面聚光镜接收光栅透过的光能量，这 4 个柱面聚光镜布置在莫尔条纹一个周期 $B$ 的宽度内，它们的位置相差 1/4 个莫尔条纹周期。在每个柱面聚光镜的焦点上各放置一个光电二极管，进行光电转换使用，结构如图 2.27 所示。

当指示光栅移动一个栅距时，莫尔条纹变化一个周期，4 个光电二极管输出 4 个相位差 90°的近似正弦的信号，即 $A\sin\omega t$，$A\cos\omega t$，$-A\sin\omega t$，$-A\cos\omega t$。这 4 个信号称采样信号，把它们送到图 2.28 所示电路中去。4 个正弦信号经整形电路以后输出相位互相差 90°的方波脉冲信号，便于后面计数器对信号脉冲进行计数。于是莫尔条纹变化一个周期，在计数器中就得到 4 个脉冲，每一个脉冲就反映 1/4 莫尔条纹周期的长度，使系统的分辨能力提高了 4 倍。计数器采用可逆计数器是为了判断指示光栅运动的方向。当工作台前进时，可逆计数器进行加法运算，后退时进行减法运算。

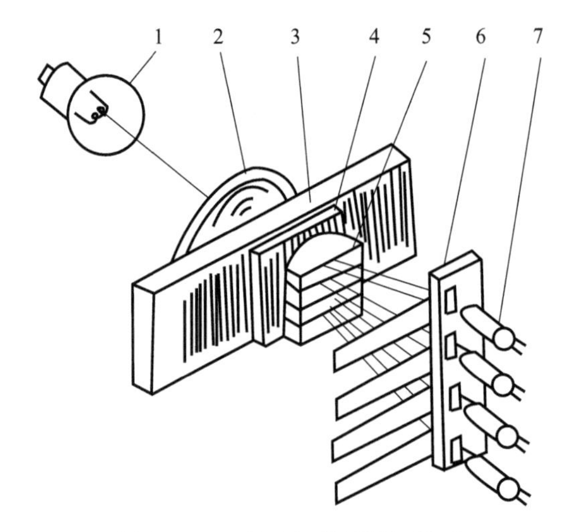


**图 2.27　四倍频细分透镜读数头**

1—灯泡；2—聚光镜；3—长光栅；4—指示光栅；
5—4 个柱面聚光镜；6—狭缝；7—4 个光电二极管

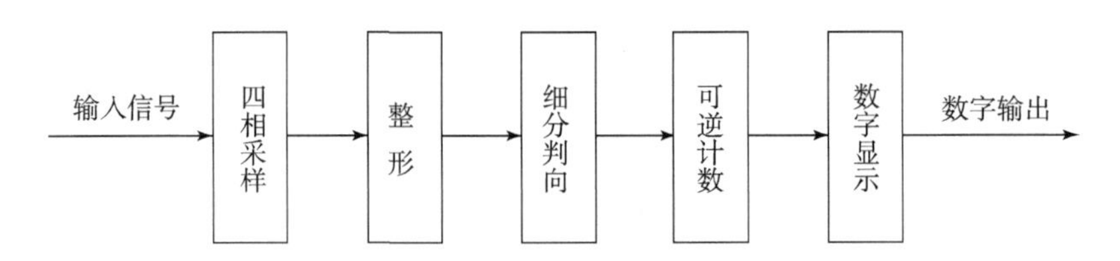


**图 2.28　信号处理电路方框图**

整形、细分、判断电路更详细的方框图如图 2.29 所示。

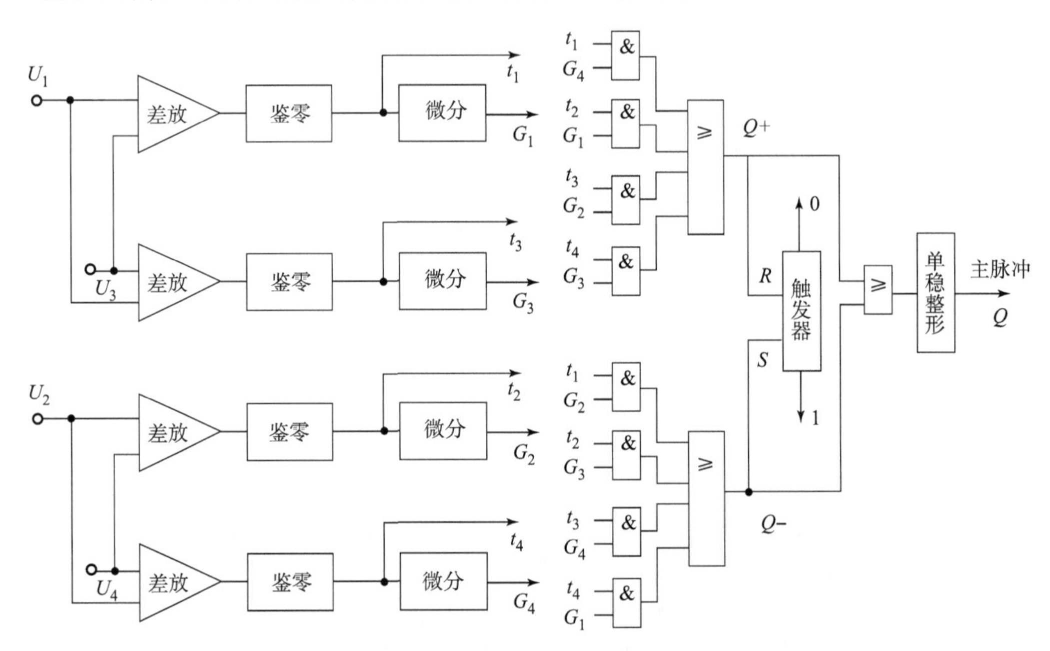


**图 2.29　四倍频整形、细分、判断电路方框图**

4 个采样信号是包含直流分量的电信号，其表达式为

$$\begin{cases} U_1 = U_0 + U_A\sin(\omega t + 0) = U_0 + U_A\sin\omega t \\ U_2 = U_0 + U_A\sin\left(\omega t + \dfrac{\pi}{2}\right) = U_0 + U_A\cos\omega t \\ U_3 = U_0 + U_A\sin(\omega t + \pi) = U_0 - U_A\sin\omega t \\ U_4 = U_0 + U_A\sin\left(\omega t + \dfrac{3\pi}{2}\right) = U_0 - U_A\cos\omega t \end{cases} \tag{2.113}$$

经差分放大后滤去直流分量得到

$$\begin{cases} U_{1,3} = U_1 - U_3 = 2U_A\sin\omega t \rightarrow \sin\omega t \\ U_{2,4} = U_2 - U_4 = 2U_A\cos\omega t \rightarrow \cos\omega t \\ U_{3,1} = U_3 - U_1 = -2U_A\sin\omega t \rightarrow -\sin\omega t \\ U_{4,2} = U_4 - U_2 = -2U_A\cos\omega t \rightarrow -\cos\omega t \end{cases} \tag{2.114}$$

鉴零器的作用是把正弦波变为方波，其工作于开关状态，输出的正弦波每过零一次，鉴零器就翻转一次。它为后面的数字电路提供判向信号（$t_i$），同时它还经过微分电路后输出尖脉冲，以提供计数信号（$G_i$）。波形如图 2.30 所示。

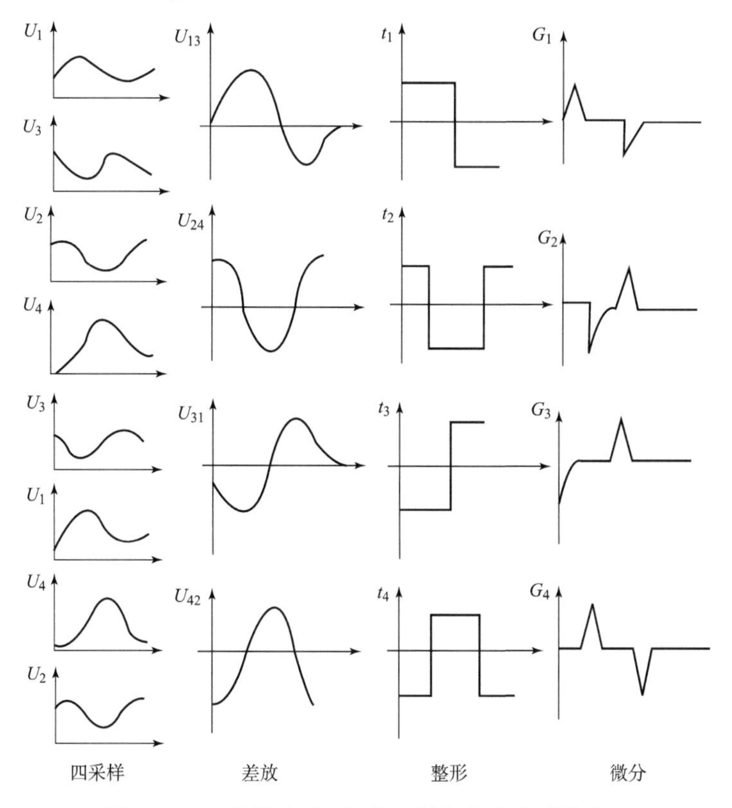


**图 2.30　四倍频整形、细分、判向电路波形图（1）**

8 个与门和 2 个或门加触发器构成判向电路，由触发器输出 0 或 1，加到可逆计数器的“加”或“减”控制线上。若令与门输出信号为 $q$，则逻辑表达式为

$$q = tG$$

即逻辑乘。当输入都是高电平 1 时，与门输出为高电平 1，否则输出 0。

$$\begin{cases} q = tG = 11 = 1 \\ p = t\overline{G} = 10 = 0 \end{cases} \tag{2.115}$$

或门的逻辑是加法运算，即

$$Q = q_1 + q_2 + q_3 + q_4 \tag{2.116}$$

于是或门输出为

$$\begin{cases} Q_+ = t_1 G_4 + t_2 G_1 + t_3 G_2 + t_4 G_3 \\ Q_- = t_1 G_2 + t_2 G_3 + t_3 G_4 + t_4 G_1 \end{cases} \tag{2.117}$$

由图 2.31 所示的波形图可看出 $Q_+$ 和 $Q_-$ 的输出波形，$Q_+$、$Q_-$ 的控制触发器的输出电平加到可逆计数器的加减控制端。$Q_+$ 和 $Q_-$ 经或门再经单稳整形后输出到可逆计数器的计数时钟端进行计数，最后由数字显示器显示。

莫尔条纹信号的细分电路还可以由其他形式的电路实现，也可由单片机实现。细分程度

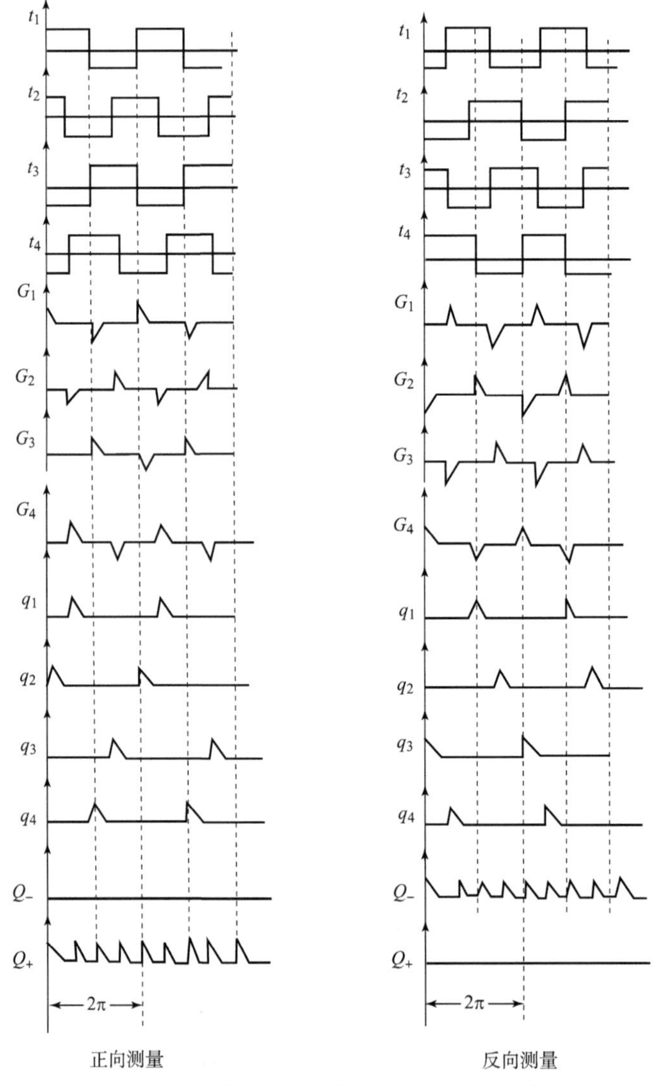


**图 2.31　四倍频整形、细分、判向电路波形图（2）**

与波形的规则程度有关，要求信号最好是严格的正弦波，谐波成分少，否则细分的精度也不可能提高。目前一般测长精度是 1μm。

2. 置零信号的产生

为了得到测长的绝对数值，必须在测长的起始点给计数器以置零信号，这样计数器最后的指示值就反映了绝对测量值。这个起始信号一般是在指示光栅上面另加一组零位光栅，单独加光电转换系统和电子线路来给出计数器的置零信号。考虑到使光电二极管能得到足够的能量，一般零位光栅不采用单缝，而采用一组非等宽的黑白条纹，如图 2.32（a）所示。当与另一个零位光栅重叠时，就能给出单个尖三角脉冲，如图 2.32（b）所示。此尖脉冲作为测长计数器的置零信号。

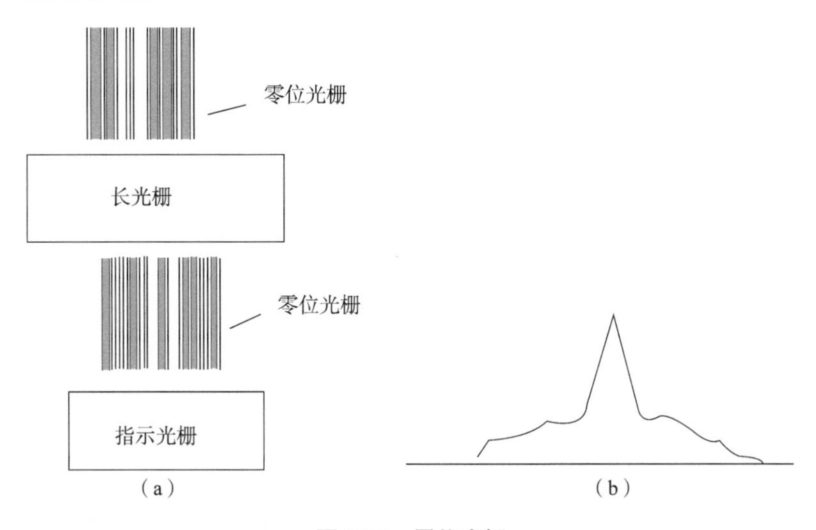


**图 2.32　零位光栅**

（a）非等宽黑白条纹；（b）透过的光能量

如果工作台可沿 $x$，$y$，$z$ 三个坐标轴方向运动，在 $x$，$y$，$z$ 三个坐标方向安置三对莫尔光栅尺，配合电子线路就形成了三坐标测量仪。它可以自动精读工作台三维运动的长度，或者自动测出工作台上工件的三维尺寸。

3. 小结及展望

莫尔条纹的发现起始于 200 多年前，但在工程上的应用则开始于 20 世纪五六十年代，发展较晚。随着技术的不断发展，莫尔技术的应用领域不断扩展，在长度计量、角度计量、运动比较、物体等高线测试、应变测试、速度测试以及光学量的测试（如焦距、像差测试等）等方面获得广泛应用。由于莫尔条纹在测量中具有精度高、非接触等优点，在一维和三维测量中都越来越发挥出重要的作用。

## 参考文献

[1] 范志刚．光电测试技术［M］．北京：电子工业出版社，2004.

[2] 梁铨廷．物理光学．［M］．3 版．北京：电子工业出版社，2008.

[3] 张广军．光电测试技术与系统［M］．北京：北京航空航天大学出版社，2010.

[4] 郁道银，谈恒英．工程光学基础教程［M］．北京：机械工业出版社，2007.

[5] 金国藩，李景镇．激光测量学［J］．北京：科学出版社，1998.

[6] L E・特瑞恩，王仕康译．激光多普勒技术［M］．北京：清华大学出版社，1985.

[7] Feng C, Li L, Zeng L. Phase invariance in a recently proposed common-path laser interferometer [J]. Chinese Optics Letters, 2012, 10 (12).

[8] Moriconi M. Special theory of relativity through the Doppler effect [J]. European Journal of Physics, 2006, 27 (6): 1409.

[9] Chen V C. The micro – Doppler effect in radar [M]. Artech House, 2019.

[10] Rothberg S J, Allen M S, Castellini P, et al. An international review of laser Doppler vibrometry: Making light work of vibration measurement [J]. Optics and Lasers in Engineering, 2017, 99: 11 – 22.

[11] Drain L E. The laser Doppler techniques [M]. Chichester, Sussex, England and New York, Wiley-Interscience, 1980.

[12] Albrecht H E, Damaschke N, Borys M, et al. Laser Doppler and phase Doppler measurement techniques [M]. Springer Science & Business Media, 2013.

[13] Durst F. Principles of laser Doppler anemometers [C] //In Von Karman Inst. of Fluid Dyn. Meas. and Predictions of Complex Turbulent Flows, Vol. 1 11 p (SEE N81 – 15263 06 – 34). 1980, 1.

[14] 张艳艳，巩轲，何淑芳，等．激光多普勒测速技术进展［J］．激光与红外，2010，40（11）：1157 – 1162.

[15] 殷纯永．现代干涉测量技术［M］．天津：天津大学出版社，1999.

[16] Yang Z, Du J, Tian C, et al. Generalized shift-rotation absolute measurement method for high-numerical-aperture spherical surfaces with global optimized wavefront reconstruction algorithm [J]. Opt. Express, 2017, 25: 26133 – 26147.

[17] Aknoun S, Federici A, Saintoyant A, et al. High-Resolution Single-Shot Surface Shape and in-situ Measurements using Quadriwave Lateral Shearing Interferometry [J]. Digital Holography and Three-Dimensional Imaging 2019, OSA Technical Digest (Optical Society of America, 2019), paper Tu4B. 7.

[18] Fortmeier I, Stavridis M, Wiegmann A, et al. Evaluation of absolute form measurements using a tilted-wave interferometer [J]. Opt. Express, 2016, 24: 3393 – 3404.

[19] Zhang J, Zhang J. Detection method of inclination angle in image measurement based on improved triangulation [J]. Appl. Opt., 2015, 54: 885 – 889.

[20] Reza S, Khwaja T, Mazhar M, et al. Improved laser-based triangulation sensor with enhanced range and resolution through adaptive optics-based active beam control [J]. Appl. Opt., 2017, 56: 5996 – 6006.

[21] Daniel Malacara. Optical Shop Testing [M]. 3rd. Wiley Interscience, 2007.

[22] Li X, Wang H, Ni K, et al. Two-probe optical encoder for absolute positioning of precision stages by using an improved scale grating [J]. Optics Express, 2016, 24 (19): 21378 – 21391.

[23] Mao X, Zeng L. Design and fabrication of crossed gratings with multiple zero-reference marks for planar encoders [J]. Measurement Science and Technology, 2018, 29 (2): 025204.
[24] 伏燕军，杨坤涛．三维形貌测量的莫尔条纹的理论分析 [J]. 光电工程，2006，33 (7): 63 – 67.
[25] 吕强，李文昊，巴音贺希格，等．基于衍射光栅的干涉式精密位移测量系统 [J]. 中国光学，2017 (1): 39 – 50.

# 第三章

# 长 度 测 量

长度和角度测量是工业生产和科学研究的基础。本章在介绍长度测量相关基础知识基础上，详细阐述了基于干涉、多普勒频移、几何成像等不同原理的长度测试方法。

## 3.1　长度基准回顾

### 3.1.1　长度基准的沿革

长度作为一种衡量产品和仪器等的几何尺寸是否合格的依据，已经渗透到人类生活、科学研究、工业生产的每一个角落。长度基准是长度测量的前提，是保证量值准确的基础。我们的祖先在几千年以前就寻求利用自然界物理规律来确定度量衡单位的基准，如利用“黄钟律管”作为中国原长度单位“尺”的基准。“黄钟律管”是以它的共振频率（波长）作为基准，这与当今“米”的定义是一致的。英国和一些欧洲国家采用英尺（feet）作为市场交易的临时标准。在英文中 feet 的本意是“脚”，规定为一个成年男子一只脚的长度。这些定义方法在当时对精度要求不高时问题不大，而随着科技的发展，人们对长度基准及其精度的要求越来越高，同时，随着国际贸易的不断加强以及工业化大生产对产品互换性要求的提升，因此人们迫切需要建立统一的各国都能接受的长度标准。

1790 年法国国民议会采纳了达特兰提出的“以经过巴黎的地球子午线全长的四千万分之一为一米”的建议，“米”（meter）源于古希腊文“metron”一词（意为“测量”）。1799 年巴黎科学院完成了从法国的敦尔克经巴黎到西班牙的巴尔雪隆纳这一段子午线的实测工作，并根据这一长度制作了白金杆尺来复现米的量值，按测量结果所得的 1 米长度制作了一支米尺，这就是世界上第一个“米”定义的实物标准——档案米尺。1875 年 3 月 1 日，法国政府召集了“米制外交会议”，会议通过了国际米制委员会的建议，按档案米尺长度制作的国际米原器取代档案米尺，作为国际长度计量标准，并在 1875 年 5 月 20 日正式签署了《米制公约》，俄国、法国、德国、美国和意大利等 17 国代表在公约上签了字，公认米制为国际通用的计量单位，并决定成立国际计量委员会和国际计量局。国际米制公约的建立改变了欧洲长度单位不统一的混乱局面。

19 世纪末，机械制造业迅速发展，1875 年定义的“米”的精度已满足不了当时的要求。1889 年 9 月 28 日，米制公约国际计量大会对“米”进行了重新定义，规定了在一个掺有 90% 铂和 10% 铱元素的铂铱合金制成的标准尺上，两条刻线之间的距离为 1 米，测量时的温度为冰的熔点，其相对精度为 $10^{-7}$，即 0.1 微米。这个标准尺称为“国际米原器”。如图 3.1 所示，米原器的结构呈 X 形结构，这种截面结构的特点是，可用最少的材料取得最大的刚度，而且它与周围空气有最大的接触面积，可使温度迅速达到平衡状态。这是“米”定义的第一次变更。

**图 3.1 国际米原器**

随着对微观世界认识的不断深入，人们发现铂铱合金米尺由于内部精细结构随时间变化，造成了两条规定刻线间距离的变化，从而无法保证国际米原器所规定的精度，米原器的实际长度会随着时间而变化，并且不易复制。其次，米原器随时随地还有损坏和毁灭的危险，如战争和自然灾害等。因此便出现了由刻线尺作米的定义转化为以自然基准的新的米定义的客观需要。1890 年，美国物理学家迈克尔逊发现了一种辐射，即自然镉的红色谱线，其清晰度和复现性在当时都是无与伦比的。1927 年国际协议将这条谱线作为光谱学的长度标准，其单位是埃（Å）。同年，第七届国际计量大会建议利用光波波长来复制米，将镉的红色谱线的光波波长放在含有 0.03%（体积）$CO_2$的干燥空气内，在 15 ℃及一个大气压下，同米原器比较，1 m 等于这种光波波长的 155 316 4.1 倍。这样就将米原器刻线距离（1 m）稳定在镉的红色谱线的波长上了。此后，人们不断地寻找更为合适的光谱线。其中联邦德国物理技术联合研究所研究测定的$^{86}$Kr 的橙色谱线因最窄得到人们的关注。1960 年，沿用了 71 年的国际米原器被放弃了，米第一次以光波长的形式定义下来，即“米的长度相当于$^{86}$Kr 原子的$2P_{10}$到$5d_5$能级之间跃迁的辐射在真空中波长的 165 076 3.73 倍”，其相对精度提高到了 $4\times10^{-9}$。这是“米”定义的第二次变更。

采用以原子辐射的单色光波长来确定长度单位比采用以铂铱米原器上两刻线间的距离要优越得多。首先，原子辐射的单色光波长是物质本身的属性，是不变的自然现象，这样能保证长度量值高度稳定，永恒不变。其次，原子辐射的光波长具有极高的复制精度与传递精度。另外，它的量值可以用“光干涉方法”传递，既精密又方便。最后，原子辐射的光波长是自然长度基准，在自然界中，$^{86}$Kr 原子是永远不会消灭的，因此长度基准也永不会毁灭，另外保存和维护也很方便。但是，$^{86}$Kr 原子辐射的橙黄谱线波长的干涉长度最佳的情况只有 80 mm，因此要想用光波直接干涉测量 1 m 以上的长度是不可能的，这是新长度基准的最大缺陷。另外，新长度基准还受电流、温度等影响，要进一步提高复制精度十分困难。

20 世纪 60 年代初期出现了新型光源——激光，人们立即开始了对稳频激光技术的研究。由于激光的单色性和相干性远比$^{86}$Kr 优越，不久就开始了用激光代替$^{86}$Kr 作为长度基准的研究，随着兰姆凹陷、约瑟夫森效应与霍尔效应的发现及其在计量科学里的应用，时间和光速的测定都达到了很高的精确度，特别是20世纪60年代末激光频率测试技术崭露头角并取得了突破性的进展。目前，频率是迄今人类所有测量中最准确的物理量，光速又是一个基本物理常数，一旦固定后可以没有误差，其导出波长值可以与频率测量值具有相同的准确度（频率测量的准确度可望达到$10^{-13}$量级），因此用频率定义“米”的主张最后被通过。于是，1983年10月召开的第十七届国际计量大会通过了“米”的新定义，即“米是光在真空中于1/299 792 458秒的时间间隔内所经路径的长度”。这是“米”定义的第三次变更。

新“米”定义的特点是：把真空光速值作为一个固定不变的基本物理常量，真空光速值不再是可以测量的量，而是一个换算常量，而且不受精度的限制，长度量值可以通过测量光在真空飞行的时间导出。长度基准“米”从此成为时间基准“秒”的导出基准。至此，“米”作为基本物理单位固定了下来，并成为时间及其倒数——频率的导出量。在实际测量中使用的是经过与铯原子钟进行频率比对后的稳频激光器，通过干涉的方法完成长度测量。目前已有数种波长的激光器可以使用，它们的波长已经得到了非常精确的标定，并将随着科学技术的发展而相应地提高。

总的来说，长度基准的定义经过了三次变更，从自然基准到实物基准再到自然基准的三个过程，其每次突破性进展都有力地推动了人类科技文明的进步，在国民经济、国防建设、量子通信技术、微观粒子间相互作用等领域起着不可估量的作用。

### 3.1.2 “米”定义复现方法

长度单位“米”已重新加以定义，它是建立在光速为常数值的基础上的。如何按新定义的要求，以基准的实际形式复现极为重要。国际计量大会通过新“米”定义的同时，又通过了“米”定义的三种实现途径。

1. 飞行时间法

利用光的飞行时间测量长度。在真空中，距离的长度$l$是通过测量一个平面电磁波通过距离长度$l$的飞行时间$t$得到，即：$l=c_0t$，$c_0=299\ 792\ 458$ m/s。很早以前人们就通过时间来测量距离了，但由于长度$l$为1 m对应的时间$t$只为1/299 792 458 s，所以$l$必须很大才能得到高的计量准确度，这种方法主要用于天文学和大地测量学。这一复现方法也称为“飞行时间法”，它对天文、大地及航天技术中的大长度测量有着明显的优点，如能进一步提高测距仪的时间测量准确度，大尺寸的测量可摆脱线纹尺及干涉仪的束缚而独立出来，大大减少了传递的层次。

2. 真空波长法

借助频率为$\nu$的平面电磁波的真空波长$\lambda$。这个波长$\lambda$是利用测量平面电磁波的频率$\nu$，通过关系式$\lambda=c_0/\nu$得到的。这种方法称为“真空波长法”。这种复现方法多用于实验室测试工作。其具体方法是：采用由一系列激光器（例如甲醇激光器、二氧化碳激光器、色心激光器、氦氖激光器等）、内插锁相微波源和非线性谐波混频器（例如肖特基二极管、约瑟夫森结和MIM二极管等）组成的频率链，将时间频率基准铯原子束的频率逐级倍频到红外和可见光区，然后通过各级差频计数的方法求出激光的频率。

3. 辐射波长法

1983年国际计量委员会推荐了以下5种激光辐射和2种同位素单色光辐射的真空波长

值和频率值，用它们中的任何一种辐射波长均可复现“米”。1992 年第 8 届米定义咨询委员会（CCDM）会议上，总结了 10 年来的稳频激光技术的发展，改善了 5 种稳频激光辐射标准谱线的标准不确定度，同时根据科学技术发展的需要又增加了 3 种新型稳频激光辐射谱线作为复现米定义的新标准谱线。1997 年国际计量大会又增加了 4 种稳频激光输出的波长（频率）值作为实现“米”定义的国际标准谱线。按国际计量局局长 Quinn 在 *Metrologia*（1999，36（2）：211－244）上发表的《实现米定义的公告》，共有 12 种稳频激光器的波长（频率）值作为实现“米”定义的国际标准谱线，其中有 2 种稳频激光器是中国计量科学研究院的计量科学家们研制的。

这 12 种国际标准谱线是：

（1）原子双光子吸收稳频[1]氢 1s—2s 跃迁的 243 nm；

（2）碘稳频 515 nm 氩离子激光器；

（3）碘稳频 532 nm 钕玻璃激光器；

（4）碘稳频 543 nm 激光器；

（5）碘稳频 612 nm 激光器（中国研制）；

（6）碘稳频 633 nm 激光器；

（7）碘稳频 640 nm 激光器（中国研制）；

（8）钙原子稳频 657 nm 染料激光器；

（9）离子饱和吸收稳频$^{88}$Sr，$5^2S_{1/2}$—$4^2D_{5/2}$辐射 674 nm 波长；

（10）原子双光子饱和吸收稳频$^{88}$Rb，$5S_{1/2}(F=3)$—$5D_{5/2}(F=5)$ 跃迁 778 nm 辐射；

（11）甲烷稳频 3.39 μm 激光器；

（12）$OsO_4$分子饱和吸收稳频 10.3 μm $CO_2$激光器。

利用上述 3 种途径实现“米”定义，必须进行如下 3 个影响因素的修正。

（1）折射率的修正：在地球表面按“米”定义测量长度，光总是在一定的气压下飞行，所以必须进行折射率的修正。其对米定义的修正量在 $\pm 10^{-7}$数量级范围内。

（2）衍射效应的修正：实现“米”定义的 3 个途径，都是利用光波，但它是建立在 $\exp[i(kz-\omega t)]$ 平面电磁波的基础上。在实际工作中，光束总是受到光学系统口径几何尺寸的限制，即没有 $\exp[i(kz-\omega t)]$ 这样的平面电磁波，所以要进行衍射修正。其对米定义的修正量在 $\pm 10^{-8}$范围内。

（3）引力波效应：米的定义仅适于没有引力场或恒定引力场的空间。这样的空间是难以找到的，所以要进行引力场或相对论效应的修正，这种效应已有实验证明它的存在。其对米定义的修正量小于 $\pm 10^{-12}$。

由于现行“米”的定义使得“米”的复现精确度不再受“米”定义的限制，故激光波长的不确定度即频率值的不确定度，也就是复现米的不确定度将随激光频率测量的改进而不断提高。从 1983 年的米定义之后，在现在的单位制中，唯一要通过实验装置来复现的计量基准就是时间基准“秒”。新型物理效应也在影响着对时间（频率）基准的探讨。1999 年，德国马·普研究所（Max-Planck-Institute）的亨施（Hansch）和美国国家标准与技术研究所的霍尔在光频测试技术方面取得了重大突破，他们采用飞秒（$10^{-15}$ s）锁模脉冲激光器产生的光学频率梳（简称“光梳”）与自参考相位控制激光技术结合，率先成功地对光梳的频率实现了高精度的控制和测量，使精度达到小数点后 15 位。目前，国内外计量界和一些物理学家认为，使用冷原子或离子存储稳频的光学频率标准（简称“光频标”）与飞秒光梳结合组成的“光钟”（Optical“clock”）和“光尺”（Optical“ruler”）将成为国际新一代时间和长度的基准。新型光钟将比目前最好的原子喷泉钟精度要高 3 个量级（即 1 000 倍）。

随着长度基准的准确度不断提升，对长度测量精度的提高也有了很大的促进。高精度的绝对距离测试技术在科学研究、航空航天和工业生产等领域都发挥着重要的作用。在星体间距离测量、卫星编队飞行和大规模的工业制造等大尺寸距离测量领域，人们一直在追求测量精度的提高，而这样的测量精度只有超稳定的激光测距技术才能够实现。目前，常见的高精度长度测量方法几乎全部为光干涉测量方法，如柯氏（Kosters）干涉仪测长、双频干涉测长等。实际测量系统大都包含复杂的光电元件和控制环节，我们在此仅介绍其基本原理。

# 3.2 柯氏干涉仪测长

柯氏干涉仪主要利用等厚干涉原理测量并检定量块的长度，更多的是作为一种桥梁，联系干涉仪这种高精度、高成本、对环境要求高的测长手段与量块这一相对低精度、便捷、实用的测长手段。

## 3.2.1 柯氏干涉仪光路

柯氏干涉仪出现于 20 世纪 30 年代，作为经典干涉仪，它以氪光或氦光的波长作为标准，利用光波干涉现象和小数重合法高精度检定量块的长度，即它常用于标定量块。柯式干涉仪的光路结构是基于迈克尔逊干涉原理搭建的，调整带有量块的压板的横向位置，使参考反射镜在测量光路中的虚像位于压板和量块中间位置，方便平晶和被测量块各自与参考光形成的干涉图进行比较。具体的光路结构如图 3.2（a）所示，从光源发出的光经过狭缝后被透镜 1 准直成为平行光，色散棱镜的作用是从光源里选择特定波长的光进入干涉仪，其他波长的光则由于色散无法进入干涉仪形成干涉条纹。如果使用单波长的激光作为光源，则无须此棱镜。接下来的光路是一个标准的迈克尔逊干涉仪，光束被分光镜平分为两束，其中一束沿着原方向入射到被测量块表面和压板（经过精密抛光的金属平板或光学平晶）表面，另

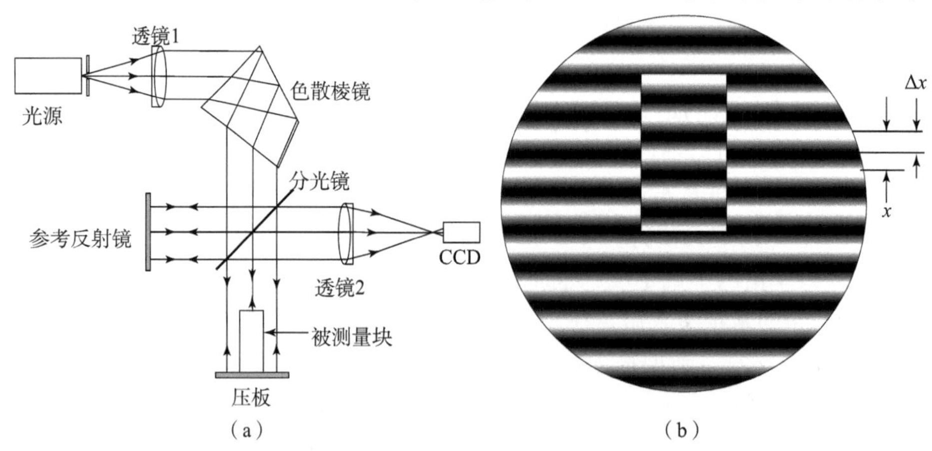


**图 3.2 用于量块标定的柯氏干涉仪**

（a）干涉仪光路；（b）干涉仪观察到的条纹

外一束作为参考光束入射到参考反射镜上。各个光束被量块、压板和参考反射镜反射并在分光镜处叠加，之后被透镜 2 会聚于 CCD 上。调整压板使得它与参考反射镜的虚像产生一个微小的角度。通过 CCD（或肉眼）可以观察产生的两组干涉条纹，如图 3.2（b）所示，这两组干涉条纹间的偏移距离 $\Delta x$ 和干涉条纹宽度 $x$ 的比值，即为量块全长对应干涉条纹总数的小数部分。利用小数重合法即可得出量块全长的尺寸。上述测量方法属于绝对测量，因此有人又称柯氏干涉仪为绝对光波干涉仪。实际在量块的测量方面，分为绝对测量和相对测量两种，而干涉仪正是量块绝对测量的高精度仪器。

### 3.2.2　传统柯式干涉仪测长原理

以上提到的柯式干涉仪是传统的干涉仪结构，这类传统干涉仪测长的计算过程通常是采用小数重合法来实现的，即利用 4 种谱线读取干涉条纹小数，根据它们之间的关系，推算出干涉条纹整数级次 $N$。这种方法至少需要 3 种或 3 种以上波长来参加测量，而且需根据各波长的分布，进行相应准确度要求的预测。

这里介绍一下量块长度测量的基本数学公式：

$$L = (N + \varepsilon)\lambda/2 \tag{3.1}$$

式中，$L$ 为测量长度；$N$ 为干涉条纹整数部分；$\varepsilon$ 为干涉条纹小数部分；$\lambda$ 为测量用的激光波长。

式（3.1）等效于用光的半波长即一个光波干涉条纹为间隔的刻度尺测量量块的长度。如果数出干涉条纹的整数部分 $N$，读出干涉条纹小数部分 $\varepsilon$，只要所用光源光谱辐射线的波长已知，就可求得被测量块的长度。式（3.1）是小数重合法计算量块长度的基本公式。

如对一块 10 mm 量块初测为（10 ±0.001）mm，用红、黄、绿三种谱线测量，读出中心长度小数干涉级次值 $\varepsilon = \Delta x/x$ 为 0.1、0.0、0.5，则判定唯一可能值为表 3.1 的第 7 行，这是利用查表法实现的小数重合法计算。

**表 3.1　小数重合法干涉条纹级次表**

| 序号 | 长度范围/μm $(N_1+\varepsilon_1)\lambda_1/2$ | 红光 $\lambda_1 = 667.818\ 6$ nm | 黄光 $\lambda_2 = 587.565\ 2$ nm | 绿光 $\lambda_3 = 501.570\ 4$ nm |
|---|---|---|---|---|
| | | 可能的干涉级次 $N_i+\varepsilon_i$ | | |
| 1 | 9 998.9 | 29 945.1 | 34 035.2 | 30 870.6 |
| 2 | 9 999.3 | 29 946.1 | 34 036.3 | 30 871.9 |
| 3 | 9 999.6 | 29 947.1 | 34 037.5 | 30 873.2 |
| 4 | 9 999.9 | 29 948.1 | 34 038.6 | 30 874.6 |
| 5 | 10 000.3 | 29 949.1 | 34 039.7 | 30 875.9 |
| 6 | 10 000.6 | 29 950.1 | 34 040.9 | 30 877.2 |
| 7 | 10 000.9 | 29 951.1 | 34 042.0 | 30 878.5 |
| 8 | 10 001.3 | 29 952.1 | 34 043.1 | 30 879.9 |

量块最终测值应为

$$L_1 = (N_1 + \varepsilon_1)\lambda_1/2 = 29\ 951.1 \times 667.818\ 6/2\ \text{nm} = 10.000\ 95\ \text{mm}$$

只要整数级次判断无误，则最终测量长度计算值的不确定度只取决于小数级次的读数精度。小数级次能唯一确定的要求为：$U<\lambda/4$，$U$ 为初测的不确定度。

### 3.2.3 柯式干涉仪的改进

虽然这种传统的柯氏干涉仪能够实现一等量块的测量，但在实际应用中也存在一些问题：

（1）使用低照度、短相干长度的光源，限制了干涉仪的测量范围和测量不确定度，光源波长频率稳定度变差会影响其时间相干性，降低干涉图对比度，使得测量精度降低。

（2）基于人眼对正弦光强的主观判读，干涉条纹小数的判读不客观并且修正计算需依赖于有经验操作人员，导致测量精度不高。

（3）测试过程读数为人工判读，劳动强度较大，且不能满足高效率、成批量量块检测的要求。

由于上述这些问题，有很多计量机构已经对柯氏干涉仪的结构与相应的计算方式进行了改进。改进的方面主要包括以下几点：

（1）光源。原有柯氏干涉仪的氪灯时间相干性较差，干涉条纹的对比度差，发光强度也很低，用肉眼读数难度比较大，很难判读条纹带来的不确定度。改用稳频激光作光源后，可以解决上述问题，这也是提高系统测量不确定度的基础。

（2）计算方法。改变以往小数重合法小数部分获取的方法，通过自动获取小数部分的方法改善读取精度。

（3）读数系统。干涉条纹的读数系统采用 CCD 采集图像来判别读数，代替用眼睛读数，避免了读数的人为误差，大大提高了读数效率，最终测量不确定度得到提高，劳动强度下降，这也是系统改造的关键。

图 3.3 所示是由上海计量院在传统柯氏干涉仪的基础上，针对实际测量过程存在的问题

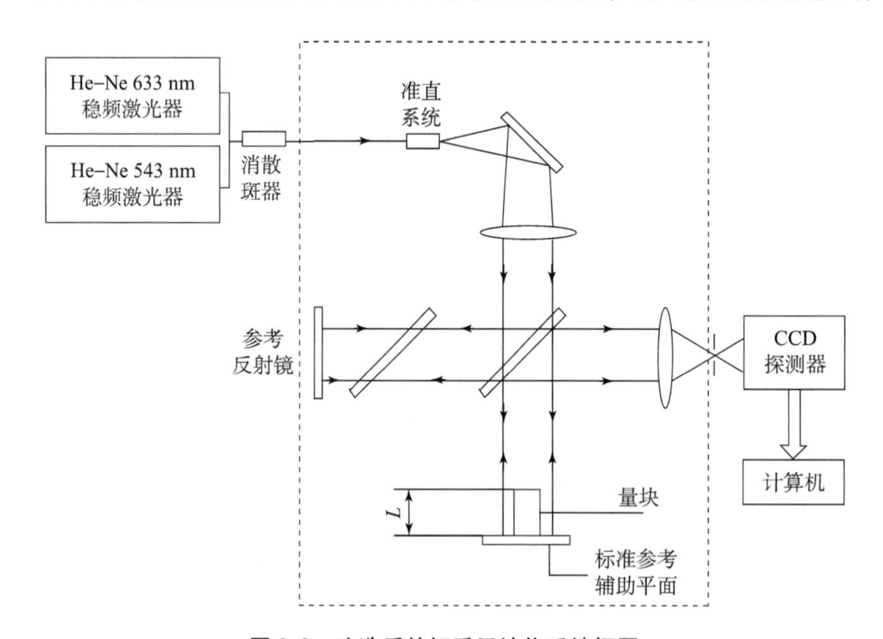


**图 3.3　改造后的柯氏干涉仪系统框图**

进行改造后的柯氏干涉仪系统框图。

由上海计量院改造的柯氏干涉仪，其光源部分改用了稳频激光作为光源及优质准直扩束系统，引入了磁致旋光效应的光隔离器，消除了回光对稳频系统的影响，得到清晰稳定的干涉条纹。新型的柯氏干涉仪采用两个稳频、单色性好的 He－Ne 激光器，$\lambda_1 = 0.632\ 991\ 426\ 193\ \mu m$，$\lambda_2 = 0.543\ 515\ 201\ \mu m$，其真空波长值的相对不确定度为 $3 \times 10^{-8}$，极大地提升了干涉图亮度和对比度，同时也提升了量块测量范围。改造后的柯式干涉仪也进行了采集光路方面的改进，由 He－Ne 激光器发出激光经过旋转的毛玻璃，经过准直系统扩束平行入射到分光镜上，一路入射到参考反射镜上，另一路入射到量块平晶组合体上，最后在分光镜后表面形成干涉条纹，CCD 放置在干涉仪出瞳位置。CCD 把连续的二维光强信号转变成离散的数字信号，经 USB 数据线传入电脑实时显示。干涉条纹采用了 CCD 数字化采样、记录、分析，减少了传统目视系统中人为因素的影响，极大地增强了空间和相位分辨能力，测试过程自动方便。

## 3.3　激光多普勒测量技术

激光多普勒测量技术是指将激光照射在运动的物体上，由于多普勒效应，与物体相互作用之后的激光将会携带物体运动相关信息，随后通过解调激光信号从而获取被测物体运动信息的一类技术。与机械波相比，光波振荡频率高，测量波对于被测物体或被测场没有干扰，激光探针大小及形状容易控制，可实现更高的横向测量分辨率，因此基于激光多普勒效应的测量原理在精密测量领域应用非常广泛。

根据多普勒频移获取被测物体运动速度的前提是能够高精度地获取多普勒频移的大小，下面将以激光测量运动粒子速度的散射多普勒频移为例介绍几种常见的多普勒频移测量技术方案。

1. 直接光谱技术测量多普勒频移

多普勒频移测量的最直接方法是利用高分辨率的光谱仪，或者利用 Fabry-Perot 干涉仪（F－P 干涉仪）测量频移的大小。由于光谱仪的频率分辨能力有限，这种方法适用于多普勒频移足够大的情况。图 3.4 所示为超声速风洞中采用直接光谱法进行多普勒频移测量的装置原理示意图，激光器输出光经分光镜分为两路：探测光束和校准光束。校准光束很弱，用于调整和校准，还可以为干涉仪提供一个零移频的信号。探测光束经过透镜聚焦在超声速风洞中待测速度的空间点上，该点的散射光通过 F－P 干涉仪用光电倍增管接收多普勒频移之后的光，由压电陶瓷驱动 F－P 干涉仪的一个腔镜用于在其自由光谱区内进行扫描，并把对应的频谱记录下来，通过所记录的频率大小变化即可得到由于被测点运动带来的多普勒频移大小。

F－P 干涉仪是一种振幅分割型多光束干涉仪，多光束干涉能够提高条纹的锐度。若 F－P 干涉仪的腔长为 $L$，介质折射率为 $n$，折射角为 $\theta$，则其透射色散方程为

$$2nL\cos\theta = m\lambda \tag{3.2}$$

式中，$m$ 为衍射级次，$\lambda$ 为入射波长。

由式（3.2）可知，不同的入射波长，其透射光的极大值对应不同的入射角度。当入射角度固定时，通过压电陶瓷扫描 F－P 的腔镜在其自由光谱区内进行扫描，即可得到被待测

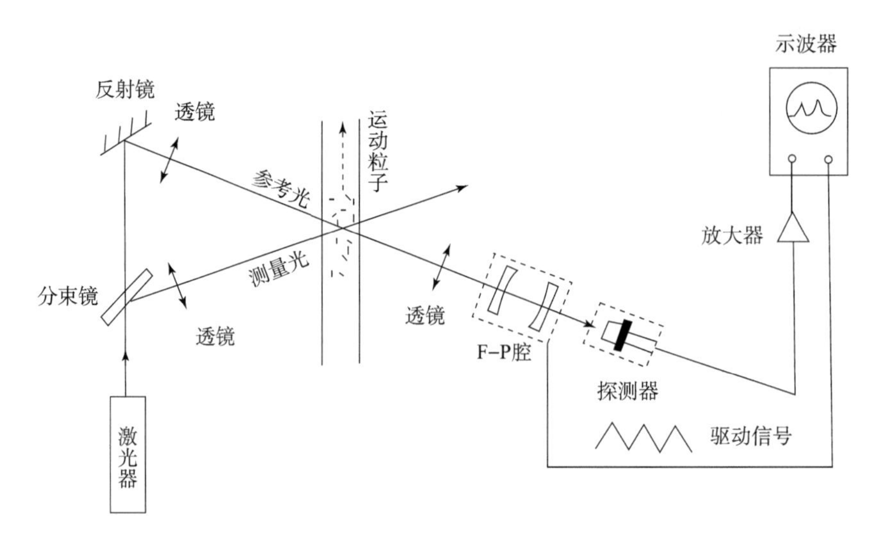


**图 3.4　直接光谱法测量运动物体多普勒频移**

物体散射后且携带多普勒频移信息的光谱分布。

F－P 的自由光谱区（即不发生越级现象的最大光谱范围）很小，一般来说可以表示为

$$\Delta\lambda = \frac{\lambda^2}{2nL\cos\theta} \tag{3.3}$$

若 $L=5$ mm，入射光的波长为 $\lambda=546.1$ nm，$n\cos\theta\approx1$，则该 F－P 干涉仪的自由光谱区为 $\Delta\lambda=0.03$ nm。此自由光谱区范围说明，只有入射光波长范围≤0.03 nm，才不会有越级现象。

F－P 干涉仪的光谱分辨能力只与介质界面的反射率 $R$ 有关，可以表示为

$$\frac{\nu}{\Delta\nu} = \frac{3.03\sqrt{R}}{1-m}m \tag{3.4}$$

式（3.4）决定 F－P 干涉仪多普勒频移的频率分辨率，因此也决定了待测物体运动速度的分辨率。采用提高反射率以及稳定性更好的共焦几何设计，此类 F－P 干涉仪的频率分辨率可以达到低于 1 MHz 的量级。

除采用 F－P 干涉仪外，激光器的自混合效应亦可以用于多普勒频移中。激光自混合效应是指由激光器输出的光在被外界物体反射/散射之后，部分光返回到谐振腔内与腔内光场相互作用从而调制激光器输出光的功率、频率等参数的现象。图 3.5 中转动目标物体会使得照射在其上的光发生多普勒频移，被旋转物体散射后的频移光返回到激光器内会引起特定频率的功率调制峰，该调制信号的频率等于回馈光的多普勒移频。这种方案激光器与探测器合二为一，结构简单且灵敏度高。

2. 光学外差法测量多普勒频移

直接光谱法测量多普勒频移的测量范围以及分辨率都受到 F－P 干涉仪自由光谱区及分辨率的限制。此外，压电陶瓷需要扫描一个周期才可以获得完整的光谱分布，对测量速度也有一定的限制。与之相比，光学外差法能够实时地得到完整的光谱分布，在测量速度以及测量分辨率方面都有比较大的优势。用于测量多普勒频移的光学外差法主要包括：①参考光外差法测量多普勒频移；②双光束差动多普勒频移。

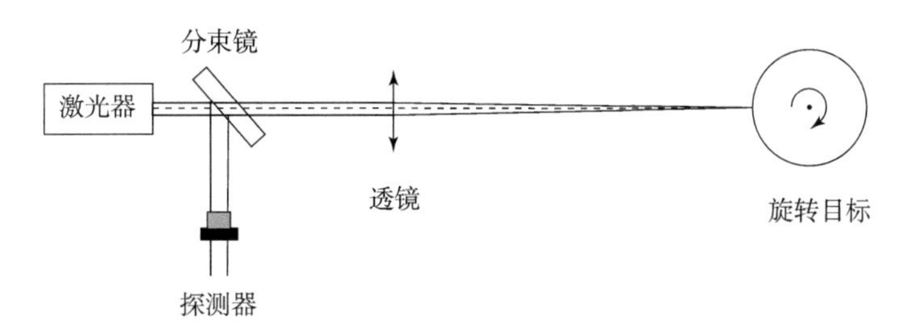


**图 3.5 自混频效应激光多普勒测速系统**

两束频率分别为 $\nu_1$ 和 $\nu_2$ 且振动方向相同的单色光波，其电场分量可以表示为

$$E_1 = a\cos(k_1 z - \omega_1 t),\ E_2 = a\cos(k_2 z - \omega_2 t) \tag{3.5}$$

式中，$\omega_1 = 2\pi\nu_1$，$\omega_2 = 2\pi\nu_2$ 分别为两束光波的角频率。两束光波的合成表达式为

$$E = E_1 + E_2 = 2a\cos(k_m z - \omega_m t)\cos(\bar{k}z - \bar{\omega}t) \tag{3.6}$$

式中，$k_m = (k_1 - k_2)/2$，$\omega_m = \omega_1 - \omega_2$，$\bar{k} = (k_1 + k_2)/2$，$\bar{\omega} = (\omega_1 + \omega_2)/2$。

令 $A = 2a\cos(k_m z - \omega_m t)$，则式（3.6）可以写为

$$E = A\cos(\bar{k}z - \bar{\omega}t) \tag{3.7}$$

合成波的强度为

$$I = A^2 = 4a^2\cos^2(k_m z - \omega_m t) = 2a^2[1 + \cos 2(k_m z - \omega_m t)] \tag{3.8}$$

由式（3.8）可知，两束光拍频的频率为 $2\omega_m$，即为两个叠加的单色光的频率之差。因此将两束光中未发生频移的光束作为参考光，将发生多普勒频移的光束作为测量光，两者拍频即可测量物体运动产生的多普勒频移，进而得到待测物体的运动速度。

（1）参考光外差法测量多普勒频移

采用参考光外差法测量多普勒频移的方案设计需要注意两个方面：

（a）参考光路与测量光路要尽可能等光程，确保测量与参考光束具有很好的相干性；

（b）选择好参考光和散射光的光强比。原则上讲，参考光强越大，对测量光的多普勒频移信号放大作用越大，但是过强的参考光本身会携带激光强度的波动，会与要测量的拍频信号混淆，从而影响拍频测量的精度。

图 3.6 给出了三种参考光外差法激光多普勒频移测量光路原理图。图 3.6（a）是 Goldstein 和 Hagen 所采用光路，光路采用对称设计。参考光路穿过待测区域但没有角度变化，没有多普勒频移，测量光打在待测物体之后散射光进入探测区域与参考光形成拍频；图 3.6（b）是 Foreman 和 George 早期采用的光路，同样将穿过散射介质的光路作为参考光，其特征在于测量光与参考光都会经过透镜的会聚以减小测量信号探测的难度；图 3.6（c）参考光路不通过散射介质，从而避免了散射介质引起的参考光强度波动的问题，提高了光束质量。

图 3.6 所示几种技术方案均属于前向散射的情况，一般用于散射介质深度较小时的情况，散射角一般介于 10°~20°，当散射角增大时散射光强度将会迅速降低。当散射介质的深度较大时，采用散射角接近 180°的背向散射测量光路更为合适。图 3.7 示出了一种背向散射测量的多普勒频移光路，该方案使用角锥棱镜、玻璃平板组成了简单且有效的参考光路，其优点是测量固体速度或者深度较深/浓度较大的散射介质十分容易，不足之处是只能测量特定方向的速度分量。

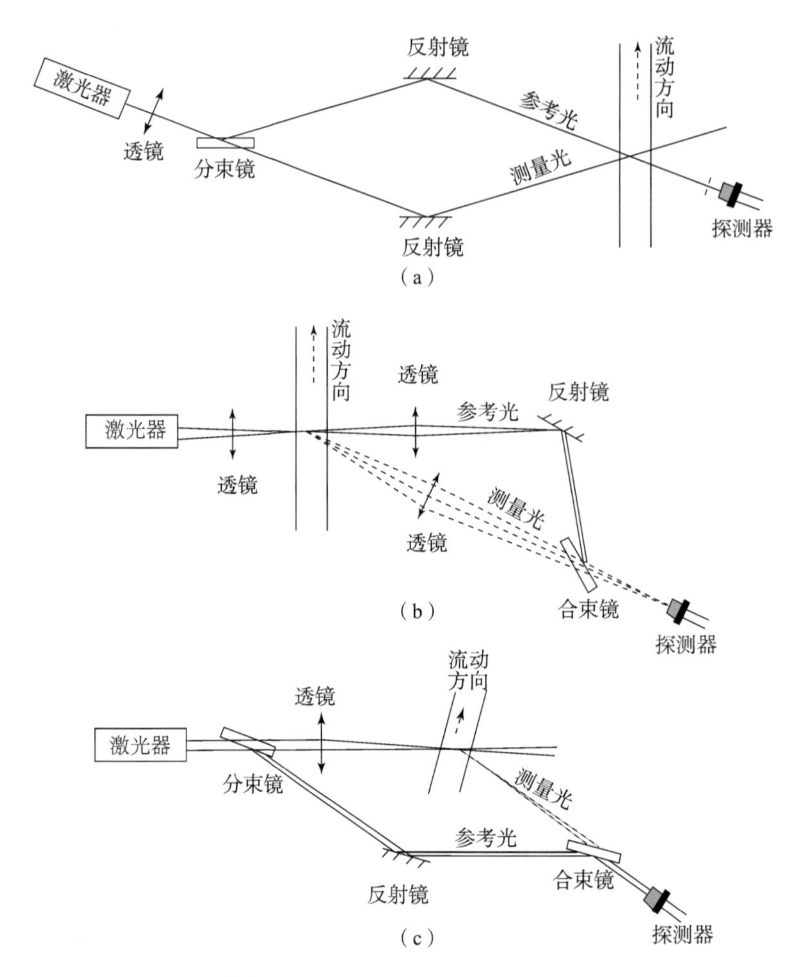


**图 3.6　参考光外差激光多普勒移频测量光路示意图**

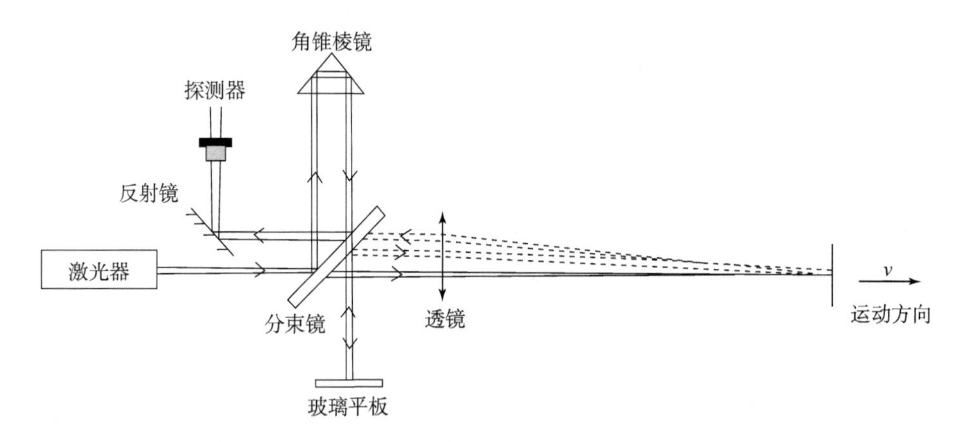


**图 3.7　背向散射参考光多普勒频移测量光路**

（2）双光束差动多普勒频移

双光束多普勒技术，也称为差动多普勒技术，是指由两种不同角度的入射光所产生的散射光产生光学拍频，拍频信号的频率等于散射光多普勒频移的差值。如图 3.8 所示，两束强度相近的聚焦光束同时照射在散射介质上，散射介质的运动速度为 $\boldsymbol{v}_0$，$\theta_1$ 和 $\theta_2$ 分别为两束入射光与散射介质中粒子运动速度方向之间的夹角。

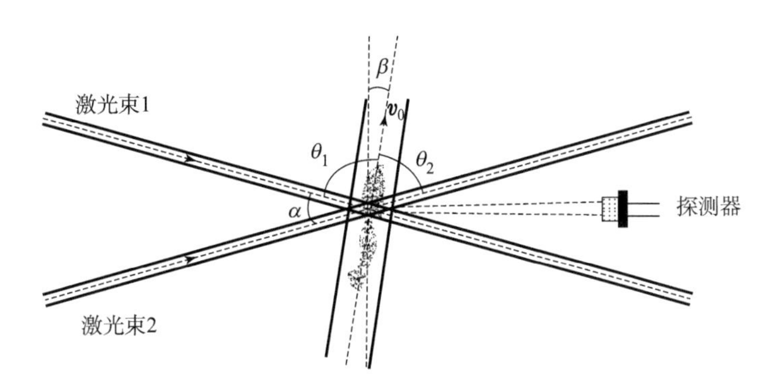


**图 3.8　双光束差动多普勒频移测量光路**

探测器探测到的多普勒频移为

$$
\begin{aligned}
f &= \Delta\nu_1 - \Delta\nu_2 = \frac{|\boldsymbol{v}_0|}{\lambda}(\cos\theta_1 - \cos\theta_2) \\
&= \frac{|\boldsymbol{v}_0|}{\lambda}\sin\frac{\alpha}{2}\cos\beta
\end{aligned}
\tag{3.9}
$$

式中，$\Delta\nu_1$ 与 $\Delta\nu_2$ 分别对应两束入射光的散射光多普勒频移；$\alpha = \theta_2 - \theta_1$ 为两束入射光之间的夹角；$\beta = \frac{1}{2}(\theta_1 + \theta_2 - \pi)$ 为运动方向 $\boldsymbol{v}_0$ 与双光束夹角平分线的法线方向夹角。

由式（3.9）可知，探测器探测到的频率与接收方向无关，加大接收孔径不会产生多普勒频移信号的频谱展宽，因此在此方案中能够使用大孔径的探测器，从而得到很强的拍频信号，这是参考光外差法技术难以比拟的。正因如此，在实际的测量中，多采用双光束差动的多普勒技术，尤其是在低粒子浓度时，双光束差动多普勒技术几乎是唯一选择。

双光路差动多普勒频移测量光路主要包括三个部分：分光、聚焦以及散射光收集。差动多普勒光路的基本要求为，所使用的两束高斯光束要精确相交，通常采用透镜将两束平行光进行聚焦的方式来实现（非平行但能够准确聚焦亦可）。分光的方法有三种：分振幅、分波前和分偏振，并且分光的间距要大，最好能够根据需要进行调整。图 3.9（a）~（c）分别描述了分振幅、分波前与分偏振三种分光方式。

散射光的收集：当散射介质中有粒子穿过测量区域时，为了得到更大的信噪比，应尽可能使用大的光阑和有利的散射方向。不同特征参数的散射介质具有不同的散射特性，根据探测器所处的位置可将散射光的收集分为前向散射收集系统和后向散射收集系统。图 3.10（a）、（b）分别为前向散射接收装置与后向散射装置的测量系统方案示例。

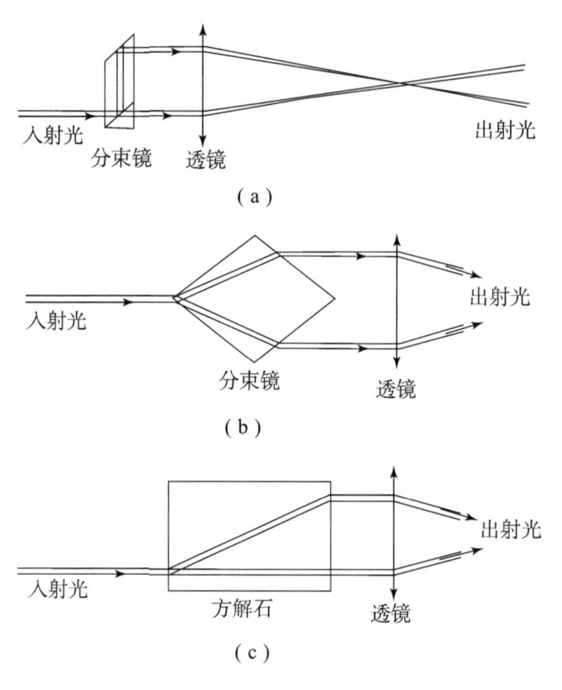


**图 3.9　分光的三种方案**

(a) 分振幅；(b) 分波前；(c) 分偏振

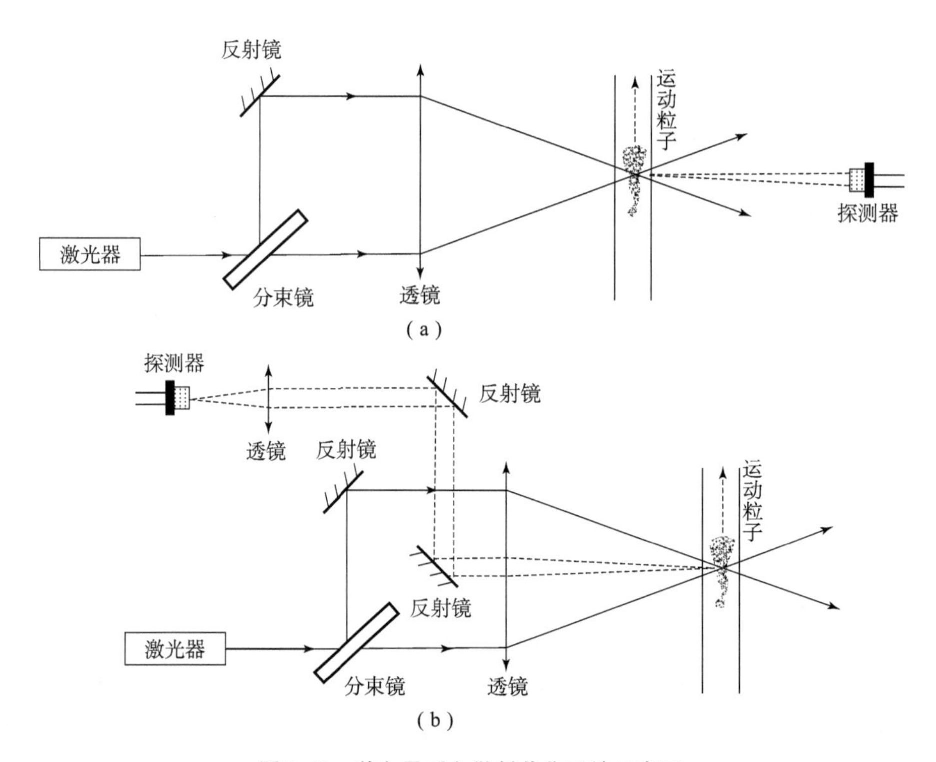


**图 3.10　前向及后向散射收集系统示意图**

(a) 前向散射；(b) 后向散射

3. 相位多普勒频移

相位多普勒频移技术是在上述差动多普勒频移测量技术基础上增加探测器的数量，通过在不同的方向上采集相位信息，从而确定散射粒子的尺寸。此方法主要用于液体或气体溶质中液滴或气泡杂质的测量，例如空气中喷雾液滴流量以及燃油中气泡尺寸和数目的测量。图 3.11 给出了一个实用的相位多普勒频移测量系统示意图。用两个位置的探测器来收集两个散射方向（$\beta_1$，$\beta_2$）的散射光，是相位多普勒频移技术的关键。从两个方向的散射光里可以得到粒子的速度信息以及尺寸分布、平均尺寸等信息。

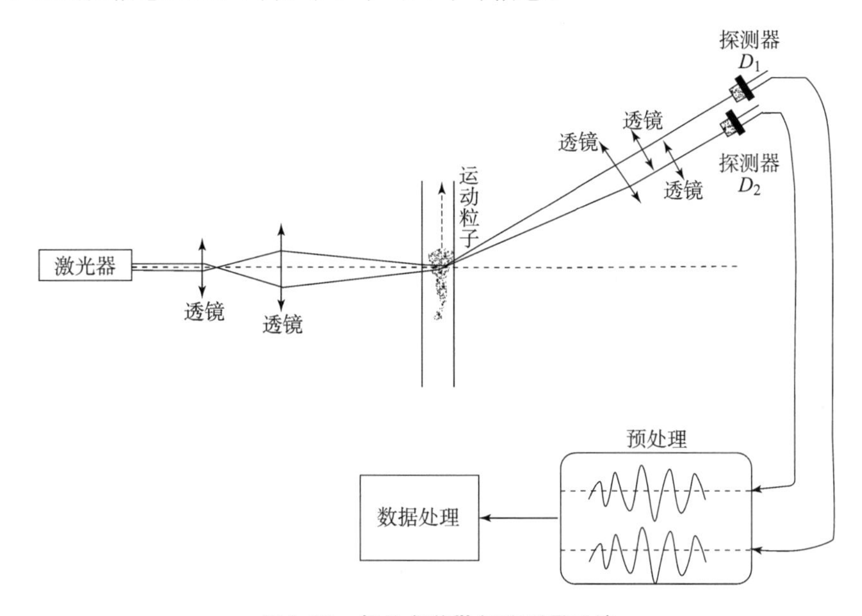


**图 3.11　相位多普勒频移测量系统**

液滴或气泡等杂质可近似为球形无吸收透明粒子，该粒子可以当作球形透镜来研究。入射到其上面的光线会发生折射和反射。假设透明粒子的折射率 $n_D$ 大于周围介质的折射率 $n_c$，入射到透明粒子的光线（入射角 $\alpha$），经折射后的散射光线有一相移 $\psi$

$$\begin{aligned}\psi &= \frac{2\pi}{\lambda}\left[n_D\left(1-\frac{\sin^2\alpha}{m^2}\right)^{\frac{1}{2}}-n_c\cos\alpha\right]d \\ &= \frac{2\pi}{\lambda}Xd\end{aligned} \tag{3.10}$$

式中，$X=n_D\ (1-\sin^2\alpha/m^2)^{\frac{1}{2}}-n_c\cos\alpha$，$m=\dfrac{n_D}{n_c}$；$d$ 为透明粒子的直径；$\lambda$ 为入射光波长。

对于反射情况，散射光的相移为

$$\psi=-\frac{2\pi}{\lambda}n_c\sin\frac{\beta}{2}d=\frac{2\pi}{\lambda}Xd \tag{3.11}$$

接收器 $D_1$ 接收到球形透明微粒所散射 $a$、$b$ 光束的散射光，很容易求出拍频信号，同时可求出位相差 $\Delta\psi_1$，即

$$\Delta\psi_1=\frac{2\pi}{\lambda}(X_a-X_b)_1d=\frac{2\pi}{\lambda}\Delta X_1d \tag{3.12}$$

同理可以求出对应接收器 $D_2$ 的拍频信号，其位相差 $\Delta\psi_2$ 为

$$\Delta\psi_2 = \frac{2\pi}{\lambda}(X_a - X_b)_2 d = \frac{2\pi}{\lambda}\Delta X_2 d \tag{3.13}$$

由于时间原点不确定，相移 $\psi$ 的一阶微分 $\Delta\psi_1$、$\Delta\psi_2$ 无法求出粒子直径。相移的二阶微分可以求出粒子直径 $d$，即

$$\Delta\psi_1 - \Delta\psi_2 = \frac{2\pi}{\lambda}(\Delta X_1 - \Delta X_2)d \tag{3.14}$$

式中，$\Delta X_1$、$\Delta X_2$ 可由折射率 $n_D$、$n_c$ 以及探测器空间位置、激光束的入射方向来确定，因此可求出散射粒子的直径。因此得出结论，利用双通道相位探测的差动多普勒频移技术，能够求出散射体内运动粒子的尺寸和速度。

4. 小结

研究表明，在选择采用具体何种类型的激光多普勒频移测量方案时，应遵循下面 5 条原则：

（1）粒子浓度很低时，优先选择双光束多普勒频移技术，这样可得到更高的信噪比。在此基础上，如果光路允许，优先选择前向散射的双光束多普勒频移系统，因为前向散射测量的信噪比要比后向散射的高 2~3 个数量级。如果信号幅值足够大，亦可采用后向散射的双光束多普勒频移测量系统，易于将发射和接收单元集成在一起来对实验段扫描，以得到速度分布。

双光束多普勒频移技术只能测量垂直于照射光方向上的速度分量。如果对角布置双色双光束系统，也可以同时测量两个方向上的速度分量。

（2）参考光多普勒频移技术主要适用于下面三种情况：测量照射光方向（轴向）的速度分量；测量靠近壁面处的速度；需要同时测量几个速度分量。

（3）在流体测量时，一般情况下，用参考光多普勒频移技术和用双光束多普勒频移技术都可以，信噪比差别不大，这可能与流体中存在亚微米粒子有关。

（4）把参考光技术引入到后向散射双色差动多普勒频移系统，可以给出速度的三维分量。

（5）同时测量微粒的速度和尺寸，只能应用相位多普勒频移技术。

## 3.4 双频激光干涉测量技术

1983 年起，“米”被定义为“光在真空中于 1/299 792 458 秒内传播的距离”，因此一个具有特定频率的光，其波长也等价于长度基准，这就使得采用光干涉进行测量的各类方法和仪器具有溯源到长度基准的特性。

1887 年物理学家阿尔贝特·迈克尔逊和爱德华·莫雷搭建了基于分振幅干涉的测量系统，将同一束光按照分振幅的方式生成两束相干光，分别沿着相互垂直的两个光路传播，并在经过反射之后最终汇合产生干涉。该实验证明了在不同惯性系和不同方向上光速是一致的，并以此否定了绝对静止参考系的存在，是爱因斯坦狭义相对论的有力论据。此实验在科学发展史上具有非常重要的地位，迈克尔逊也因此获得了 1907 年诺贝尔物理学奖。迈克尔逊干涉实验不仅在物理学史上具有重要意义，也开拓了光学干涉精密计量这一个全新的历久不衰的领域，此后这种结构的干涉测量装置被称为迈克尔逊干涉仪。随着时代的变迁和科技

的发展，各种新型技术的引入使得其测量精度与应用领域都有了飞跃，但其基本结构依然是迈克尔逊结构的干涉系统。1917 年，爱因斯坦提出受激辐射的概念，1960 年梅曼等人制成了第一台红宝石激光器，激光良好的相干性能使得迈克尔逊结构的干涉仪在性能和应用范围上再次得到了革命性的改变，自此激光干涉仪被广泛应用于几何量测量、形貌测量、光谱测量等领域。

在位移及角度等几何量测量领域，惠普公司的双频激光干涉仪和雷尼绍公司的单频激光干涉仪等产品精度高（纳米）、性能稳定、应用广泛，尤其在机床导轨矫正、IC 装备制造等场合不可或缺；在面形测量等领域，Zygo 公司的菲索干涉仪能够测量各种类型的表面，是目前面形测量领域最广泛的选择之一。除此之外，马赫 – 曾德干涉仪在导航控制中具有非常重要的作用，傅里叶光谱仪也是目前光谱仪的一个重要分支。由此可见激光干涉仪在计量测试领域具有不可替代的作用，并且因其在精密计量领域发挥的作用，激光干涉仪被称为“计量之王”。

迈克尔逊干涉仪的基本结构如图 3.12 所示，主要包含激光器、分光镜、测量和参考镜以及探测器。其中参考探测器 $PD_r$是为了监测激光器本身功率波动，用以消除激光器自身扰动对测量的影响，理论上可以缺省。

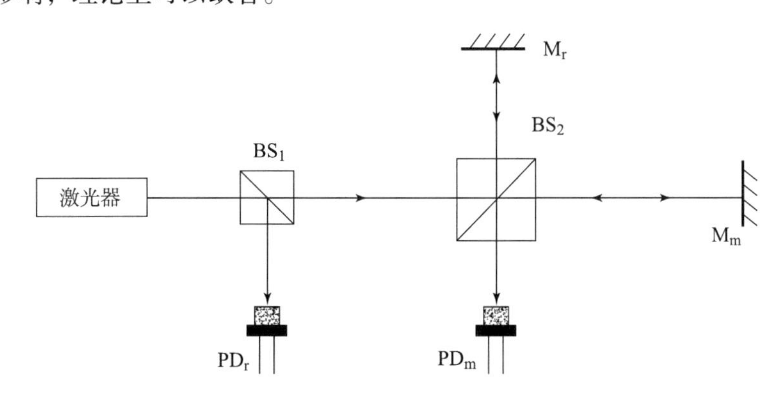


**图 3.12　迈克尔逊干涉仪基本结构原理图**

$BS_1$、$BS_2$—分束镜；$M_r$—参考反射镜；$M_m$—测量反射镜；

$PD_r$—参考信号探测器；$PD_m$—测量信号探测器

激光器输出的光经过分光镜 $BS_1$，一部分被 $PD_r$接收用于参考，另一部分入射到分光镜 $BS_2$。$BS_2$将光分为两部分，一部分途经参考光路照射在参考镜 $M_r$上，另一部分沿测量光路照射在测量镜 $M_m$上，由 $M_r$和 $M_m$反射的两束光在到达 $BS_2$时再度合束成一束光，由探测器 $PD_m$接收，接收端光强的干涉光场明暗变化取决于测量光路和参考光路的光程差，若参考镜保持不动，测量镜每移动半个波长，则光强波动一个周期。因此根据探测器所探测到的光强亮暗变化来得知被测镜移动的位移，就实现了位移及速度的高精度测量，此即为迈克尔逊干涉仪的基本原理。图中所示为单频激光干涉仪，其特点是对被测目标的运动速度没有限制，但是它的测量会受到激光器本身功率波动以及环境扰动的影响，测量的精度受到限制。

1. *双频激光干涉仪原理*

与单频激光干涉仪相比，双频外差激光干涉仪具有抗环境干扰能力强、可多路分光多路测量以及对运动方向敏感等突出优点，因此双频激光干涉仪在诸多场合得到应用。

如图 3.13 所示，双频激光干涉仪的光源中包含两个频差为固定值$f_s$的频率（也称作分裂频率或者正交偏振态），两个频率的光在空间上完全共路，并且由于两束光的偏振态相互正交，不会发生干涉，可通过偏振分光器件进行分离。

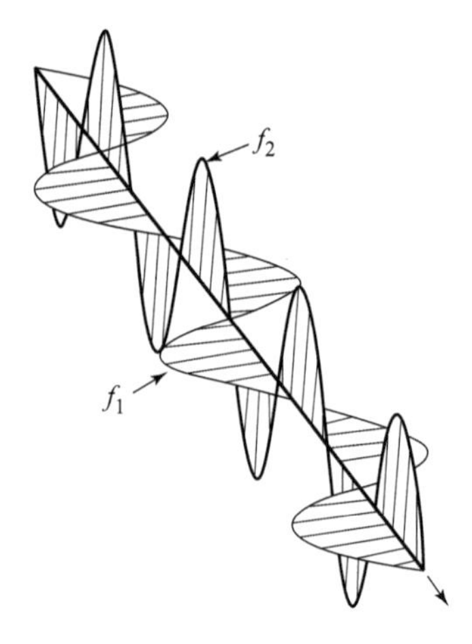

图 3.13　正交偏振激光束

双频激光干涉仪的基本结构如图 3.14 所示，光源部分输出正交偏振光，经过分光棱镜（BS）后反射光由偏振片 $P_1$ 检偏，由光电探测器 $PD_r$ 接收作为参考信号。透射光继续传输进入偏振分光器，在偏振分光棱镜（PBS）处正交偏振光的两个偏振分量分离，透过 PBS 的光束照射在与被测物体固定在一起的角锥反射棱镜 $RC_2$ 上并沿原方向返回，这部分光路称为测量光路；由 PBS 反射的光束传播至角锥反射棱镜 $RC_1$ 并返回至 PBS，此部分光路称为参考光路。测量光路与参考光路再次到达 PBS 时再次重合，随后由偏振片 $P_2$ 检偏以及光电探测器 $PD_m$ 接收信号。

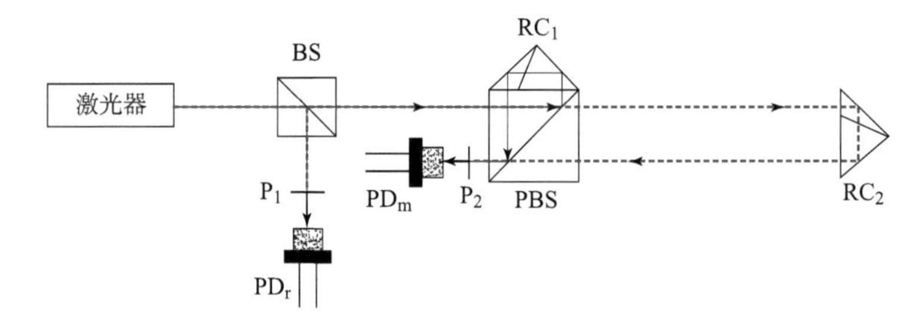

图 3.14　双频激光干涉仪原理示意图

BS—分束镜；PBS—偏振分束镜；$RC_1$、$RC_2$—角锥反射镜；

$PD_r$—参考信号探测器；$PD_m$—测量信号探测器；$P_1$、$P_2$—偏振片

激光器输出的正交偏振光的电场可以描述为

$$\begin{cases} \boldsymbol{E}_1 = \mathbf{i}A_0E_{01}\cos(2\pi f_1 t + \varphi_{01}) \\ \boldsymbol{E}_2 = \mathbf{j}A_0E_{02}\cos(2\pi f_2 t + \varphi_{02}) \end{cases} \tag{3.15}$$

式中，$E_{01}$、$E_{02}$分别为$f_1$、$f_2$ 分量的振幅；$\varphi_{01}$、$\varphi_{02}$分别为$f_1$、$f_2$ 分量的初始相位；$\mathbf{i}$、$\mathbf{j}$ 分别为$f_1$、$f_2$ 分量的偏振方向矢量。由于两束光的偏振态正交，不符合干涉的条件，若要获得两个分量的拍频则需要偏振片来检偏，使得两束光在偏振片透光方向上的分量能够干涉产生拍频。

采用通光方向与正交偏振光偏振方向成 45°的偏振片检偏可得检偏器上的光场矢量叠加为

$$\boldsymbol{E} = \frac{1}{2}(\boldsymbol{E}_1 + \boldsymbol{E}_2) \tag{3.16}$$

因此探测到的光强度为

$$\begin{aligned} I &= \boldsymbol{E} \cdot \boldsymbol{E}^* \\ &= \left[ \frac{1}{2}A_0E_{01}\cos(2\pi f_1 t + \varphi_{01}) + \frac{1}{2}A_0E_{02}\cos(2\pi f_2 t + \varphi_{02}) \right]^2 \end{aligned} \tag{3.17}$$

将式（3.17）展开可得

$$I=\frac{1}{4}A_0^2[\cos^2(2\pi\nu_1 t+\varphi_{01})+\cos^2(2\pi\nu_2 t-\varphi_{02})+2\cos(2\pi\nu_1 t-\varphi_{01})\cos(2\pi\nu_2 t+\varphi_{02})]$$

$$=\frac{1}{4}A_0^2\left\{\begin{matrix}\frac{1}{2}[1+\cos(4\pi\nu_1 t+2\varphi_{01})]+\frac{1}{2}[1+\cos(4\pi\nu_2 t+2\varphi_{02})]\\+\cos[2\pi(\nu_1+\nu_2)t+(\varphi_{01}+\varphi_{02})]+\cos[2\pi(\nu_1-\nu_2)t+(\varphi_{01}-\varphi_{02})]\end{matrix}\right\} \tag{3.18}$$

考虑到光电探测器的响应频率远远达不到光频，式（3.18）中二倍频项 $\cos(4\pi\nu_1 t+2\varphi_{01})$、$\cos(4\pi\nu_2 t+2\varphi_{02})$ 以及和频项 $\cos[2\pi(\nu_1+\nu_2)t+(\varphi_{01}+\varphi_{02})]$ 都表现为直流分量，因此可通过滤波方式去除直流分量的影响，得到拍频的交流信号

$$I_r=\frac{1}{4}A_0^2\cos[2\pi(\nu_1-\nu_2)t+(\varphi_{01}-\varphi_{02})] \tag{3.19}$$

式中，$I_r$ 为探测器 $PD_R$ 探测到的参考信号，其中 $\nu_1-\nu_2$ 为正交偏振光两个偏振分量的频率差，$\varphi_{01}-\varphi_{02}$ 为两个偏振分量的初始相位差。

在检偏器 $P_2$ 之前所得到的正交偏振光的光场可以表示为

$$\begin{cases}\boldsymbol{E}_{m1}=\mathbf{i}A_m E_{01}\cos(2\pi f_1 t+\varphi_{01}+\varphi_1)\\ \boldsymbol{E}_{m2}=\mathbf{j}A_m E_{02}\cos(2\pi f_2 t+\varphi_{02}+\varphi_2)\end{cases} \tag{3.20}$$

式中，$A_m$ 为考虑到光强损耗之后的电场强度；$\varphi_1$、$\varphi_2$ 分别为测量光路和参考光路的相位变化量。因此采用同参考信号同样的分析方式可得，探测器 $PD_m$ 采集得到的测量信号为

$$I_m=\frac{1}{4}A_m^2\cos[2\pi(\nu_1-\nu_2)t+(\varphi_{01}-\varphi_{02})+(\varphi_1-\varphi_2)] \tag{3.21}$$

将 $I_m$ 与 $I_r$ 进行比相，即可得到两者的相位差

$$\Delta\varphi=\varphi_1-\varphi_2 \tag{3.22}$$

测量臂和参考臂的相位差与测量臂位移 $L$ 之间的关系为

$$L=\frac{4\pi}{\lambda}\Delta\varphi \tag{3.23}$$

根据式（3.23）可以求出待测物体的运动位移，此即为双频激光干涉仪的基本测量原理。

除测量位移外，双频激光干涉仪还可以实现物体运动方向的判别，具体实现方法为比较参考光信号与测量光信号的频率差异。由于正交偏振光源包含两个有固定频率差的频率成分，因此参考光路的频率在测量的过程中是保持不变的，其交流频率等于正交偏振两个频率的频率差。当待测物体保持静止时，测量光信号的拍频频率同样保持不变，且等于参考光信号的交流频率；而当待测物体运动时，会使得测量光路产生多普勒频移，从而改变测量光信号的拍频频率，使其增大或者减小。如图 3.15 所示，在傅里叶频域，测量光的拍频频率是固定不变的，当测量光信号的拍频频率小于参考拍频频率时，说明测量光产生了负的多普勒频移，因此待测物体远离光源运动；而当测量光拍频频率大于参考拍频频率时，说明测量光产生了正的多普勒频移，因此待测物体靠近光源运动。

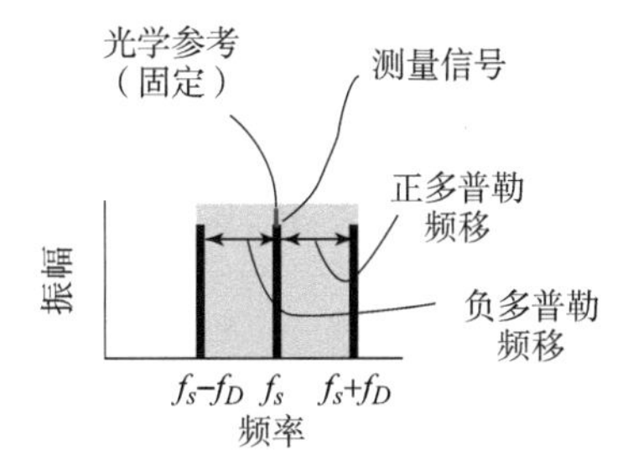


**图 3.15　频域表示的双频激光干涉仪判向原理**

双频外差干涉仪的判向能力是与生俱来的，双频激光干涉原理如图 3.16 所示，由于物

体运动时拍频信号的相位是相对于一个固定的信号频率测量所得到的，因此该相位信号具有方向性，通过对拍频信号的相位解调，即可以获取物体运动的方向、速度以及位移等物理量。

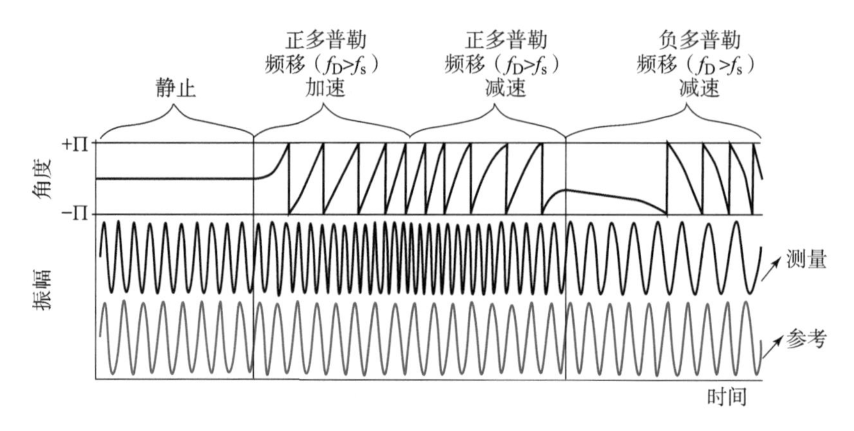


**图 3.16　时域表示的双频激光干涉仪判向原理**

双频激光干涉仪速度及位移测量的多普勒原理解释如图 3.16 所示，正交偏振光本身的频率差是不变的，因此参考信号的频率固定，测量信号的频率会随着被测物体的运动速度而改变。由多普勒频移原理可知，当测量镜 $RC_2$运动时，该光路的光会产生多普勒频移，当测量镜 $RC_2$运动速度为 $\boldsymbol{v}_0$ 时，产生的多普勒频移大小为

$$\begin{aligned}\Delta\nu &= \nu'' - \nu_2 = \left(1 + \frac{|\boldsymbol{v}_0|}{c}\cos\theta_1\right)\left(1 + \frac{|\boldsymbol{v}_0|}{c}\cos\theta_2\right)\nu_2 - \nu_2 \\ &= \left[1 + \frac{|\boldsymbol{v}_0|}{c}\cos\theta_1 + \frac{|\boldsymbol{v}_0|}{c}\cos\theta_2 + \left(\frac{|\boldsymbol{v}_0|}{c}\right)^2\cos\theta_1\cdot\cos\theta_2\right]\nu_2 - \nu_2 \\ &\approx \left[\frac{|\boldsymbol{v}_0|}{c}\cos\theta_1 + \frac{|\boldsymbol{v}_0|}{c}\cos\theta_2\right]\nu_2\end{aligned} \tag{3.24}$$

上式中 $\nu''$为运动中 $RC_2$ 反射光的频率，忽略了相对论效应的作用（$\gamma\approx1$），并且由于物体运动速度 $\boldsymbol{v}_0$ 远小于光速 $c$，在推导过程中忽略了二阶小量 $\left(\frac{|\boldsymbol{v}_0|}{c}\right)^2\cos\theta_1\cdot\cos\theta_2$。

当测量镜 $RC_2$靠近干涉仪运动时，$\cos\theta_1=\cos\theta_2=1$，因此 $\Delta\nu=2\frac{|\boldsymbol{v}_0|}{c}\nu_2$；

当测量镜 $RC_2$远离干涉仪运动时，$\cos\theta_1=\cos\theta_2=-1$，因此 $\Delta\nu=-2\frac{|\boldsymbol{v}_0|}{c}\nu_2$。

因此由测量镜 $RC_2$和参考镜 $RC_1$反射回的光重合时形成的拍频在 $RC_2$以速度 $\boldsymbol{v}_0$ 靠近和远离干涉仪时，双光束拍频值分别为 $f_{B1}=\nu_1-\left(\nu_2+2\frac{|\boldsymbol{v}_0|}{c}\nu_2\right)$ 以及 $f_{B2}=\nu_1-\left(\nu_2-2\frac{|\boldsymbol{v}_0|}{c}\nu_2\right)$。因此如图 3.16 所示，在第一阶段中测量镜静止，由 $PD_m$ 获取的测量信号与由 $PD_r$ 参考信号的频率是相同的，都为正交偏振激光器本身输出光的频差 $f_B=\nu_1-\nu_2$；在第二阶段中测量镜 $RC_2$远离干涉仪作加速运动，测量信号的拍频为 $f_{B2}>f_B$ 并且其频率逐渐增加，因此由时域的测量信号可看出，测量信号比参考信号密集并且有更密集的趋势；在第三阶段中测量镜远离

干涉仪作减速运动，测量信号的拍频为$f_{B2}>f_B$，但其频率逐步减小，因此时域的测量信号依然比参考信号密集，但是呈现逐渐疏松的趋势；第四阶段中测量镜靠近干涉仪运动，测量信号的拍频为$f_{B1}<f_B$，因此时域的测量信号比参考信号稀疏。由运动导致的多普勒频移会引起光路激光频率的改变，测量信号的拍频频率也会改变，频率在时间上的积分即为相位差，因此通过测量信号与参考信号的频率就差可以得到被测物体运动的速度，而通过外差解相则可以获得物体运动的实时位置。

2. 双频激光干涉仪的常见结构

图 3.14 给出了双频激光干涉仪的一种基本位移测量系统结构，测量光路中角锥反射棱镜$RC_2$与被测物体固定，二者位置和姿态变化一致。角锥反射棱镜的优点是反射光与入射光保持平行，这使得测量光信号对被测物体的角度微小变化不敏感，因此这种形式的双频激光干涉仪应用非常广泛。

虽然反射光的方向对角锥反射棱镜的微小角度改变不敏感，且角锥的微小倾斜或平移不改变测量光束的光程，但是若角锥棱镜在垂直于光轴方向上有位移，则探测到的测量拍频信号会较弱，甚至测量光路无法返回，因此采用角锥棱镜的光路只能测量线性位移，即位移台不能有二维方向的运动。此外，角锥棱镜的体积和重量也会限制它的使用，诸多场合并不满足固定角锥棱镜的条件。

针对角锥棱镜的问题，图 3.17 给出了平面镜双频干涉仪的原理示意图。

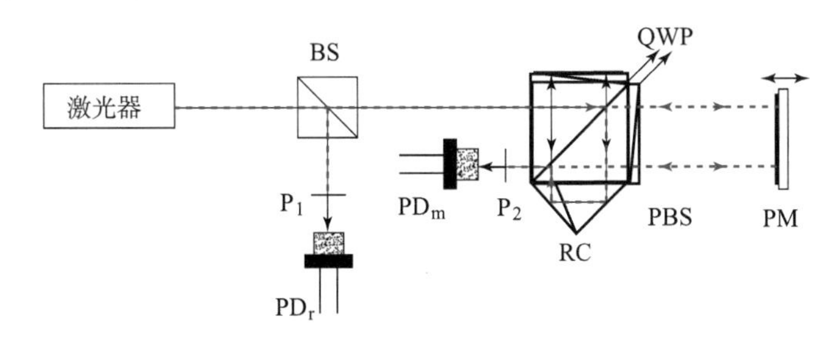


**图 3.17　平面镜反射双频激光干涉仪原理图**

BS—分束镜；PBS—偏振分束镜；RC—角锥反射镜；QWP—1/4 波片；PM—平面反射镜；$PD_r$—参考信号探测器；$PD_m$—测量信号探测器；$P_1$、$P_2$—偏振片

图 3.17 中，测量光路和参考光路中均加入了一个 1/4 波片用于改变光的偏振状态，线偏振光往返经过 1/4 波片，则其偏振方向改变 90°。因此，如图所示测量光路为首次经过 PBS 时透过的偏振分量，其在第一次往返穿过 1/4 波片后偏振方向改变 90°，再次到达 PBS 时被反射到下方的角锥棱镜，被角锥棱镜反射以及 PBS 再次反射的测量光路再次射向被测目标，再第二次往返经过 1/4 波片后，测量光到达 PBS 时将会穿过 PBS 和偏振器而被光电探测器接收。此方案实现了测量光路的光学倍程，其测量分辨率提高了 1 倍。同时，参考光束也会经历类似的光程，即测量和参考光路在 PBS 中的光程完全重合，这样就避免了环境温度改变对 PBS 折射率的影响。同时，测量光路中的平面镜允许被测物体在垂直于测量光轴的平面内运动，这使得多维度测量成为可能。

平面反射镜双频激光干涉仪与角锥棱镜双频激光干涉仪是两种基本结构，平面反射镜的方案优点为：①平面反射镜的体积及重量相对于角锥棱镜都比较小，减小了对测量物所在空间条件的限制；②被测物体可以在正交的方向上运动，利于实现物体的多轴多自由度测量；

③光学倍程的方式提高了位移测量的分辨率；④系统光路中的角锥反射棱镜同样可以使得系统对角度倾斜不敏感；⑤测量光路与参考光路在 PBS 组件中的光程完全一致，降低了温度敏感性。

不足之处为：①光学元件数增加，光学校准难度增大；②测量与参考光路多次经过各种光学元件，会导致累计周期性误差；③被测物体的倾斜会引起测量光与参考光重叠区域减小，信噪比降低。

3. 双频正交偏振激光光源

光源是双频激光干涉仪的核心部件，如何实现正交偏振激光以及其性能的好坏，在很大程度上决定了双频激光干涉仪整体的性能。He－Ne 激光器是世界上首先获得成功应用的气体激光器，诞生于 1960 年。He－Ne 激光器在可见光和红外波段可形成多条激光谱线振荡，其中最强的是 0.543 3 μm（绿）、0.632 8 μm（红）、1.15 μm（红外）和 3.39 μm（红外）4 条谱线。尽管激光诞生已经 60 年，但 He－Ne 激光器具有频率稳定度高（频率不确定度 $10^{-7}\sim10^{-11}$，碘吸收稳频 He－Ne 激光器可达 $10^{-11}$ 量级）、谱线窄（几兆赫）、光斑均匀（典型基横模高斯光束）等优异性能，使得 He－Ne 激光器广泛应用于精密计量、检测、信息处理以及医疗、光学实验等各个方面，同时这些特点也使得 He－Ne 激光器在激光干涉仪中应用广泛，目前市场上最为成熟的两种激光干涉仪 Agilent 的双频激光干涉仪以及雷尼绍的单频激光干涉仪光源都为 He－Ne 激光器。

当光源的类型固定之后，可以有多种方式来实现正交偏振光输出。

1）塞曼双频激光器

塞曼双频激光器通常是在 0.632 8 μm 波长 He－Ne 激光器上施加磁场而得到的。由于塞曼效应和模式牵引的综合作用，使激光器输出频差小于 3 MHz 的正交圆偏振光或频率差几百千赫的线偏振光。

原子在磁场中，其发光谱线将会发生分裂，这种现象称为塞曼效应。若施加磁场于 He－Ne 激光管上，则管内激光介质中 Ne 的光谱线将发生分裂。考虑弱磁场情况（零点几特斯拉或更小），Ne 原子对应 0.632 8 μm 的光谱线将会分裂成如图 3.19 所示的 $\sigma^-$、$\sigma^+$ 及 π 三条谱线在频率轴上的分布。其中 $\sigma^-$ 表示电矢量在垂直于磁场方向的平面内做左旋轨迹振动的光场，为左旋圆偏振光；$\sigma^+$ 表示电矢量在垂直于磁场方向的平面内做右旋轨迹振动的光场，为右旋圆偏振光；π 为平行于磁场方向的线偏振光，为外加磁场。π 谱线的中心频率仍为未加磁场时 Ne 原子的光谱线的中心频率 $\nu_0$，而 $\sigma^-$、$\sigma^+$ 的光谱线中心频率 $\nu_0^{\sigma^+}$、$\nu_0^{\sigma^-}$ 均偏离未加磁场时 Ne 原子光谱线的中心频率 $\nu_0$，且偏离量相等，均为

$$\Delta\nu_z = 1.30\frac{\mu_B}{\eta}B \text{ 或 } \Delta\nu_z = 1.75\times10^3 B \tag{3.25}$$

式中，$B$ 为外磁场的磁感应强度，单位为 T（特斯拉）；$\eta$ 为普朗克常量，$\eta = 6.626\times10^{-34}$ J · S；$\mu_B$ 为玻尔磁子，$\mu_B = 9.274\times10^{-24}$ A · m$^2$。

当激光输出方向与磁场方向平行时，所观察到的谱线分裂现象称为纵向塞曼效应；当激光输出方向与磁场方向垂直时，所观察到的谱线分裂现象称为横向塞曼效应。

图 3.18（a）、（b）示出了横向和纵向塞曼双频激光器，与之相对应，图 3.19（a）、（b）示出了横向和纵向塞曼激光器的增益曲线。

如图 3.19 所示，横向塞曼激光器在塞曼分裂以及模式牵引的综合效应下，输出两束相

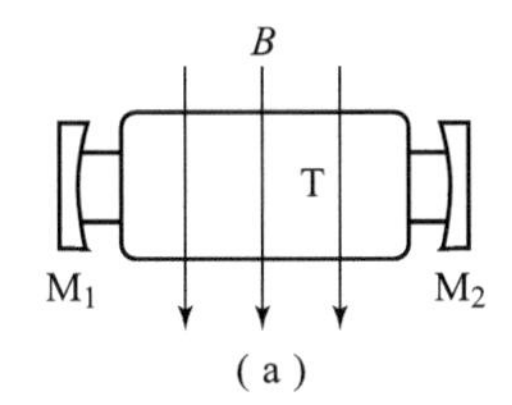


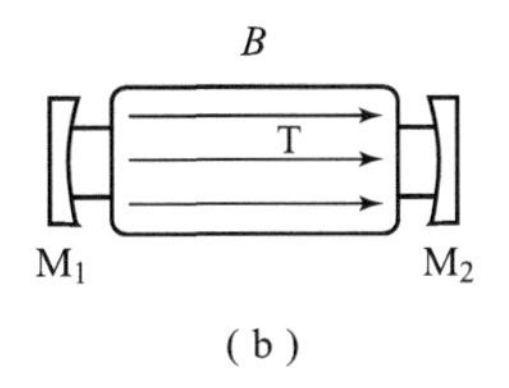


**图 3.18　横向及纵向塞曼双频激光器**

$M_1$，$M_2$—腔镜；$B$—磁场；T—增益介质

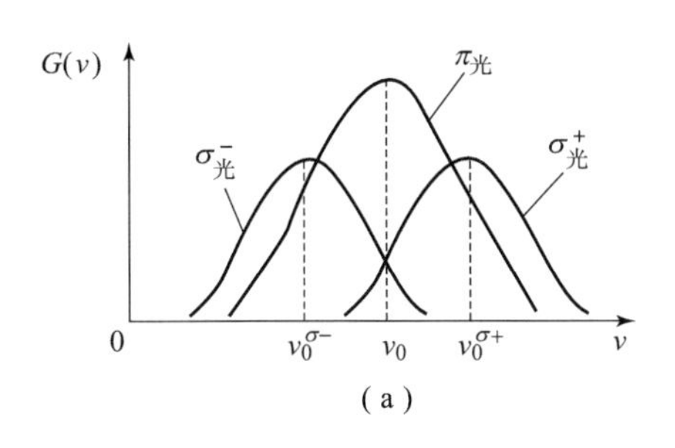


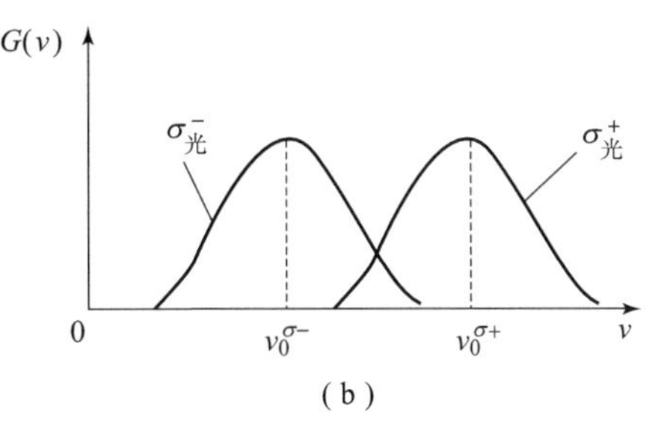


**图 3.19　横向与纵向塞曼激光器的增益曲线**

(a) 横向；(b) 纵向

互正交的线偏振光，其中一个偏振分量是与磁场方向垂直的 $\nu^{\sigma}$（$\sigma^{+}$或 $\sigma^{-}$）光，另一个偏振分量为平行于磁场方向的 $\nu^{\pi}$ 光。横向塞曼效应的频率分裂值相对于纵向来说更小，通常只能达到 1 MHz，但其优点是可以直接输出两个正交的线偏振光，无须再使用波片等光学元件进行调整。

纵向塞曼双频激光器输出两个圆偏振光 $\nu^{\sigma^{+}}$ 及 $\nu^{\sigma^{-}}$，需要经过波片进行调整才能成为正交偏振的线偏振光，所分裂的两个频率差一般可达 1.3～3 MHz，可以满足高测速的要求。

2）双折射双频激光器

横向以及纵向塞曼双频激光器的频差都比较小，并且纵向塞曼激光器输出激光为圆偏振，需要进一步的调整才能应用于双频激光干涉仪。清华大学提出并实现了由激光谐振腔内部双折射效应来实现正交偏振双频激光，能够直接输出两个正交偏振的线偏振光，并且其频差范围连续可调（图 3.20）。

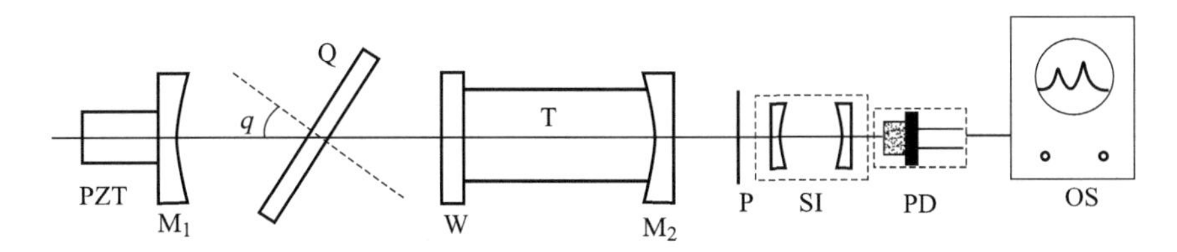


**图 3.20　双折射双频激光器**

$M_1$，$M_2$—腔镜；T—增益介质；Q—石英晶体；W—增透窗片；$\theta$—晶体光轴与激光束夹角；SI—扫描干涉仪；P—偏振片；PD—光电探测器；OS—示波器；PZT—压电陶瓷

双折射双频激光器的原理为腔内双折射效应使得光在两个相互正交的方向上光程不同，因此根据驻波原理可以同时得到两个激光谐振频率。图 3.20 以腔内加石英晶片的方式来具体说明腔内双折射效应如何产生相互正交的两个激光频率。激光谐振腔内除石英晶体外的其

他部分光程针对不同偏振方向是各向同性的，但在石英晶体内部由于双折射效应，其 o 光和 e 光的折射率不同，从而会导致晶体内的光程不同。在只考虑石英晶体的双折射效应时，其 o 光和 e 光具有光程差 $\delta$，即

$$\begin{cases}\delta=(n''-n')h\\ n'=\left(\dfrac{\sin^2\theta}{n_e^2}+\dfrac{\cos^2\theta}{n_o^2}\right)^{-\frac{1}{2}},\quad n''=n_o\end{cases}\tag{3.26}$$

式中，$\theta$ 为石英晶体的晶轴和光线之间的夹角；$n''$，$n'$分别为寻常光和非寻常光的折射率；$h$ 为晶片厚度；$n_o$ 和 $n_e$ 分别为石英晶体的两个主折射率（对于 0.632 8 μm 波长的光来说，$n_o=1.542\ 63$，$n_e=1.551\ 69$）。

由谐振腔驻波原理可得，频率差与光程差以及位移 $L$ 之间具有对应的关系，即

$$\Delta\nu=\frac{\nu}{L}\delta\tag{3.27}$$

结合式（3.26）与式（3.27）可知由石英晶体双折射引起的腔内频率分裂值为

$$\Delta\nu=\frac{\nu}{L}(n'-n'')h=\frac{\nu}{L}\left[\left(\frac{\sin^2\theta}{n_e^2}+\frac{\cos^2\theta}{n_o^2}\right)^{-\frac{1}{2}}-n_o\right]h\tag{3.28}$$

由式（3.28）可知，激光器输出频差的大小可以通过调整双折射晶体晶轴相对于光轴的夹角来调节。双折射导致分裂的两个频率共用一个增益曲线，当分裂的两个模式频率差小于 40 MHz 时，两者在增益曲线上的烧孔重叠，产生强烈的模式竞争，此时只能“生存”一个模式，因此这种方式能够实现的频差下限为 40 MHz。

需要指出的是，石英晶体只是产生腔内双折射的众多手段之一，除此之外包括腔内电光晶体、腔镜应力双折射、腔内方解石平行分束器等能够产生双折射效应的都可以实现正交偏振双频激光输出。

3）塞曼双折射双频激光器

塞曼双频激光器的频率不能超过 3 MHz，而双折射双频激光器只能输出 40 MHz 以上的频率差，因此在 3 ~ 40 MHz 的频段形成了一个空白区，然而这段频率在双频激光干涉仪测量中恰好是非常重要的，应用这段频差可制成高测速双频激光干涉仪，其电路、软件相对简单，造价低。例如，4 MHz 的频差可将双频激光干涉仪的测量速度提高到 1 m/s；8 MHz 的频差可使测量速度提高到 2 m/s 等，这已能满足各类高速机床、机器人等设备的测量及跟踪需求。

双折射 – 塞曼双频激光器频差可以在 1 MHz 到几百 MHz 之间改变，覆盖了塞曼双频激光器和双折射双频激光器的频差空白区域。

图 3.21 所示为塞曼双折射双频激光器的基本结构。

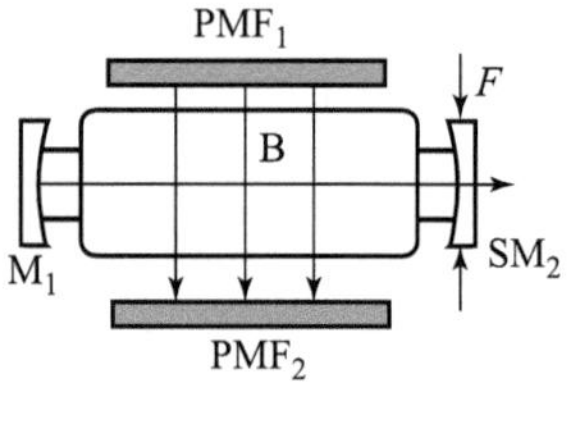

**图 3.21 塞曼双折射双频激光器原理结构**

$M_1$—普通腔镜；$SM_2$—应力双折射反射镜；$PMF_1$、$PMF_2$—磁条；$B$—磁场；$F$—应力

应力双折射 He – Ne 双频激光器，输出两个偏振态正交的线偏振光，分别称为 o 光和 e 光。在激光腔内 o、e 光几乎是行进在同一直线上的，二者共用同一增益线。当 o、e 光之频差小于 40 MHz 时，二者发生烧孔重叠，引发强烈的模式竞争，其中一个模式熄灭频差将消失。根据图 3.19，在横向磁

场加入后，原有的增益曲线会发生分裂，因此正交偏振的 π、σ 光的增益曲线分离，模式竞争被削弱。总是将横向塞曼－双折射 He－Ne 双频激光器的磁场方向分别平行和垂直于 o 光和 e 光，这样 o 光和 e 光将分别使用 π、σ 增益线。因此，当 o、e 光的频差处于 3～40 MHz 时，两光仍能同时振荡。可见，对横向塞曼－双折射 He－Ne 双频率激光器，产生频差的是应力双折射，磁场的作用主要是减弱模式竞争。

4）外部移频光路

除了由激光器本身产生两束正交偏振光之外，也可以通过外部移频的方式来实现。其中一个比较常用的方法为通过精确控制的声光调制器（AOM）来将光进行精确的移频。由射频信号驱动的 AOM 会将通过的光上移频或者下移频，取决于布拉格衍射的级次，并且移频频率等于射频信号的驱动频率。典型的 AOM 驱动频率范围为 20～80 MHz，由于双频激光干涉仪所需要的频差通常在几兆赫量级，因此单独通过一个 AOM 无法实现，所以需要两个 AOM 进行差动移频来获取想要的频差值。

图 3.22 所示为采用 AOM 在激光器的外部实现正交偏振激光的方案，由激光器输出的单频线偏振光（频率为 $f$）被消偏振分光棱镜（Non-Polarizing Cube Beamsplitter，NPBS）分为两束，分别经过两个不同驱动频率的 AOM，两束光经历的移频量分别为 $f_a$、$f_b$，经 AOM 移频之后其中一束光经由反射镜以及半波片用于调整其传输方向以及偏振方向，最终由偏振合束器（PBS）实现可用于双频激光干涉仪的正交偏振光束。

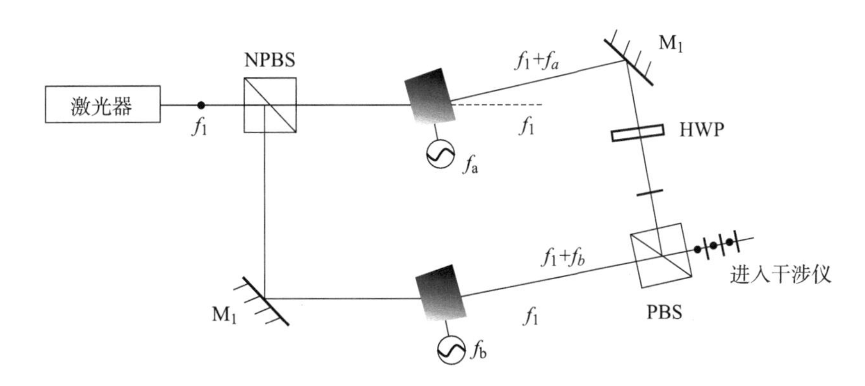


**图 3.22　声光调制器生成正交偏振光束**

4. 双频激光干涉仪的扩展结构

采用角锥反射棱镜的单程直线测量与采用平面反射镜的倍程直线测量是双频激光干涉仪的基本结构，用于线性位移的测量。除此之外还存在着诸多其他不同架构的双频激光干涉测量系统，大致可以分为两个方向：①不同架构的双频激光干涉仪；②测量不同自由度的双频激光干涉仪。

1）不同架构的双频激光干涉仪

图 3.23 示出了两种不同于传统架构的双频激光干涉测量系统，它们具有两种突出的优点：①光学倍程提高测量分辨率；②差分测量降低干扰，提高精度。

图 3.23 中采用 1/4 波片以及多次往返经过被测物体与 PBS 模块之间光程来提高测量的位移分辨率。采用设置参考镜的方式为测量提供了基准，定义了测量和参考面，这种方式能够补偿初始的误差，并且可用于多轴测量系统中。但图中所示的结构，会增加对测量镜角度

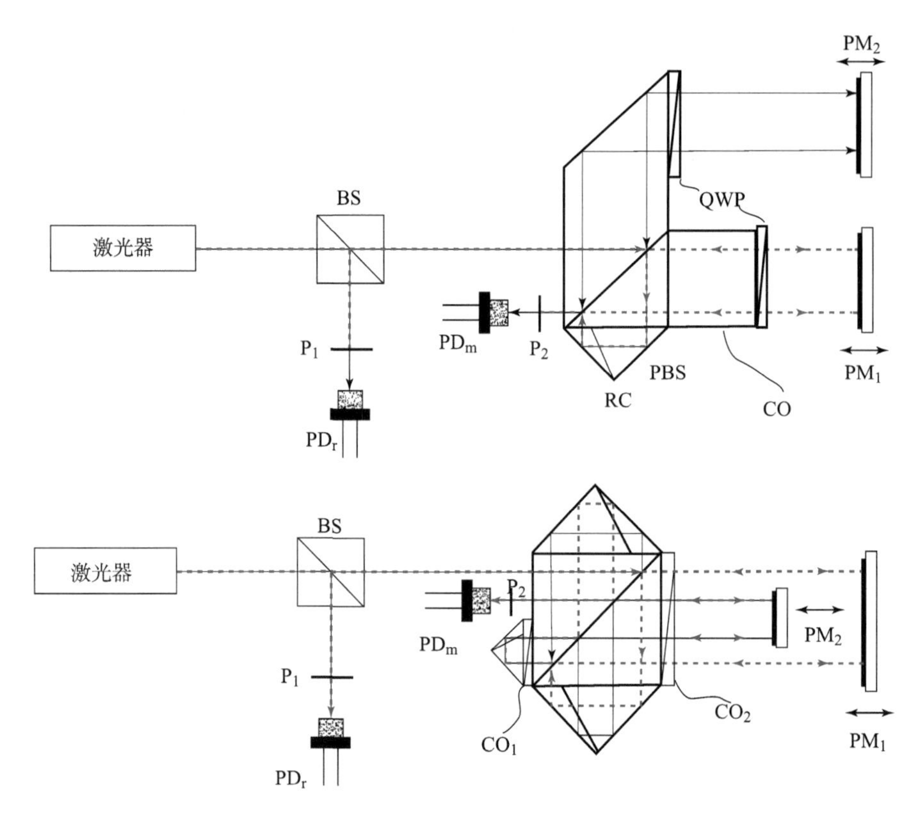


**图 3.23　差分光学倍程双频激光干涉测量系统**

BS—分束镜；PBS—偏振分束镜；RC—角锥反射镜；QWP—1/4 波片；CO—补偿光学元件；$PM_1$，$PM_2$—平面反射镜；$PD_r$—参考信号探测器；$PD_m$—测量信号探测器；$P_1$、$P_2$—偏振片

的敏感性，并且由于温度变化造成的折射率不均匀变化也会增加测量的噪声。

2）测量不同自由度的双频激光干涉仪

除了直线位移之外，双频激光干涉仪还可以进行多种类型的几何量测量，如角度、直线度等。此外，测量的自由度也不局限于单轴，通过分光路以及光路设计可以实现多轴、多自由度测量，下面简单介绍几种测量不同自由度的双频激光干涉测量系统。

（1）角度测量干涉仪。图 3.24 中采用一组角锥棱镜，使得系统能够测量角度而非位移。两个角锥棱镜构成角度测量组件，是一个整体，当角度测量组件整体沿光轴方向运动时，两个测量光路所经历的光程变化一致，因此相位差为 0。而当角度测量组件倾斜时（如图中所示 $\Delta\varphi$），两个角锥对应的测量光路一个变短，而另一个变长，因此两个光路的光程差就会有改变。组件倾斜的角度 $\theta$ 与测量得到的相位差 $\Delta\varphi$ 以及两个角锥的中心间距 $L_{RR}$ 之间的关系可以表示为

$$\varphi_x = \frac{\lambda\theta}{2\pi Nn} \cdot \frac{1}{L_{RR}} \tag{3.29}$$

由式（3.29）可根据测量得到的两个光路相位差计算组件的角度变化，因此这种结构的双频激光干涉测量系统具备角度测量的能力。

（2）直线度测量干涉仪。如图 3.25 所示为基于双频激光干涉的直线度测量系统，双频激光器输出后一部分用于参考信号，用于测量信号的正交偏振光经过一个沃拉斯顿棱镜。根

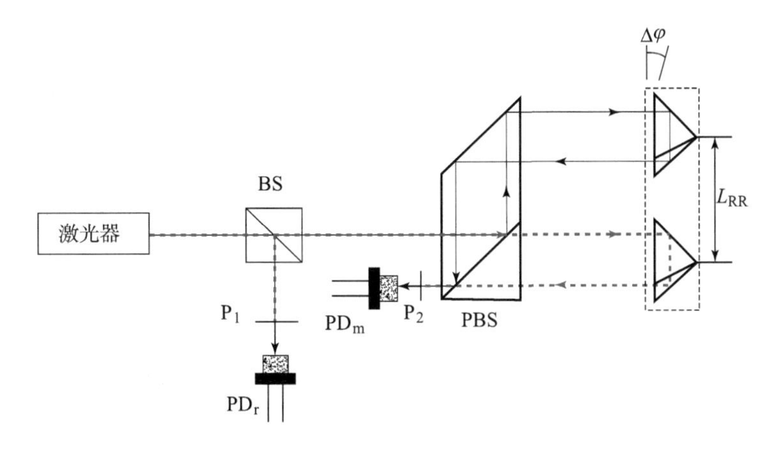


**图 3.24　角度测量干涉仪**

BS—分束镜；PBS—偏振分束镜；$PD_r$—参考信号探测器；

$PD_m$—测量信号探测器；$P_1$、$P_2$—偏振片

据沃拉斯顿本身的特性，正交偏振激光被分为两个线偏振光，双光束之间夹角为 $\alpha_s$，随后双光束照射在一个直线度组件上，该组件包含两个夹角为 $\pi-\alpha_s$ 的平面反射镜。

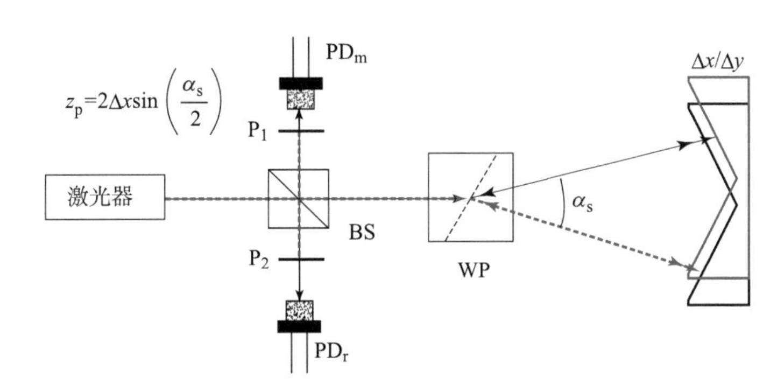


**图 3.25　直线度测量干涉系统**

BS—分束镜；WP—沃拉斯顿棱镜；$PD_r$—参考信号探测器；

$PD_m$—测量信号探测器；$P_1$、$P_2$—偏振片

当直线度组件沿双光束中心线移动时，双光束经历的光程变化一致，因此测量信号的相位值不变。而当直线度组件有沿着垂直于双光束中心线的方向运动时，双光路的光程改变一个增大，另一个减小。因此，采用这种结构的双频激光干涉测量系统能够测量出导轨在运动过程中的直线度，这在矫正机床导轨、提高机床加工精度等领域具有非常重要的作用。

（3）双频激光折射率跟踪测量系统。如图 3.26 所示，采用特殊的棱镜设计，结合了多个角锥以及 1/4 波片实现了两个光程的测量。图中深色和浅色的线分别代表两个测量通道，可以看出两者的光程差异是深色光路在真空腔内部通过，而浅色光路则通过同样几何长度的携带外部环境折射率信息的光程。当两个光路的初始相位差确定后，若环境的折射率有改变，则两束光的相位差也随之改变。因为参考光程为真空折射率，所以此系统能够测量所处环境的折射率变化，连续测量即可以反映折射率的变化状况。

（4）多轴多自由度测量系统。图 3.27 为一个 $X-Y-\theta$ 平台测量系统，采用多个保偏分

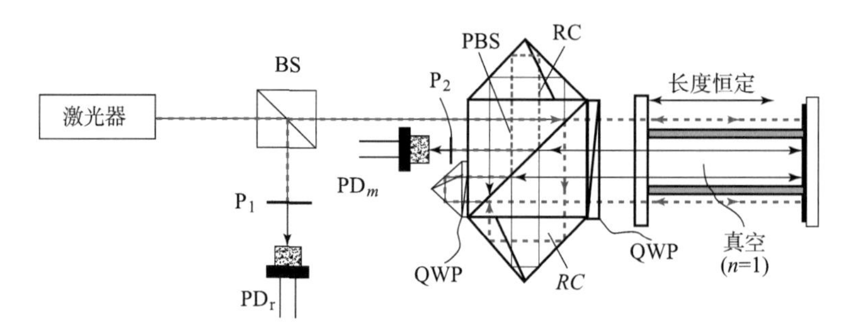


**图 3.26　双频激光折射率跟踪测量系统原理图**

BS—分束镜；PBS—偏振分束镜；RC—角锥反射镜；QWP—1/4 波片；

$PD_r$—参考信号探测器；$PD_m$—测量信号探测器；$P_1$、$P_2$—偏振片

束器将由激光器输出的正交偏振光分为多路，分别用于各个子测量光路。其中 $PD_{m1}$ 与 $PD_{m2}$ 测量 $X$ 方向上的位移，$PD_{m3}$ 测量 $Y$ 方向上的位移；此外，微小的角度变化也可以通过 $PD_{m1}$ 与 $PD_{m2}$ 测量结果的相位差得到。图 3.27 只是表示出了一种分光束进行多自由度测量的方案，实际上由于双频激光干涉仪可以分光束进行多路测量，六自由度都可以经过特殊的光束设置予以实现。

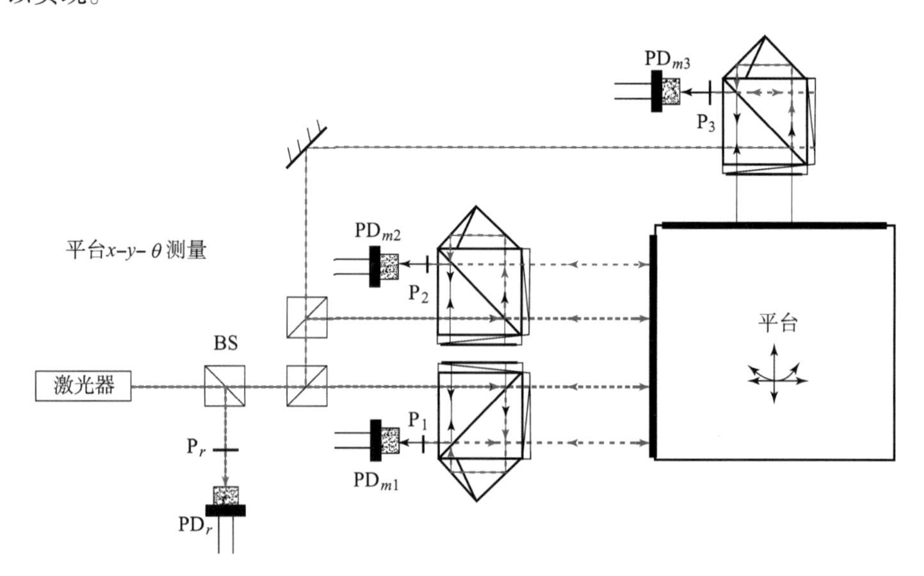


**图 3.27　双频激光多轴多自由度测量系统**

BS—分束镜；$PD_r$—参考信号探测器；$PD_{m1}$，$PD_{m2}$，$PD_{m3}$—测量信号探测器；

$P_r$、$P_1$、$P_2$、$P_3$—偏振片

# 3.5　绝对距离干涉测量

激光具有方向性强、发散角小、单色性好、波长短（相对于微波）等优点，因此在距离测量的方向性以及测量精度上具有明显的优势，被广泛应用于非接触、高精度的测量领域。按测量方法分类，激光测距可以分为非相干法和相干法。非相干法核心思想为飞行时间法，即光速为定值，通过测量光在被测物和激光器之间的飞行时间来确定距离，这种方法结

构简单，测量范围大，但存在的问题是测量精度比较低；相干测量方法具有较高的测量精度，可以达到微米甚至亚微米量级，但是其测量范围通常较小，需要结合相应的粗测手段来扩展测量范围。目前常用的相干测量方法有多波长测距法、波长扫频激光测距以及近些年飞速发展的飞秒光频梳测距等技术。本节主要介绍几种经典、前沿的激光绝对距离测量技术。

### 3.5.1　合成波长法

合成波长激光干涉测试技术是在小数重合法的基础上发展而来的。以双波长为例，设参与干涉测量的两束光的波长分别为 $\lambda_1$ 和 $\lambda_2(\lambda_1>\lambda_2)$，分别用这两个波长测量待测的距离 $L$，可得

$$\begin{cases} L=\dfrac{\lambda_1}{2}(m_1+\varepsilon_1) \\ L=\dfrac{\lambda_2}{2}(m_2+\varepsilon_2) \end{cases} \tag{3.30}$$

由此可以进一步推导出

$$\begin{aligned} &\frac{\lambda_1}{2}(m_1+\varepsilon_1)=\frac{\lambda_2}{2}(m_2+\varepsilon_2) \\ &\Rightarrow\frac{\lambda_2}{2}(m_2+\varepsilon_2)-\frac{\lambda_1}{2}(m_1+\varepsilon_1)=0 \\ &\Rightarrow\frac{\lambda_2}{2}(m_2+\varepsilon_2)\underline{-\frac{\lambda_2}{2}(m_1+\varepsilon_1)+\frac{\lambda_2}{2}(m_1+\varepsilon_1)}-\frac{\lambda_1}{2}(m_1+\varepsilon_1)=0 \\ &\Rightarrow\frac{\lambda_2}{2}[(m_2-m_1)+(\varepsilon_2-\varepsilon_1)]=\frac{\lambda_1-\lambda_2}{2}(m_1+\varepsilon_1) \\ &\Rightarrow\frac{\lambda_1}{\lambda_1-\lambda_2}\cdot\frac{\lambda_2}{2}[(m_2-m_1)+(\varepsilon_2-\varepsilon_1)]=\frac{\lambda_1}{\lambda_1-\lambda_2}\cdot\frac{\lambda_1-\lambda_2}{2}(m_1+\varepsilon_1) \\ &\Rightarrow\frac{1}{2}\cdot\frac{\lambda_1\lambda_2}{\lambda_1-\lambda_2}[(m_2-m_1)+(\varepsilon_2-\varepsilon_1)]=\frac{\lambda_1}{2}(m_1+\varepsilon_1)=L \\ &\Rightarrow L=\frac{1}{2}\cdot\frac{\lambda_1\lambda_2}{\lambda_1-\lambda_2}[(m_2-m_1)+(\varepsilon_2-\varepsilon_1)] \end{aligned} \tag{3.31}$$

式（3.31）与式（3.30）形式一致。令 $\lambda_s=\dfrac{\lambda_1\lambda_2}{\lambda_1-\lambda_2}$，$m_s=m_2-m_1$，$\varepsilon_s=\varepsilon_2-\varepsilon_1$，则有

$$L=\frac{\lambda_s}{2}(m_s+\varepsilon_s) \tag{3.32}$$

式中，$\lambda_s$ 为两波长的合成等效波长，简称合成波长；$m_s$ 和 $\varepsilon_s$ 分别为 $\lambda_s$ 干涉级次的整数部分和小数部分。

两个不同波长（$\lambda_1$ 和 $\lambda_2$）单色波的电场表达式为

$$\begin{cases} E_1=a\cos\left[2\pi\left(\dfrac{z}{\lambda_1}-\nu_1 t\right)\right]=a\cos(k_1 z-\omega_1 t) \\ E_2=a\cos\left[2\pi\left(\dfrac{z}{\lambda_2}-\nu_2 t\right)\right]=a\cos(k_2 z-\omega_2 t) \end{cases} \tag{3.33}$$

根据波的叠加原理，合成波的电场表达式为

$$E = E_1 + E_2 = 2a\cos(k_s z - \omega_s t)\cos(\bar{k}z - \bar{\omega}t) \tag{3.34}$$

式中，$\bar{\omega} = (\omega_1 + \omega_2)/2$，$\bar{k} = (k_1 + k_2)/2$；$\omega_s = (\omega_1 + \omega_2)/2$，$k_s = (k_1 - k_2)/2$。

若令 $A = 2a\cos(k_s z - \omega_s t)$，则式（3.34）可以写作

$$E = A\cos(\bar{k}z - \bar{\omega}t) \tag{3.35}$$

表示合成波是一个频率为$\bar{\omega}$、振幅为$A$的波，其振幅随着时间在 $-2A \sim 2A$ 变化，振幅的调制频率为 $\omega_s$，调制波的波长为 $\lambda_s = \dfrac{2\pi}{k_m} = \dfrac{\lambda_1\lambda_2}{\lambda_1 - \lambda_2}$。因此式（3.32）中的合成波的波长物理含义即为两个波长的拍频所得到的调制波的波长。图 3.28 给出两个单色波及其叠加所得到的合成波电场，可见，合成波的波长比任何一个单独的波长都要大很多。

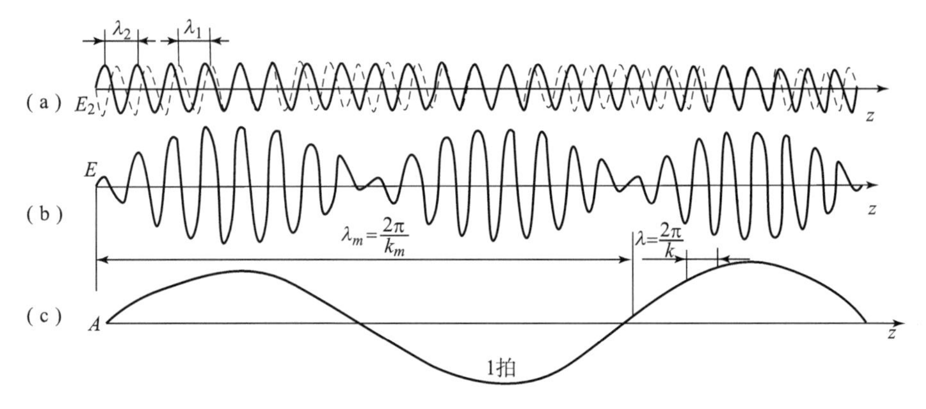


**图 3.28　两个单色波的叠加**

单个波长测量距离时满足

$$\varphi = \frac{2\pi}{\lambda}2L \tag{3.36}$$

由于相位测量只能确定其小数部分，因此单个波长的测量范围被限制在$\dfrac{\lambda}{2}$以内，所以由于 $\lambda_1$ 和 $\lambda_2$ 的合成波 $\lambda_s$ 的波长比任何一个单独的波长都要大很多，因此测量的范围能够大幅增加。进一步，如果采用多个测量波长产生一个或多个大于单波长的合成波长，并以此作为新的测量标准时，干涉测量法的单值测量范围将被继续扩大。

合成波长链的形成就是用几个波长相近、间隔均匀的单波长进行适当的逐级组合，得到一个波长由小至大的波长链的过程。在两个单波长组成的合成波长的计算公式中，若 $|\lambda_1 - \lambda_2|$ 比 $\lambda_1$、$\lambda_2$都小，则 $\lambda_s$ 必然大于 $\lambda_1$、$\lambda_2$。将 $\lambda_s$ 与其他单波长组成的合成波长再进行组合，就可以得到更高一级的合成波长，且该合成波长要比 $\lambda_s$ 大许多。这种组合可以继续进行下去，直到最后得到一个最高一级的合成波长。将该过程中得到的合成波长由小到大逐级排列，就会得到形状类似金字塔的合成波长链，塔顶是最高一级合成波长，塔底是零级合成波长，即单波长。针对具体的光源，可以采用与之适应的组合方式，以达到最好的测量效果。

在待测距离为 $L$ 的双光束干涉仪中，采用 $N$ 个波长进行测量，可以得到测量方程组

$$\begin{cases} L=\frac{\lambda_1}{2}(m_1+\varepsilon_1) \\ L=\frac{\lambda_2}{2}(m_2+\varepsilon_2) \\ \vdots \\ L=\frac{\lambda_N}{2}(m_N+\varepsilon_N) \end{cases} \tag{3.37}$$

式中，$m_i(i=1, 2, \cdots, N)$ 为不同波长干涉级次的整数部分；$\varepsilon_i(i=1, 2, \cdots, N)$ 为不同波长干涉级次的小数部分；$L$ 为待测的光程差或距离。

方程组（3.37）中 $L$ 与 $m_i(i=1, 2, \cdots, N)$ 为未知，$\varepsilon_i(i=1, 2, \cdots, N)$ 可以直接测量获得，因此 $N$ 个方程共有 $N+1$ 个未知数。方程组（3.37）有无穷多个解，但是 $m_i(i=1, 2, \cdots, N)$ 只能取正整数，因此该方程组的解具有周期性。令波数 $\sigma_i=\frac{1}{\lambda_i}$，则方程组（3.37）可以改写为

$$\begin{cases} 2\sigma_1 L=m_1+\varepsilon_1 \\ 2\sigma_2 L=m_2+\varepsilon_2 \\ \vdots \\ 2\sigma_N L=m_N+\varepsilon_N \end{cases} \tag{3.38}$$

取整数权因子 $A_i$ 来求解3.38式（$A_i$ 可取零和正负整数），以保证 $m_i$ 在处理后仍然保持整数，由此可得

$$\begin{cases} 2A_1\sigma_1 L=A_1 m_1+A_1\varepsilon_1 \\ 2A_2\sigma_2 L=A_2 m_2+A_2\varepsilon_2 \\ \vdots \\ 2A_N\sigma_N L=A_N m_N+A_N\varepsilon_N \end{cases} \tag{3.39}$$

因此由式（3.39）可得

$$\begin{cases} L=\frac{\lambda_s}{2}(m_s+\varepsilon_s) \\ \lambda_s=\frac{1}{\sum\limits_{i=1}^{N}A_i\sigma_i}, \ m_s=\sum\limits_{i=1}^{N}A_i m_i, \ \varepsilon_s=\sum\limits_{i=1}^{N}A_i\varepsilon_i \end{cases} \tag{3.40}$$

式（3.39）形式与式（3.30）一致，因此称 $\lambda_s$ 为合成波的波长。不同的 $A_i$ 组合会给出不同的合成波长 $\lambda_s$ 的值，从而构成了解的周期结构。由两个波长构成的空间频率为

$$\Gamma_{ij}=2(\sigma_i-\sigma_j) \tag{3.41}$$

依此类推，三个波长构成的空间频率为

$$\Gamma_{ijk}=2(\Gamma_{ij}-\Gamma_{jk})=2[(\sigma_i-\sigma_j)-(\sigma_j-\sigma_k)]=2[\sigma_i-2\sigma_j+\sigma_k] \tag{3.42}$$

$N$ 个波长所构成的空间频率为

$$\Gamma_N=\Gamma_{ij\cdots\omega}=2[C_{N-1}^{0}\sigma_i-C_{N-1}^{1}\sigma_j+\cdots+(-1)^{N-1}C_{N-1}^{N-1}\sigma_\omega] \tag{3.43}$$

式中，$C_{N-1}^{i}(i=1, 2, \cdots, N)$ 为二项式系数；$\Gamma_N^{-1}=(\Gamma_N)^{-1}$ 为利用方程组确定的长度的空

间周期。

综合考虑式（3.40）和式（3.43）可知，使得 $\lambda_s = \Gamma_N^{-1}$ 的条件是

$$A_i = (-1)^{N-1} C_{N-1}^{i-1},\ i=1,\ 2,\ \cdots,\ N \quad (3.44)$$

根据上述讨论，利用多个波长可以组合成比任意一个单波长大得多的合成波长。如图 3.29 所示，可以形成一个合成波长链，先由最高级次的合成波确定一个最初的初测值，然后再根据级次依次减小的合成波逐步得到精确值。

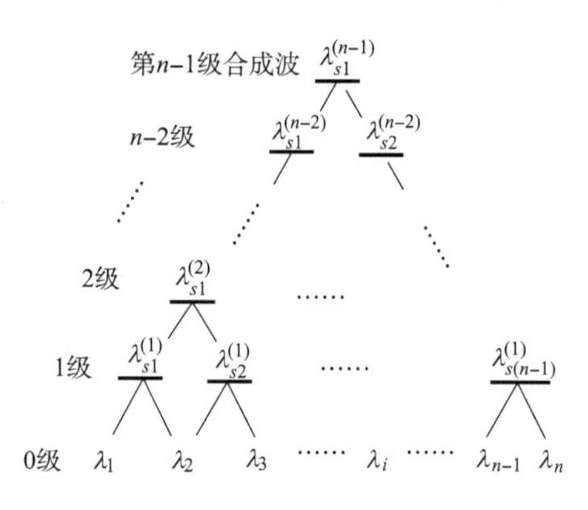


**图 3.29　多个波长合成波长链**

逐级精化过程就是根据粗测值从合成链最高一级合成波长开始逐级提高被测长度测量值的精度，实现高精度测量。在此逐步提高测量精度的过程中需要保证整数级次的唯一性，即

$$\begin{cases} L_i + \Delta L_i = (m_{i-1} + \varepsilon_{i-1}) \dfrac{\lambda_{s(i-1)}}{2} \\ L_i - \Delta L_i = (m'_{i-1} + \varepsilon'_{i-1}) \dfrac{\lambda_{s(i-1)}}{2} \end{cases} \quad (3.45)$$

式（3.45）两式相减可得

$$2\Delta L_i = (m_{i-1} - m'_{i-1} + \delta(\varepsilon_{i-1})) \frac{\lambda_{s(i-1)}}{2} \quad (3.46)$$

式中，$\delta(\varepsilon_{i-1})$ 为小数级次的测量误差。需要保证整数级次的唯一性要求式（3.46）中 $|m_{i-1} - m'_{i-1}| < 1$，因此可得

$$\Delta L_i < \frac{\lambda_{s(i-1)}}{4} - \delta L_p \quad (3.47)$$

式中，$\Delta L_i$ 为初测的不确定度；$\lambda_{s(i-1)}$ 为本次测量的合成波长；$\delta L_p$ 为本次测量的小数级次带来的不确定度。

当满足式（3.47）时，$m_{s(i-1)}$ 的值可以表示为

$$m_{s(i-1)} = \mathrm{floor}\left( \frac{2L_i}{\lambda_s} - \varepsilon_{i-1} + \frac{1}{2} \right) \quad (3.48)$$

由式（3.48）计算得到的整数级次以及相位计测量得到的小数级次 $\varepsilon_{s(i-1)}$ 即可计算出被测距离。

每一级次的测量不确定度来自其小数级次部分的不确定度，因此由式（3.48）可以推导出采用相邻两级合成波长进行测量时需要满足的“级间过渡条件”为

$$\Delta L_i < \frac{\lambda_{s(i-1)}}{4} - \Delta L_{i-1} \quad (3.49)$$

式（3.49）是多波长合成波长链相邻两个级次间的测量能够连续，从而实现进一步提高测量精度的条件，也是保证测量结果唯一性的条件。多波长绝对距离测试技术应用于测量物体表面形状、台阶结构、圆度等短程测量，其由环境变化带来的误差较小。如要进行大尺度范围内的测量，采用多个单波长组成程度逐级增加的合成波长链，依据初测值和各干涉级次小数相位从最高合成波长开始逐级求解，并利用相应的整小数结合的方法确定待测距离。

### 3.5.2　激光调频测距

调频干涉测量法以半导体激光器作为光源，按调制性质的不同分为注入电流调制半导体激光器和外腔调制半导体激光器。

注入电流调制半导体激光器利用半导体激光器注入电流与输出频率的线性关系，通过调制注入的电流来实现对激光输出频率的调制，主要包括三角波调频和锯齿波调频。

半导体激光调频技术的原理是基于光传播时间的测量，即

$$\tau = \frac{2Ln_{\text{air}}}{c} \tag{3.50}$$

式中，$\tau$ 为光的传播时间间隔；$n_{\text{air}}$为空气折射率；$2L$ 为干涉仪的几何程差；$c$ 为真空中的光速。设法精确地测出传播时间 $\tau$ 即可求出 $L$，且不存在多值问题。

调频激光干涉仪是以输出激光频率随时间呈线性变化的激光器作为光源，以迈克尔逊干涉光路作为测量光路，测量光束和参考光束之间的相对延时为 $\tau$，两束光在探测器处重叠，测量光束和参考光束会产生一个光拍，这个光拍的频率随着 $\tau$ 的增大而增大，通过光拍频的测量实现 $\tau$ 的测量。

以三角波调频为例，其测量原理及测量系统基本结构分别如图 3.30 和图 3.31 所示。在调制三角波的上升范围内，输出激光的频率可以表示为

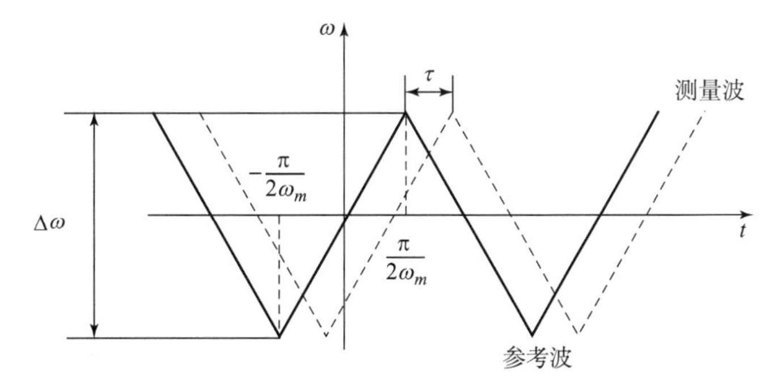


**图 3.30　三角波调频干涉测量原理**

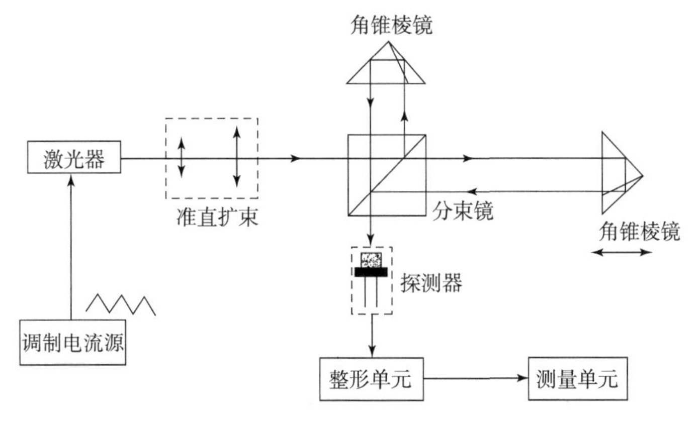


**图 3.31　三角波调频干涉测量系统基本结构示意图**

$$\omega(t)=\omega_c+2\alpha_{ad}t,\quad -\frac{\pi}{2\omega_m}<t<\frac{\pi}{2\omega_m} \tag{3.51}$$

式中，$\omega_c$ 为调频激光器中心频率；$2\alpha_{ad}$为激光频率的调制系数；$\omega_m$ 为调制三角波信号的频率。调制光波的相位为

$$\varphi(t)=\omega_c t+\alpha_{ad}t^2+\varphi_0 \tag{3.52}$$

式中，$\varphi_0$ 为初始相位。

在迈克尔逊干涉光路中的参考和测量臂光可分别表示为

$$\begin{cases}E_r(t)=E_{r0}\cos(\omega_c t+\alpha_{ad}t^2+\varphi_0)\\E_m(t)=E_{m0}\cos[\omega_c(t-\tau)+\alpha_{ad}(t-\tau)^2+\varphi_0]\end{cases} \tag{3.53}$$

合成波的光强为

$$I=(E_{r0}+E_{m0})^2=E_{r0}^2+E_{m0}^2+2E_{r0}E_{m0}\cos[(2\alpha_{ad}\tau t+\omega_c\tau)-\alpha_{ad}\tau^2],\quad -\frac{\pi}{2\omega_m}<t<\frac{\pi}{2\omega_m} \tag{3.54}$$

通过式（3.54）可知，通过测量光与参考光的拍频频率 $\omega_b=2\alpha_{ad}\tau$ 即可求出光在测量臂和参考臂之间的飞行时间差。半导体激光器调频信号与光电探测器探测拍频信号如图 3.32 所示。

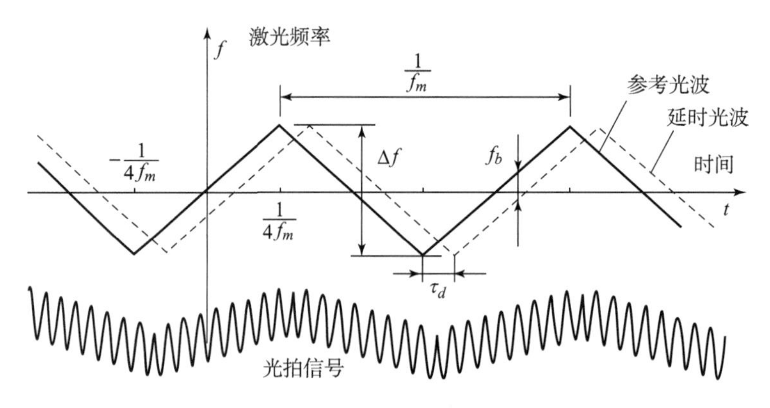


**图 3.32　半导体激光线性调频示意图**

由式（3.50）和式（3.54）可得

$$L=\frac{\omega_b\cdot c}{4n_{\text{air}}\alpha_{ad}}=\frac{\pi\omega_b\cdot c}{2n_{\text{air}}\Delta\omega\cdot\omega_m} \tag{3.55}$$

式中，$\Delta\omega$ 为半导体激光器调制期间的调制频率范围。因此由式（3.55）进一步分析可知，距离不确定度 $\Delta L$ 与频率测量不确定度 $\Delta\omega_b$之间的关系为

$$\Delta L\approx\frac{\Delta\omega_b\cdot c}{4\alpha_{ad}} \tag{3.56}$$

当频率的测量不确定度 $\Delta\omega_b$ 固定时，$\alpha_{ad}$越大则距离测量的不确定度 $\Delta L$ 就越小，因此提高测距灵敏度的途径是提高半导体激光器频率调制速率 $\alpha_{ad}$，在选择半导体激光器时，这是一项非常重要的参数，在保证线性度的前提下，应该越大越好。

在线性调频干涉测量中，拍频信号频率 $\omega_b$ 的测量方式主要有两种，一种是条纹计数法，另一种是计算其在干涉信号频谱中的位置。前者只适用于普通的双光束干涉仪，不能用于存

在多个干涉信号叠加的多光束干涉系统，而后者的精度受到谱峰展宽的限制。

### 3.5.3 波长扫描干涉测试技术

单频激光器（频率为 $\nu$）的激光通过迈克尔逊干涉光路测量距离时，参考光路和测量光路的相位差 $\varphi$ 与参考臂和测量臂之间光程差 $L$ 的关系为

$$\varphi=\frac{4\pi\nu}{c}n_{\text{air}}L \tag{3.57}$$

波长扫描干涉法以半导体激光器作为调频光源，在测量距离保持静止时通过连续调制单纵模激光器的频率。激光频率快速连续变化，可以得到多个不同的干涉条纹，当变化量为 $\Delta\nu$ 时（对应波长变化为 $\Delta\lambda$），相应的相位变化量为 $\Delta\varphi$，被测距离可以表示为

$$L=\frac{c}{4\pi n_{\text{air}}}\frac{\Delta\varphi}{\Delta\boldsymbol{\nu}}=\frac{\lambda^2\Delta\varphi}{4\pi\Delta\lambda} \tag{3.58}$$

因此，由式（3.58）可知，测量相位变化量 $\Delta\varphi$ 以及频率扫描范围 $\Delta\nu$（波长扫描范围 $\Delta\lambda$），即可求解被测距离。

在实际的扫描过程中，需要注意两点：①相位的变化是从 $0\sim2\pi$ 的周期性变化，因此需要对其周期数进行累加得到精确相位变化；②激光光源的频率难以长期维持稳定值，且扫描的重复性也难以保证，因此需要一个固定距离 $L_0$ 作为参考。图 3.33 为带有参考距离的频率扫描干涉仪原理图。

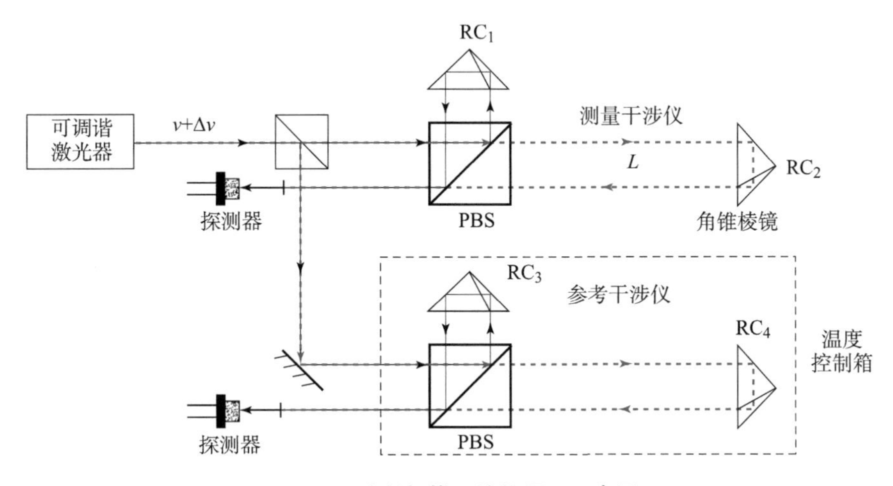


**图 3.33 波长扫描干涉仪原理示意图**

图 3.33 中的干涉仪系统包括测量干涉仪和参考干涉仪，当扫描激光频率时，两个干涉仪的相位变化量分别为 $\Delta\varphi_0$ 和 $\Delta\varphi$，分别可以表示为

$$\begin{cases}\Delta\varphi_0=\dfrac{4\pi\Delta\nu}{c}n_0L_0\\[2ex]\Delta\varphi=\dfrac{4\pi\Delta\nu}{c}n_{\text{air}}L\end{cases} \tag{3.59}$$

式中，$n_0$ 为参考干涉仪部分的空气折射率。

由式（3.59）可得

$$L=\frac{n_0\Delta\varphi}{n_{\text{air}}\Delta\varphi_0}L_0 \tag{3.60}$$

其中，$L_0$ 为已知量，可以通过测量 $\Delta\varphi_0$、$\Delta\varphi$ 以及 $n_{\text{air}}$ 及 $n_0$ 来求解被测距离 $L$。此方法降低了对频率稳定性、扫描范围重复性以及光功率稳定性等在内的光源稳定性的要求，实现了较高精度的绝对距离测量。因频率的扫描需要一定的时间，因此该方法主要应用于静态测量，扫描范围越大，测量精度越高，扫描速度越快，动态性能越好。存在的问题是，提高扫描速度的同时相位变化的速率也变快，增加了相位测量的难度，因此测量精度也会下降。此外，该方案多采用外腔半导体激光器作为光源，此类激光器抗干扰能力差的特点也会影响到系统整体的抗干扰能力。

### 3.5.4 光频梳绝对距离测量

1. 光频梳基本原理

2005 年，美国国家标准与技术研究院（National Institute of Standards and Technology, NIST）的 Hall 教授与德国马克斯·普朗克光学研究所的 Hansch 教授，因以下研究工作而分享了当年的诺贝尔物理学奖：对飞秒激光器载波包络相移频率及重复频率的锁定，研制光学频率梳，光频梳在光学频率测量方面的成功应用。从原理上看，光频梳是将各纵模频率锁定至频率基准的锁模激光器，其光谱由一系列分立的纵模组成，重复频率即为激光器的纵模间隔 $f_r=\frac{2L}{c}$，$L$ 为谐振腔的长度，$c$ 为真空中光速。如图 3.34 所示，任一纵模的频率为 $f_m=mf_r+f_0$（$f_0$ 称为偏置频率），由谐振腔内色散和相位调制作用决定。$f_r$ 和 $f_0$ 可以直接锁定至微波频率基准，通过正整数 $m$ 的桥接作用，光频 $f_m$ 也实现了与微波频率基准的锁定。

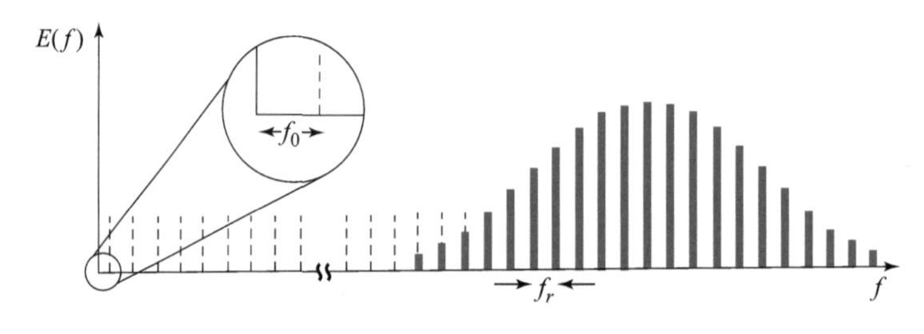


**图 3.34 光频梳光谱**

由图 3.34 可知，在频域上光频梳的电场可以表示为

$$E(f)=A(f-f_c)\sum\delta(f-mf_r-f_0) \tag{3.61}$$

式中，$A(f-f_c)$ 为光谱包络函数，$f_c$ 为光谱中心频率。

单纵模线宽远小于总的光谱宽度，因此使用 $\delta$ 函数对其进行模拟。将式（3.61）中频率转变为角频率，并对其进行傅里叶变换，可以得到光频梳光场的时域表达式

$$\begin{aligned}E(t)&=F^{-1}[E(t)]\\&=F^{-1}[A(\omega-\omega_c)]*F^{-1}\left[\sum\delta(\omega-m\omega_r-\omega_0)\right]\\&=A(t)e^{i\omega_c t}*\sum F^{-1}\left\{\delta\left[\omega-m\left(\omega_r+\frac{\omega_0}{m}\right)\right]\right\}\end{aligned}$$

$$
\begin{aligned}
&= A(t)\mathrm{e}^{\mathrm{i}\omega_c t} * \sum \mathrm{e}^{\mathrm{i}m\left(\omega_r+\frac{\omega_0}{m}\right)t} \\
&= A(t)\mathrm{e}^{\mathrm{i}\omega_c t} * \mathrm{e}^{\mathrm{i}\omega_0 t} T_r \sum \delta(t - mT_r) \\
&= T_r \sum \int A(\tau)\mathrm{e}^{\mathrm{i}\omega_c t}\mathrm{e}^{\mathrm{i}\omega_0(t-\tau)}\delta(t - \tau - mT_r)\mathrm{d}\tau \\
&= T_r \sum A(t - mT_r)\mathrm{e}^{\mathrm{i}\omega_c(t-mT_r)}\mathrm{e}^{\mathrm{i}m\omega_0 T_r} \text{ 令 } \Delta\phi_{ce} = \omega_0 T_r \\
&= T_r \sum A(t - mT_r)\mathrm{e}^{\mathrm{i}\omega_c(t-mT_r)}\mathrm{e}^{\mathrm{i}m\Delta\phi_{ce}},\ T_r = \frac{2\pi}{\omega_r}
\end{aligned}
\tag{3.62}
$$

式中，$A$ 为脉冲包络；$T_r$ 为重复周期；$\omega_c$ 为光谱中心频率对应的角频率；$\Delta\phi_{ce}$为载波包络相移，表示包络峰值与载波峰值的相位差。

由式（3.62）可以看出，光频梳电场的时域形式为周期性脉冲序列，重复周期为 $T_r$，图 3.35 示出了其时域电场。

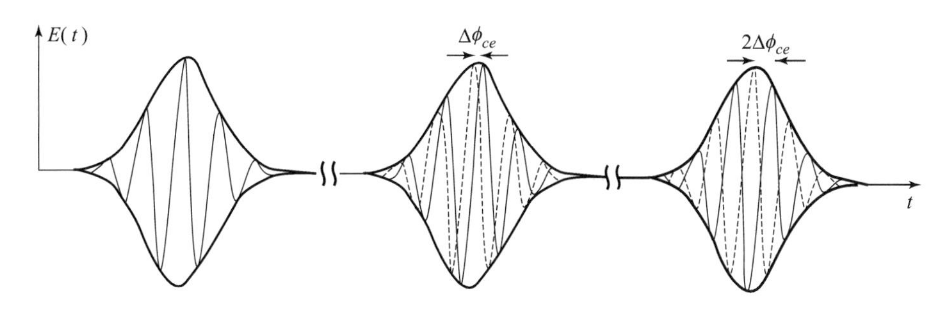


**图 3.35　光频梳时域电场**

因此，光频梳在时域上为一系列等时间间距的脉冲，在频域上为一系列等频率间距且相位锁定的纵模，并且其各个纵模都可以溯源到频率基准。长度基准基于光在真空中的传输速度，而时间基准基于原子钟的频率，因此光频梳将两个基本物理量的基准结合在了一起，可以作为非常高精度的频率基准，从而可以在精密计量领域发挥重大作用。人们也利用光频梳频域上精准的频率特性以及时域上周期脉冲特性，研究出一系列绝对距离测量的方法。此类技术的优势体现在两方面：①光频梳实现了时间基准和长度基准的连接，从而可以实现绝对距离测量结果直接溯源到米的定义；②光频梳具有的宽广谱、窄脉冲特性为实现新型激光绝对距离测量提供了更多可行的方向。

2. 光频梳绝对测距技术

根据测量原理的不同，可将光频梳测距的方法分为 5 类：光频梳频标合成波长法、模间拍频合成波长法、脉冲对准时间飞行法、色散干涉法以及双光梳法。

1）光频梳频标合成波长法

这种方法不使用光频梳直接测量，而是将其作为一个频率标准，利用其精确的频率特性为传统合成波长法中的可调谐激光器提供频率参考。如图 3.36 所示，将可调谐激光器通过拍频鉴相的方式锁定至光频梳，作为测量光源。可调谐激光器频率为 $f_{cw} = mf_r + f_0 + f_b$，其中 $m$ 的数值可以通过光波长计来确定，通过将 $f_r$、$f_0$ 及 $f_b$ 锁定至微波频率基准，实现对可调谐激光器频率的精确锁定。锁定之后，通过调谐 $f_r$ 产生合成波长，然后根据频率（波长）扫描干涉的方法进行绝对距离测量。

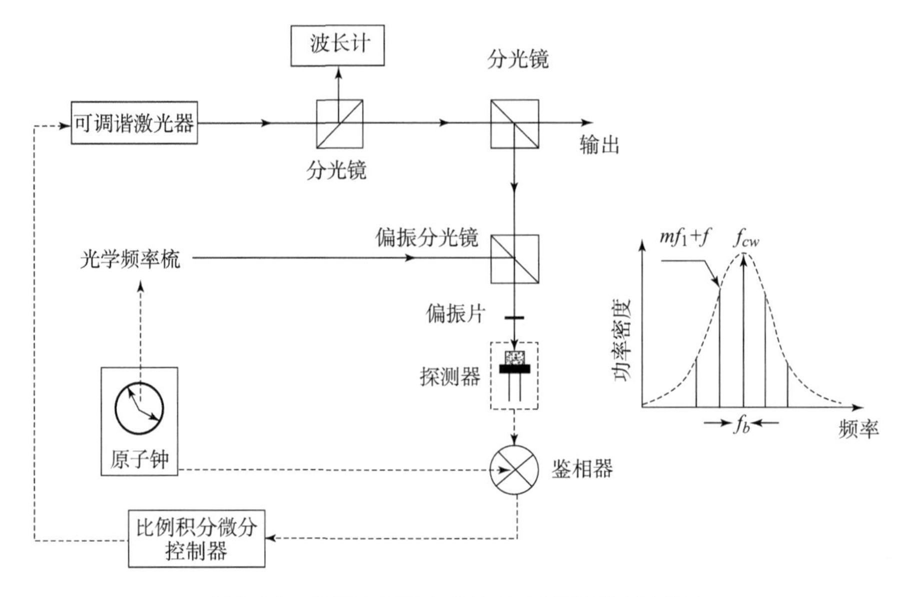


**图 3. 36　光频梳频标合成波长法测距系统原理图**

使用光频梳作为频率标准的合成波长法进行绝对距离测量精度可以达到 8 nm，并且测量结果可以溯源到频率基准，在测量精度以及溯源性上相对于传统的方法都有提升。但是扫描时需进行多波长分时测量，测量时间长，要求被测目标的位置基本不变，并且合成波长链的建立依赖于初始值的测量。因此，这种方法不适用于初值未知的大尺寸绝对距离测量；此外，由于要分时串行测量，其测量速度也受到一定限制。

2）模间拍频合成波长法

光频梳本身具有多个纵模，并且各纵模之间有着稳定的相位关系，因此可以直接通过这些纵模来产生合成波长链进行绝对距离的测量。相对于以光频梳作为频标的系统，此方案中光源得到简化，并且无须频率扫描，能够实现短时测量，适合实现对运动目标的绝对距离测量。如图 3. 37 所示，光频梳重复频率为 $f_r$，因此纵模之间的拍频值为 $f_r$，$2f_r$，…，$nf_r$，在射频上表现为一系列间隔为 $f_r$ 的频率分量。这些拍频频率及相位稳定，因此可以利用不同的拍频组合形成波长链来进行绝对距离的测量。

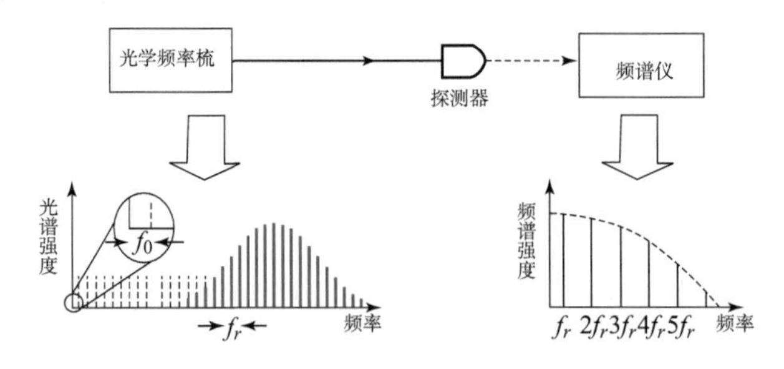


**图 3. 37　纵模间拍频合成波长原理**

此方法于 2000 年由日本科学家 Minoshima 提出，并且在 240 m 的距离上实现了标准差 50 μm 的绝对距离测量。但是由于使用的拍频频率低，拍波波长长，对于确定的相位细分能力，仅依靠纵模间拍频形成的合成波长链测量精度有限。为进一步提高测量精度，使用声光移频外差干涉的方式，将合成波长的最后一级精化到光波波长，实现亚微米的距离分辨测量。

模间拍频合成波长法利用光频梳分立频谱的特性，直接产生合成波长链，不依赖外部辅助激光器，简化了光源结构。此外，可使用不同波长的拍波对目标进行并行测量，测量时间短。但是此方法并不能解决合成波长法对初始值的依赖性问题，不适用于待测距离未知的大尺寸绝对距离测量。

3）脉冲对准时间飞行法

2004 年，美国实验天体物理联合研究所（Joint Institute for Laboratory Astrophysics，JILA）的华裔物理学家叶军（Jun Ye）提出了一种结合脉冲飞行时间测距原理和脉冲互相关干涉条纹辨析测距原理的绝对距离测量方法。其测量原理如图 3.38 所示。

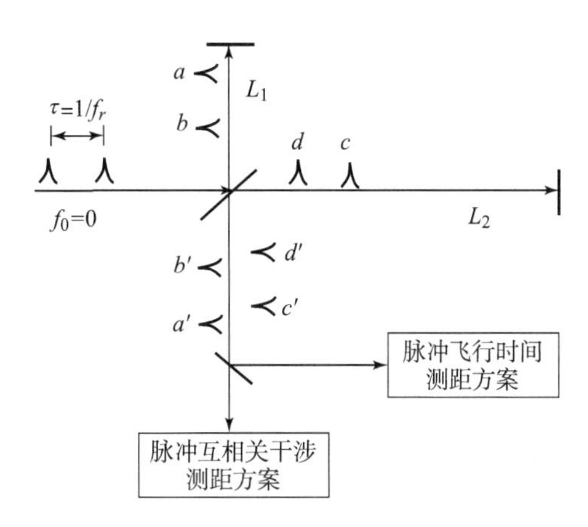


**图 3.38 脉冲飞行时间与互相关干涉联合测距法系统结构**

图中，飞秒光频梳入射至迈克尔逊干涉测量系统，脉冲周期满足 $\tau=\frac{1}{f_r}$，参考臂和测量臂的长度分别为 $L_1$ 和 $L_2$，$a'$、$b'$ 为参考臂的反射脉冲，$c'$、$d'$ 为测量臂的反射脉冲，探测光路由分光镜分为两路，分别进行时间飞行和相关分析的测量。对于未知距离的粗测是基于脉冲飞行时间测距原理。如图 3.38 所示，第一次测量时，光频梳重复频率设定为 $f_{r1}$，对应的脉冲间隔为 $\tau_1$，激光脉冲序列经分光镜分别进入参考臂和测量臂，被反射镜反射后于分光镜处合束，测量臂和参考臂反射的脉冲到达探测器的时间间隔为 $\Delta t_1$。此时测量臂与参考臂之差（即待测距离）为

$$\Delta L=\frac{1}{2}c(n\tau_1-\Delta t_1) \tag{3.63}$$

式中，$n$ 为脉冲数。

同理，第二次测量时，调整脉冲重复频率为 $f_{r2}$，脉冲的间隔变为 $\tau_2$，脉冲序列经参考臂和测量臂反射后到达探测器的时间间隔为 $\Delta t_2$。此时待测距离可以表示为

$$\Delta L=\frac{1}{2}c(n\tau_2-\Delta t_2) \tag{3.64}$$

由式（3.63）、式（3.64）以及已知的光频梳脉冲时间间隔 $\tau_1$、$\tau_2$ 和时间延迟 $\Delta t_1$、$\Delta t_2$，即可确定脉冲数 $n$ 以及粗测距离值 $\Delta L$，此即为脉冲飞行时间法绝对距离测量。受限于光电传感器及信号处理速度，延迟时间测量的分辨率仅能达到 3 ps，对应的距离粗测精度可达 1 mm 左右。

在采用脉冲时间飞行法进行距离粗测之后，需要采用脉冲互相关法进一步实现对被测距离的精确测量，这个过程需要对光频梳的重复频率进一步调节，使得参考臂和测量臂反射回的脉冲能够相互干涉。此时光频梳的重复频率为 $f_{r3}$，脉冲间隔相应变为 $\tau_3$。由图 3.39 可知，对重复频率连续调节可以得到测量臂和参考臂反射脉冲完全重合的情况，此时 $\Delta t_3\approx0$，对应的待测距离为

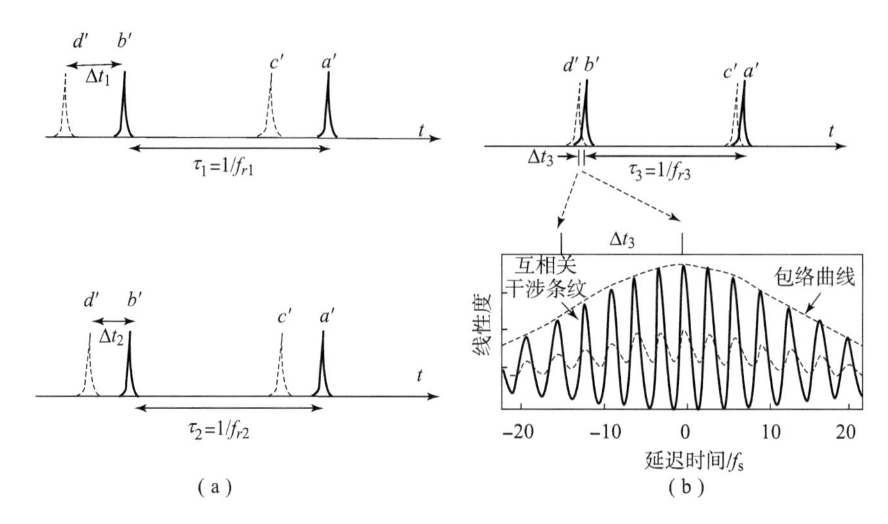


**图 3.39　脉冲飞行时间与互相关联合测距法原理示意图**

（a）基于脉冲间隔扫描的飞行时间距离粗测；（b）基于脉冲互相关干涉条纹辨析的距离精测

$$\Delta L=\frac{1}{2}cn\tau_3 \tag{3.65}$$

在之前脉冲时间飞行法中已经将脉冲数 $n$ 确定，因此通过精确测量 $f_{r3}$ 得到 $\tau_3$ 即可对待测距离 $\Delta L$ 进行精确计算。在实际的测量过程中，为抑制延迟时间测量分辨率对精测过程中确定脉冲序列重合点所带来的误差，精确地确定脉冲重合所对应的重复频率，通常如图 3.39（b）所示，利用脉冲互相关干涉曲线的几个极大值进行曲线拟合，拟合曲线的最大值作为脉冲完全重合点。最终，使用该方法实现了 10 ~ $10^6$ m 测量范围且测距分辨率小于一个波长的测量结果。

非相干时间飞行法和相干条纹辨析相结合的测量方法为绝对距离测量开启了新思路，可以测量从几米到超过 $10^6$ m 的任意距离，并具有亚波长的测量精度，对以后的飞秒脉冲激光器绝对距离测量的研究具有十分重要的指导意义。但是该方案的缺点是测量过程中要求对光频梳重复频率进行高精度的扫描，延长了测量时间，降低了数据的更新速率。在进行短距离测量时，需要对重复频率进行更大范围的调节。另外，光频梳重复频率稳定度以及偏置频率的相位误差稳定度都会导致脉冲干涉信号强度的降低，进而影响到测量精度，且此方案未考虑到空气折射率的影响，未考虑激光脉冲在空气中传播的色散和脉冲展宽问题，空气环境测量精度难以保证。

4）色散干涉法

韩国科学技术院（KAIST）的科学家 Joo 和 Kim 等人于 2006 年提出了光频梳色散干涉测距法。该方法的光路采用迈克尔逊干涉光路基本结构，图 3.40 示出了其测量原理图。

针对脉冲重合法对距离测量量程的限制，在色散干涉法系统中，利用 F－P 腔进行光学滤波，能够穿过 F－P 腔的光频梳只包含频率为滤波腔自由光谱区范围整数倍的梳齿，因此极大地增大了光学频率梳的剩余梳齿间距，随后再利用光栅将 F－P 腔滤波后的光频梳中各频率成分进行空间分离，调整会聚透镜与线阵 CCD 的位置，使得每一个频率成分分别对应 CCD 上的一个像素点，以此来实现对光频梳特定梳齿的干涉测量相位，并利用波长和相位的关系得到最终的待测距离。这种方式利用色散的方式解除了各纵模之间的相位关系，将脉

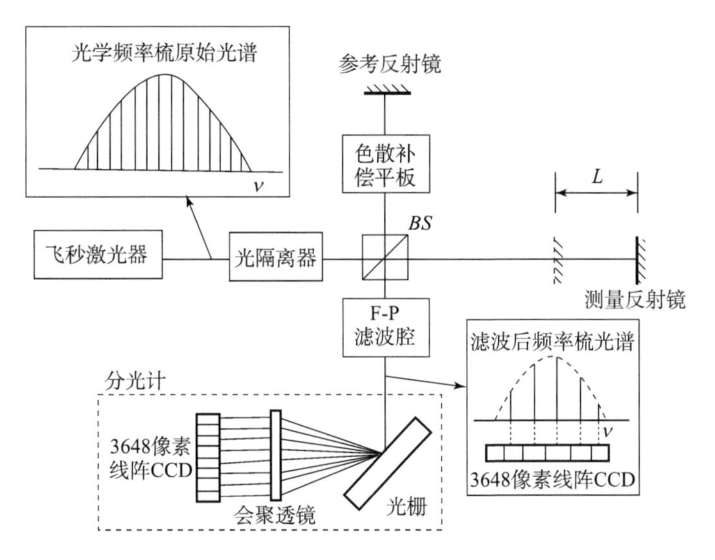


**图 3.40 光频梳色散干涉法测距原理图**

冲探测转化为直流干涉信号的探测，因此不受时域脉冲重合要求的限制，可在连续范围内实现绝对距离测量。

图 3.40 中，合光时参考臂和测量臂电场可分别表示为

$$\begin{cases} E_1(\omega) = A(\omega - \omega_c)\sum\delta(\omega - m\omega_r - \omega_0) \\ E_2(\omega) = A(\omega - \omega_c)\sum\delta(\omega - m\omega_r - \omega_0)\mathrm{e}^{\mathrm{i}\omega\frac{\Delta z}{c}} \end{cases} \tag{3.66}$$

式中，$\Delta z$ 为参考臂和测量臂的光程差。经色散元件分光后，不同频率的连续光在 CCD 上不同像素点上干涉，干涉电场 $E(\omega) = E_1(\omega) + E_2(\omega)$，CCD 上探测到的干涉强度 $I(\omega)$ 可表示为

$$\begin{aligned} I(\omega) &= E(\omega)E^*(\omega) \\ &= \left[2 + 2\cos\left(\omega\frac{\Delta z}{c}\right)\right]\cdot A(\omega - \omega_c)^2\sum\delta(\omega - m\omega_r - \omega_0) \end{aligned} \tag{3.67}$$

式中，$\frac{\Delta z}{c}$为干涉信号的周期。

在计算距离时，首先对测得的干涉光谱进行傅里叶变换。由于函数 $\left[2+2\cos\left(\omega\frac{\Delta z}{c}\right)\right]$ 的傅里叶变换包含 $-\omega\frac{\Delta z}{c}$、0、$\omega\frac{\Delta z}{c}$三个频率分量，通过带通滤波选出 $\omega\frac{\Delta z}{c}$频率分量并对其进行逆傅里叶变换。对逆变换得到的函数通过虚部与实部的除法求出相位 $\omega\frac{\Delta z}{c}$，最后通过直线拟合求解斜率$\frac{\Delta z}{c}$，得到待测距离。

使用色散干涉法进行绝对距离测量，将周期脉冲信号转化为不同频率的连续光干涉，有效地解决了脉冲对准时间飞行法量程的限制。理论上，在实现对光谱单纵模分辨的情况下，

光频梳色散干涉法的固有量程为$\frac{c}{2f_r}$，并可以通过改变重复频率的方式实现量程拓展。但是受色散元件分光能力限制，实际应用中很难实现对单纵模的频率分辨，通常需要使用重复频率大于1 GHz的固体飞秒激光器作为光源，使用F－P腔滤波才能实现单纵模分辨，但此时出射光的功率会有很大的衰减，也会对绝对距离测量带来新的限制因素。

5）双光梳测距法

美国NIST的研究人员提出采用两台重复频率略有差异的光频梳作为光源来进行绝对距离测量，这种方法利用重频差引起的游标效应实现脉冲之间的时域扫描，保证了对任意时刻脉冲的光学采样，从而解决了脉冲重合引起的量程受限问题。

双光梳测距的系统装置示意图见图3.41，两台光频梳锁定至经超稳腔稳频的窄线宽激光器上，其重复频率分别为$f_r+\Delta f_r$和$f_r$，使用重复频率为$f_r+\Delta f_r$的光频梳的脉冲以时间间隔的形式记录半透半反镜与角锥之间的距离。经半透半反镜和角锥的反射脉冲与重复频率为$f_r$的脉冲在PBS上合光，利用$\Delta f_r$的重频差实现对反射脉冲的线性光学采样，进而求出反射脉冲的峰值位置，进一步计算出待测距离。

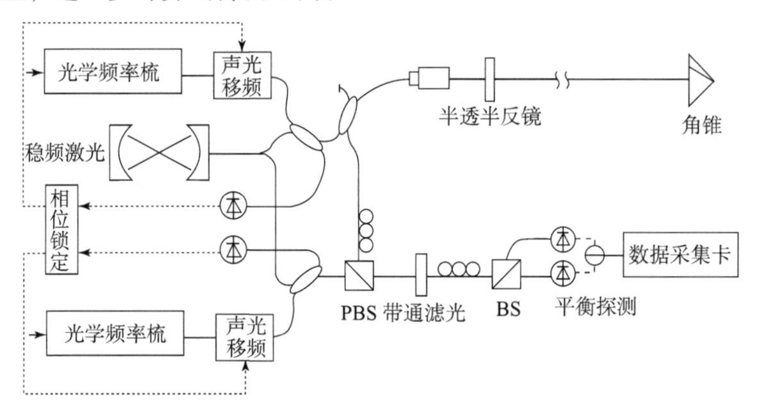


**图3.41 双光梳绝对距离测量**

在PBS上合光时，半透半反镜反射光电场$E_{\text{ref}}(t)$、角锥反射光电场$E_{\text{tar}}(t)$以及采样光电场$E_{\text{Lo}}(t)$分别可以表示为

$$E_{\text{ref}}(t) = \sum A_n \mathrm{e}^{\mathrm{i}2\pi[n(f_r+\Delta f_r)+f_0]t} \tag{3.68}$$

$$E_{\text{tar}}(t) = \sum A_n \mathrm{e}^{\mathrm{i}2\pi[n(f_r+\Delta f_r)+f_0](t-\tau)} \tag{3.69}$$

$$E_{\text{Lo}}(t) = \sum B_n \mathrm{e}^{\mathrm{i}2\pi[nf_r+f_0]t} \tag{3.70}$$

式中，$A_n$、$B_n$为相应梳齿的强度；$\tau$为角锥反射信号相对于半透半反信号的时间延迟。式中假设两台光频梳的偏置频率均为$f_0$，光谱中第一根纵模频率差为$\Delta f_r$。此外，由于测量距离的变化，假设各电场的初始相位均为0。由式（3.68）～式（3.70）可知，参考信号与测量信号的互相关强度均包含一系列分布在0、$f_r$、$2f_r$等附近间隔为$\Delta f_r$的拍频，通过低通滤波的方式选取零频附近的拍频，因此滤波之后的参考信号和测量信号互相关强度为

$$\begin{cases} I_{\text{ref}} = \sum\limits_n A_n B_n \cos(2\pi n\Delta f_r t) \\ I_{\text{tar}} = \sum\limits_n A_n B_n \cos\left[2\pi n\Delta f_r\left(t - \dfrac{nf_r + n\Delta f_r + f_0}{n\Delta f_r}\tau\right)\right] \end{cases} \tag{3.71}$$

其中假设了光谱中第一根纵模频率差为 $\Delta f_r$，两台光频梳光谱中包含的纵模数量相同，通过测量两信号的相位差就可以计算出待测距离。对于第一根纵模频率差不为 $\Delta f_r$ 的情况，相当于对 $I_{\mathrm{ref}}$ 和 $I_{\mathrm{tar}}$ 的频谱进行平移，不影响相位差的计算。对于光谱中纵模数量分别为 $N_A$ 和 $N_B$ 的情况，受低通滤波的限制，$n$ 的最大值为 $N_A$ 和 $N_B$ 中较小的数，同样不会影响相位差的计算。

通过对 $I_{\mathrm{ref}}$ 和 $I_{\mathrm{tar}}$ 进行傅里叶变换，求出相位谱 $\varphi_{\mathrm{ref}}$ 和 $\varphi_{\mathrm{tar}}$。由式（3.71）可知，两个干涉信号的相位差为

$$\varphi(n\Delta f_r)=2\pi(nf_r+n\Delta f_r+f_0)\tau \tag{3.72}$$

其中，$\varphi(n\Delta f_r)$ 代表第 $n$ 个拍频的相位。通过相位差 $\varphi$ 对 $\Delta f_r$ 差分，得到相位变化斜率

$$\alpha=2\pi\tau\cdot\frac{f_r+\Delta f_r}{\Delta f_r}=\frac{4\pi L}{c}\cdot\frac{f_r+\Delta f_r}{\Delta f_r} \tag{3.73}$$

由式（3.73）可求出待测距离 $L$。由于相位解调的方法只能求解半波长之内的距离，实际测量时先使用时间飞行法测量 $I_{\mathrm{ref}}$ 和 $I_{\mathrm{tar}}$ 的时间间隔，然后再使用傅里叶变换求解相位谱，得到半波长之内的精确结果。

## 3.6　三角法测距

在欧洲以及美国等技术发达国家，对激光三角法测量的理论研究很早就已经开始，并且研制出了相对比较完善的测量仪器和光电检测产品。其中德国米钻公司（MICRO EPSILON）的精密位移传感器 optoNCDT 产品系列中 1300、1401、1700 和 2200 系列，使用了高分辨率的 CCD 及 CMOS 传感器，1607 系列使用了高频 PSD 位置敏感探测器。美国 MTI 公司推出的 MicroTrack7000 系列为高精度位移传感器，量程为 0.12 ~ 78 mm，共有 7 个规格，其中量程为 0.12 mm 的一款传感器绝对分辨率可以达到 0.002 5 μm。斜射式的激光位移传感器以日本基恩士公司（Keyence）的 LK 系列性能突出。

虽然国内在光电检测技术上的研究起步较晚，但国内一些机构对激光三角测量探头的研究一直没有停止，如国产 LT 系列的激光位移传感仪器。LT 系列传感器共 6 有种规格，其工作距离为 35 ~ 540 mm，测量范围 1 ~ 300 mm，非线性 0.1% FS，光斑尺寸 50 μm。

以下根据 2.4 节介绍的基本原理对三角法测距系统光路设计实例进行介绍。光路的设计按照斯凯姆普夫拉格条件进行。系统参数设计时必须同时考虑测量范围、测量精度以及整个系统的体积这三方面要求，合理选择系统参数。其中的光敏单元可以选择考虑用线阵 CCD，这样系统主要由半导体激光器、准直光纤、滤光片、成像透镜、线阵 CCD 及其驱动和信号处理电路部分组成。图 3.42 所示为

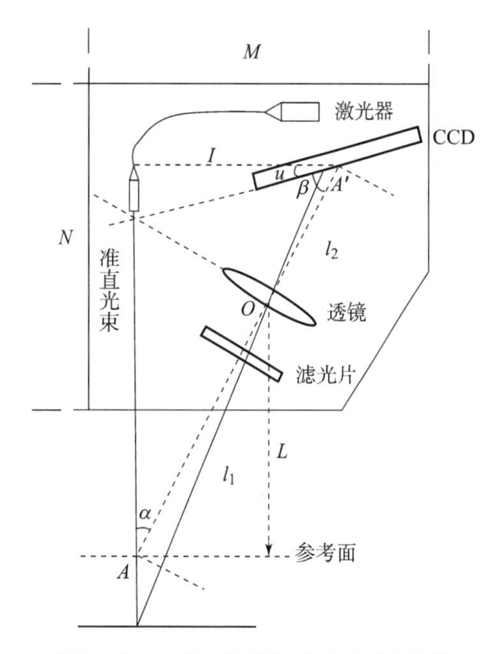


**图 3.42　激光三角测距系统光学原理图**

光学系统原理图。

从图中可看出，光路设计满足斯凯姆普夫拉格条件，即 $l_1\tan\alpha = l_2\tan\beta$。此系统参数确定主要考虑以下 4 个方面。

（1）成像透镜的位置。其主要由激光器光轴与成像透镜光轴的夹角 $\alpha$、激光器光轴与成像透镜光轴交点 $A$ 到成像透镜中心 $O$ 的垂直距离 $L$ 唯一确定。其中，

$$L = l_1\cos\alpha \tag{3.74}$$

（2）线阵 CCD 的位置。其主要由激光器光轴到 CCD 中点 $A'$ 的距离、线阵 CCD 与水平线夹角 $\mu$ 决定。其中，

$$\mu = 90° - \alpha - \beta \tag{3.75}$$

$$I = (l_1 + l_2)\sin\alpha \tag{3.76}$$

（3）系统结构尺寸。其中系统长度满足

$$M = 5 + (l_1 + l_2)\sin\alpha + \frac{Z\cos\mu}{2} + \delta \tag{3.77}$$

式中，5 为准直光纤探头横向尺寸，单位为 mm；$Z$ 为线阵 CCD 的固有长度，为 42 mm；$\delta$ 为系统余量，取 10 mm。

系统宽度满足

$$N = 6 + l_2\sin\alpha + \frac{Z\sin\mu}{2} + \varphi \tag{3.78}$$

式中，6 为准直光纤探头横向尺寸，单位为 mm：$\varphi$ 为透镜到下边沿距离，取 15 mm。

（4）系统的测量范围和分辨率计算。

由式 $y = \dfrac{x(l_1 - f)\sin\beta}{f\sin\alpha \mp x\left(1 - \dfrac{f}{l_1}\right)\sin(\alpha + \beta)}$，其中 $f$ 为成像透镜的焦距。根据线阵 CCD 结构可知，$x = n \times p$，$n$ 为像元数目，$p$ 为单个像元尺寸，当所选线阵 CCD 的像元数目为 2 236，像元尺寸为 14 μm。在实际测量中，CCD 边缘的用于暗电流检测的像元舍弃不用，为了检测准确，可以取有效像元数量的使用系数 0.95，再假定测量原点为 CCD 中点，所以成像范围 $x$ 为

$$\left(-\frac{2\,236 \times 0.95 \times 14}{2}\ \mu\text{m},\ \frac{2\,236 \times 0.95 \times 14}{2}\ \mu\text{m}\right) = (-14.869\,4\ \mu\text{m},\ 14.869\,4\ \mu\text{m})$$

因此，将上式代入可得系统测量范围

$$Y = \frac{14.869\,4(l_1 - f)\sin\beta}{f\sin\alpha - 14.869\,4\left(1 - \dfrac{f}{l_1}\right)\sin(\alpha + \beta)} + \frac{14.869\,4(l_1 - f)\sin\beta}{f\sin\alpha + 14.869\,4\left(1 - \dfrac{f}{l_1}\right)\sin(\alpha + \beta)} \tag{3.79}$$

根据三角法物像位置公式对 $y = \dfrac{x(l_1 - f)\sin\beta}{f\sin\alpha \mp x\left(1 - \dfrac{f}{l_1}\right)\sin(\alpha + \beta)}$ 中 $x$ 的求导得到放大倍率

$$k = \frac{\mathrm{d}y}{\mathrm{d}x} = \frac{x(l_1 - f)\sin\beta}{\left[f\sin\alpha \mp x\left(1 - \dfrac{f}{l_1}\right)\sin(\alpha + \beta)\right]^2} \tag{3.80}$$

$k$ 值大，系统测量的分辨率就高。根据三角函数关系可得出

$$\beta = \arctan\left[\frac{L\tan\alpha - f\sin\alpha}{f\cos\alpha}\right] \tag{3.81}$$

综上公式对比，激光三角法测量系统的成像透镜和 CCD 位置、系统测量范围和分辨率及系统整体体积结构是由光轴夹角 $\alpha$、点 $A$ 到成像透镜中心 $O$ 的垂直距离 $L$ 和透镜焦距 $f$ 确定。经过计算，可以得出 $M$、$N$、$Y$、$k$ 的表达式，且都是参数 $\alpha$、$L$、$f$ 的函数。当三角测量装置的光学部分设计完成后，其各部分参数都是固定的，为了使系统在体积小、测量范围大和分辨率高的约束下，各参数得到最优化，通过 4 种情况分别用 Mathematica 软件进行计算讨论。

①激光器光轴与成像透镜光轴的夹角 $\alpha$ 与透镜焦距 $f$ 不变的情况下，垂直距离 $L$ 的变化对系统体积、测量范围和分辨率的影响。CCD 上的光斑是由成像透镜对物体的漫反射成像，所以夹角 $\alpha$ 应该要小，否则成像的光强会太弱。设计中取 $\alpha = 20$，透镜焦距 $f = 25$ mm，如图 3.43 所示。

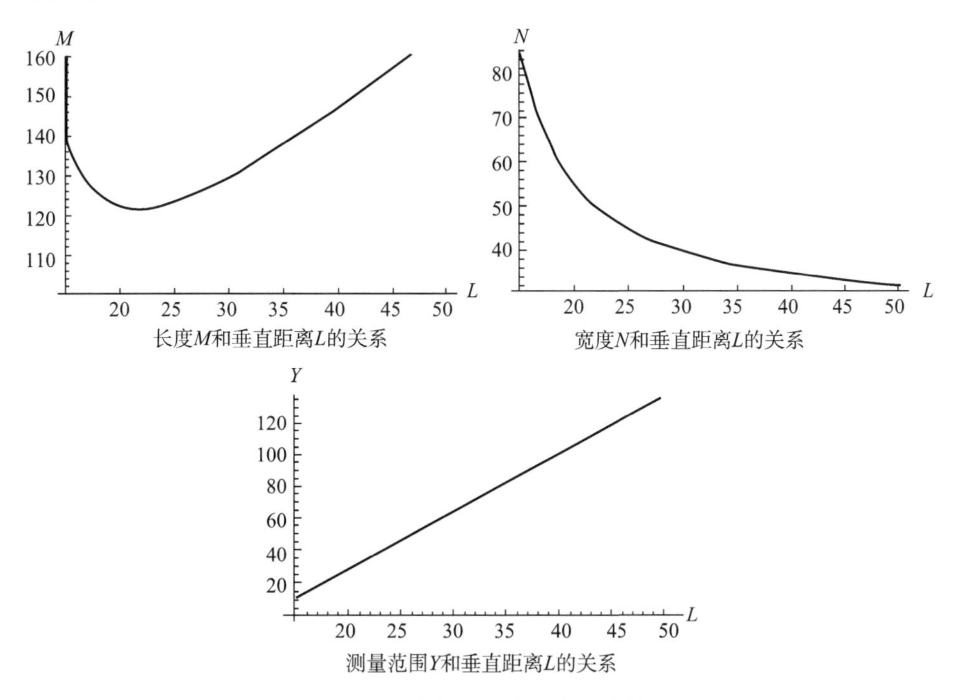


**图 3.43　各参数与垂直距离 $L$ 的关系**

由图 3.43 可知，系统长度 $M$ 在 $L = 23$ mm 处有一个最低点，系统宽度 $N$ 随着垂直距离 $L$ 的增加而减小，系统测量范围 $Y$ 随垂直距离 $L$ 的增大而增大。

②激光器光轴与透镜光轴夹角 $\alpha$ 与垂直距离 $L$ 不变的情况下，透镜焦距 $f$ 的变化对系统体积和测量范围的影响。取 $\alpha = 20$，$L = 23$ mm。如图 3.44 所示为各参数之间关系。

由图 3.44 可知，系统体积长度 $M$ 和宽度 $N$ 随透镜焦距 $f$ 的增大而增大，测量范围随透镜焦距 $f$ 的增大而减小。

③透镜焦距 $f$ 与点 $A$ 到成像透镜中心 $O$ 的垂直距离 $L$ 不变的情况下，激光器光轴与成像透镜光轴的夹角 $\alpha$ 的变化对系统体积、测量范围和分辨率的影响。取 $f = 25$ mm，$L = 23$ mm。如图 3.45 所为各参数之间关系。

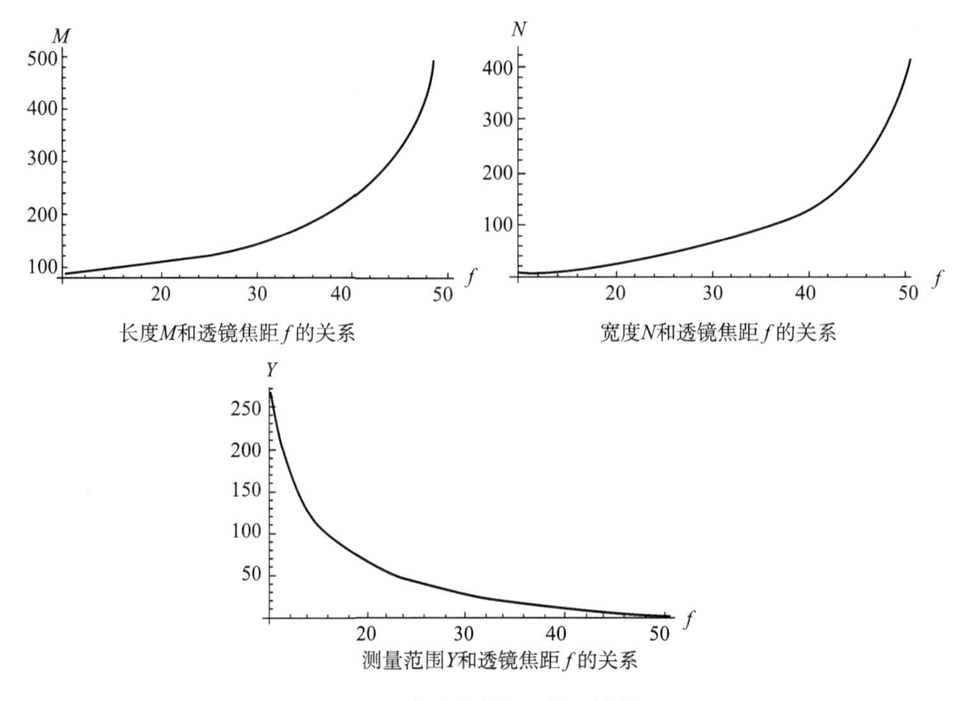


**图 3.44　各个参数与透镜 $f$ 的关系**

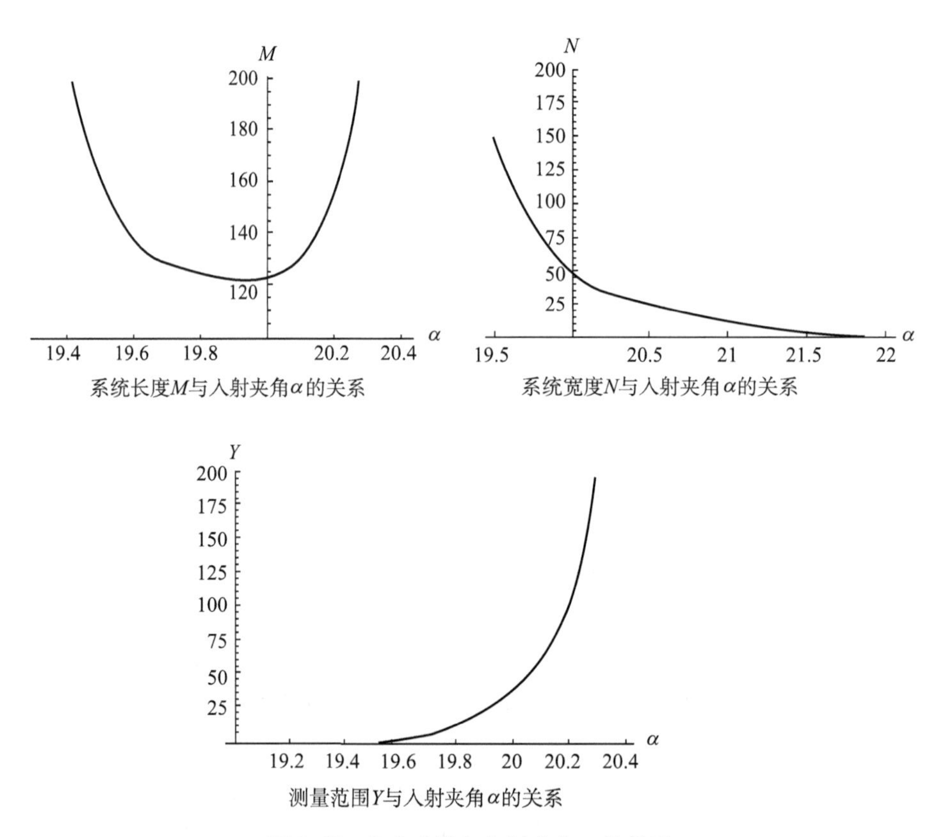


**图 3.45　各个参数与入射夹角 $\alpha$ 的关系**

由图 3.45 可知，系统长度 $M$ 在 $\alpha=20°$ 有最小值，系统宽度随 $\alpha$ 角的减小而减小，测量范围 $Y$ 随 $\alpha$ 角的增大而增大。

④讨论 CCD 上光点移动距离 $x$、激光器光轴与成像透镜光轴的夹角 $\alpha$、垂直距离 $L$、透镜焦距 $f$ 与放大倍率 $k$ 的关系。在讨论 $k$ 与 $\alpha$、$L$、$f$ 的关系时，取 $x=6$ mm。图 3.46 所示为各参数之间关系。

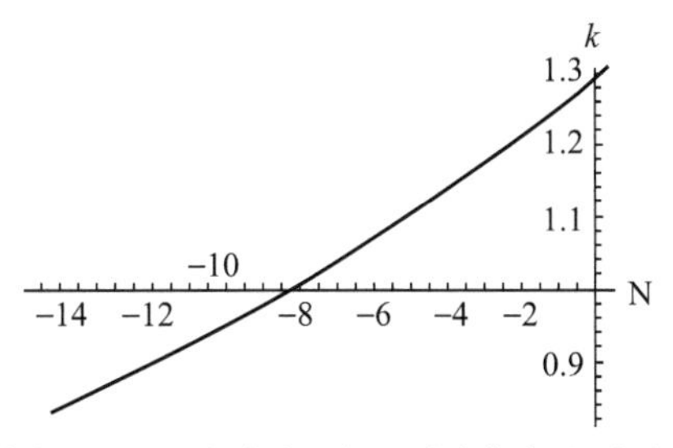

在参考面下，光点移动距离$x$和放大倍率$k$的关系

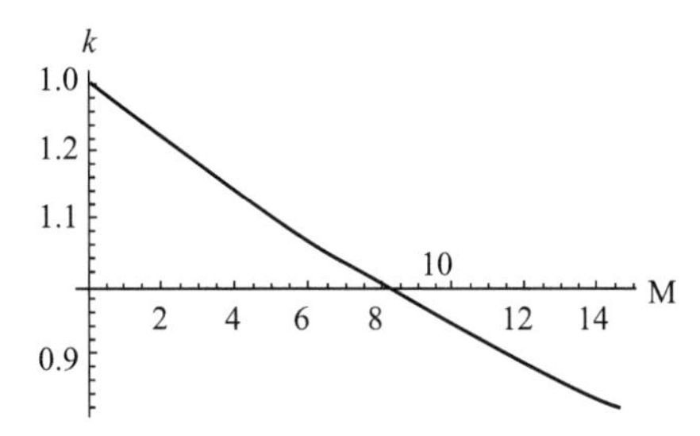

在参考面上，光点移动距离$x$和放大倍率$k$的关系

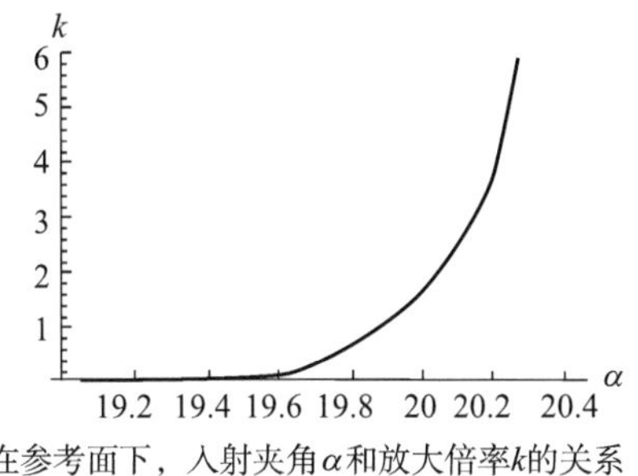

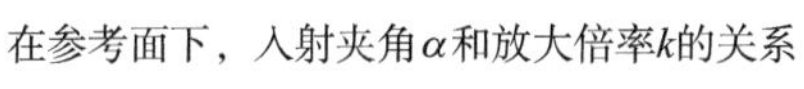
在参考面下，入射夹角$\alpha$和放大倍率$k$的关系

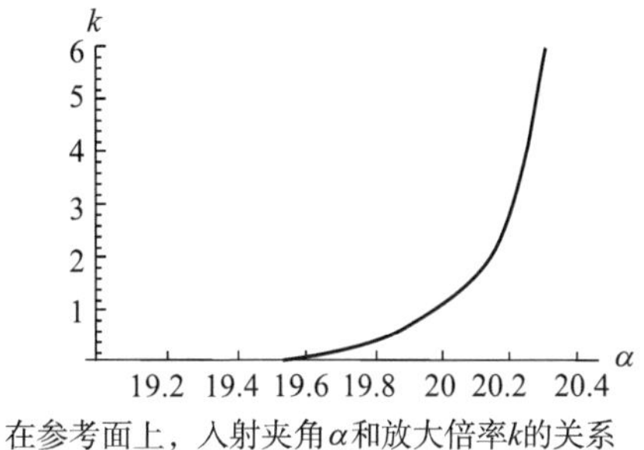

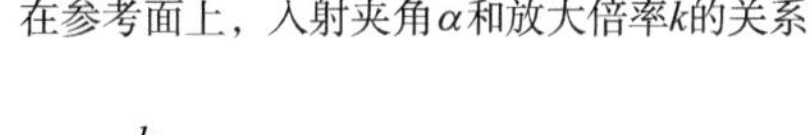
在参考面上，入射夹角$\alpha$和放大倍率$k$的关系

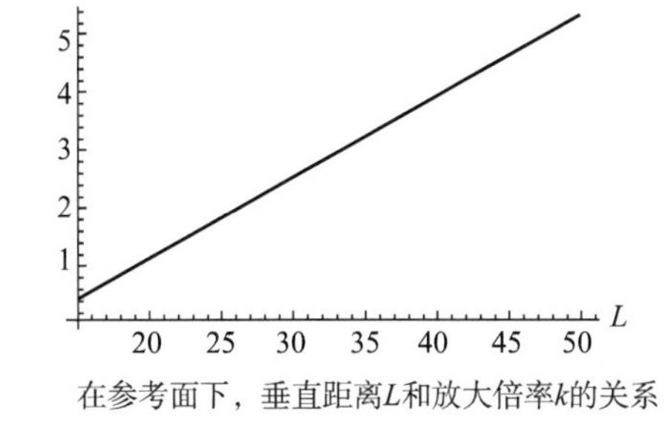

在参考面下，垂直距离$L$和放大倍率$k$的关系

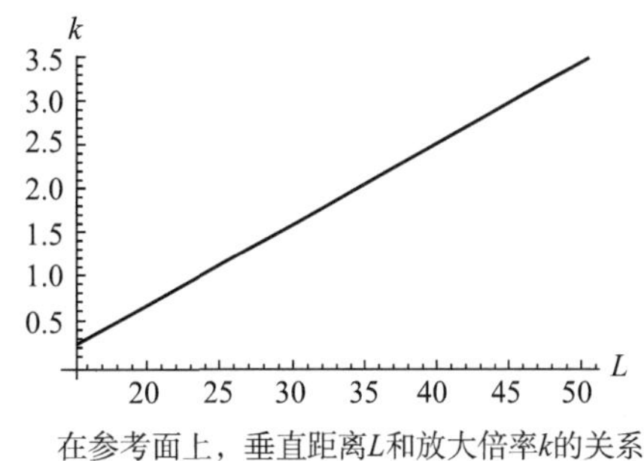

在参考面上，垂直距离$L$和放大倍率$k$的关系

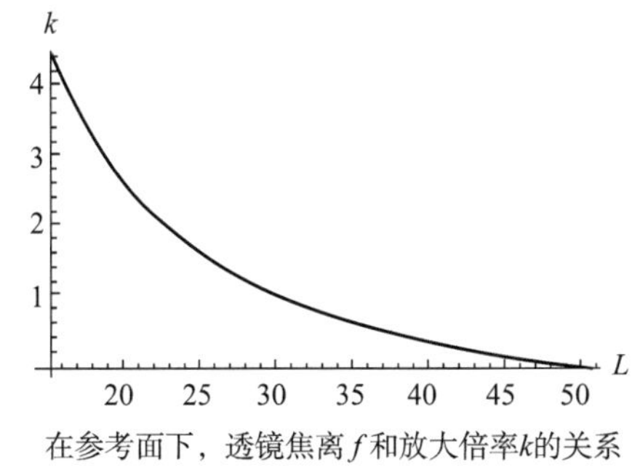

在参考面下，透镜焦离$f$和放大倍率$k$的关系

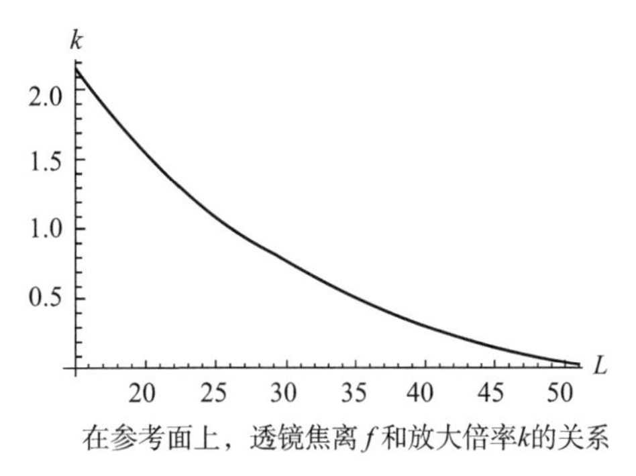

在参考面上，透镜焦离$f$和放大倍率$k$的关系

**图 3.46　各系统参数与放大倍率 $k$ 的关系**

由图3.46可知，CCD上光点随 $|x|$ 的增大，放大倍率 $k$ 在减小，即越靠近CCD零点附近，系统的分辨率越大；$k$ 随入射夹角 $\alpha$ 和垂直距离 $L$ 的增大而递增，随透镜焦距 $f$ 的增大而减小。

由以上的计算分析可知，测量范围 $Y$ 与垂直距离 $L$、入射夹角 $\alpha$ 呈递增关系，与透镜焦距 $f$ 呈递减关系；系统测量范围和精度是一对相对的量，两者不能同时提高。经过对系统体积、测量范围和放大倍率的综合考虑，最后确定所采用的系统参数为：

成像透镜光轴与激光器光束的夹角 $\alpha = 20°$；

成像透镜光轴与线阵CCD的夹角 $\beta = 6°$；

激光器光轴与成像透镜光轴交点 $A$ 到成像透镜中心 $O$ 的垂直距离 $L = 23$ mm；

成像透镜焦距 $f = 25$ mm。

根据上述参数，可以确定系统结构参数如下：

激光器光轴到CCD中点 $A'$ 的距离 $I = 92.472\,5$ mm；

系统长度 $M = 121.98$ mm；

系统宽度 $N = 46.834\,7$ mm；

测量范围 $Y = 41.068\,2$ mm。

根据CCD计算的系统分辨率为

$$\sigma = \frac{\mu l_1 \sin\beta}{l_2 \sin\alpha - \mu \sin(\alpha + \beta)} \tag{3.82}$$

式中，$\mu$ 为CCD单位像元尺寸。代入各参数，经计算，系统分辨率 $\sigma = 18.1$ μm。这样系统测量范围为41 mm，测量精度为18 μm，所以相对精度为 $\frac{1}{2\,277}$。在非细分情况下要达到的 $\frac{1}{2\,277}$ 精度，就要选CCD的像素数大于2 277，这为CCD的选择提供了理论依据。

## 参考文献

[1] 邱光明. 中国历代度量衡考 [M]. 北京：科学出版社，1992.

[2] 郭奕玲，沈惠君. 物理学史 [M]. 北京：清华大学出版社，1997.

[3] 赵克功. 长度计量基本单位——“米”的定义及其复现 [J]. 大学物理，2003，22 (4)：38－41.

[4] 李家俊. 探析长度单位的定义发展和复现方式. [J]. 电子世界，2012，09.

[5] 花国梁. 精密测量技术 [M]. 北京：中国计量出版社，1990.

[6] 厉光烈，李龙. 诺贝尔物理学奖百年回顾 [J]. 现代物理知识，2001，22 (3)：2－6.

[7] 王楓. 长度基本单位“米”的定义及其沿革——纪念“米”定义公布100周年 [J]. 物理，1989，18 (11)：701－704.

[8] 赵克功. 更新计量基本基准 [kg] 定义的研究现状 [J]. 计量学报，2001，22 (2)：133－141.

[9] 沈乃徽，魏志义，聂玉昕. 光频标和光频测量研究的历史现状和未来 [J]. 量子电子学报，2004，21 (4)：139－148.

[10] 武荷岚，胡炳元，王世涛．诺贝尔物理学奖与长度基准的历史沿革［J］．大学物理，2007，26（2）：45-47.
[11] 倪育才，邵宏伟，刘香斌．用改造后的柯氏干涉仪测量量块中心长度的测量不确定度评定［J］．现代计量测试，1999，6.
[12] 胡超．基于小数重合法自动测量高等级量块技术研究［D］．南京：南京理工大学，2012.
[13] 裴雅鹏，黄晓蓉．用于一等量块检定的柯氏干涉仪的改造宇航计测技术［J］．宇航计测技术，2009，29（4）：8-11.
[14] 周怒义，关承祥，金国藩．干涉条纹细化的曲线拟合方法［J］．电子测量与仪器学报，1998，12（3）：13-17.
[15] 赵光兴，陈洪，杨国光．干涉条纹的数据拟合方法［J］．光学学报，2000，20（6）：777-800.
[16] Malinovsky A Titov，Massone C A. Fringe-image processing gauge block comparator of high-precision［J］. Proc. SPIE，1998，1998（3477）：92-100.
[17] 苏俊宏．基于干涉法的量块长度测量技术研究［D］．南京：南京理工大学，2006.
[18] 裘惠孚．小数重合法的新生［J］．测量，2000（5）：23.
[19] 金国藩，李景镇．激光测量学［J］．北京：科学出版社，1998.
[20] Michelson A A. The relative motion of the Earth and of the luminiferous ether［J］. American Journal of Science，1881，22（3）：120-129.
[21] Michelson A A，Morley E W. On the relative motion of the Earth and the luminiferous ether［J］. American Journal of Science，1887，34（3）：333-345.
[22] Einstein A. Zur quantentheorie der strahlung［M］. Physikalische Zeitschrift，1917，18.
[23] Maiman T H. Stimulated optical radiation in ruby［J］. Nature，1960，187（4736）：493-494.
[24] 张书练．正交偏振激光原理［M］．北京：清华大学出版社，2005.
[25] 所睿，范志军，李岩，等．双频激光干涉仪技术现状与发展［J］．激光与红外，2004，34（4）：251-253.
[26] Zhang S，Holzapfel W. Orthogonal polarization in lasers：physical phenomena and engineering applications［M］. John Wiley & Sons，2013.
[27] Ellis J D. Society of Photo-optical Instrumentation Engineers. Field Guide to Displacement Measuring Interferometry［M］. SPIE，2014.
[28] Drever R W P，Hall J L，Kowalski F V，et al. Laser phase and frequency stabilization using an optical resonator［J］. Applied Physics B，1983，31（2）：97-105.
[29] Minoshima K，Matsumoto H. High-accuracy measurement of 240 m distance in an optical tunnel by use of a compact femtosecond laser［J］. Applied Optics，2000，39（30）：5512-5517.
[30] Ye J. Absolute measurement of a long，arbitrary distance to less than an optical fringe［J］. Optics Letters，2004，29（10）：1153-1155.
[31] Joo K N，Kim S W. Absolute distance measurement by dispersive interferometry using a

femtosecond pulse laser [J]. Optics Express, 2006, 14 (13): 5954 -5960.
[32] Coddington I, Swann W C, Nenadovic L, et al. Rapid and precise absolute distance measurements at long range [J]. Nature Photonics, 2009, 3 (6): 351 -356.
[33] Del'Haye P, Schliesser A, Arcizet O, et al. Optical frequency comb generation from a monolithic microresonator [J]. Nature, 2007, 450 (7173): 1214.
[34] Trocha P, Karpov M, Ganin D, et al. Ultrafast optical ranging using microresonator soliton frequency combs [J]. Science, 2018, 359 (6378): 887 -891.
[35] Wu G, Zhou Q, Shen L, et al. Experimental optimization of the repetition rate difference in dual-comb ranging system [J]. Applied Physics Express, 2014, 7 (10): 106602.
[36] Wu G, Xiong S, Ni K, et al. Parameter optimization of a dual-comb ranging system by using a numerical simulation method [J]. Optics Express, 2015, 23 (25): 32044 -32053.
[37] Zhang H, Wu X, Wei H, et al. Compact dual-comb absolute distance ranging with an electric reference [J]. IEEE Photonics Journal, 2015, 7 (3): 1 -8.
[38] Zhao X, Qu X, Zhang F, et al. Absolute distance measurement by multi-heterodyne interferometry using an electro-optic triple comb [J]. Optics Letters, 2018, 43 (4): 807 -810.
[39] Chen B, Zhang E, Yan L. Laser heterodyne interferometric signal processing method based on locking edge with high frequency digital signal: U. S. Patent 9, 797, 705 [P]. 2017 -10 -24.
[40] Qi J, Wang Z, Huang J, et al. Heterodyne interferometer with two parallel-polarized input beams for high-resolution roll angle measurement [J]. Optics Express, 2019, 27 (10): 13820 -13830.
[41] 朱尚明，葛运建．激光三角法测距传感器的设计与实现 [J]．工业仪表与自动化装置，1998，2.
[42] 徐俊峰．激光三角法测距系统 [D]．长春：长春理工大学，2012.
[43] 苏煜伟．激光三角法精密测距系统研究 [D]．西安：西安工业大学，2013.
[44] Zhang Z, Feng Q, Gao Z. A new laser displacement sensor based on triangulation for gauge real-time measurement [J]. Optics and Laser Technology, 2008, 40 (2): 252 -255.

# 第四章

# 波前误差测量

波前误差是重要的光学量，对其进行高精度测量是光学镜面面形误差、光学系统成像质量及自适应光学扰动量测试的主要方法。本章详细介绍两种基于干涉、一种基于几何光学的波前误差测试技术，并在此基础上介绍波前误差处理和相位恢复技术。

## 4.1 移相干涉测量

1974 年，Burning 等人提出移相干涉技术 PSI（Phase Shifting Interferometry）。他将通信理论中的同步相位探测技术引入到光学干涉测量中，是计算机辅助干涉测试的一个重大的发展。移相干涉技术的原理是在干涉仪的两束相干光差之间引入一定的相位差序列，使参考光与测量光之间光程差（或相位差）分布的常数项发生变化，从而得到多幅干涉图。直观地看，在移相过程中干涉条纹的位置发生平移。用光电探测器对多幅干涉图进行采样，然后把光强数字化后由计算机按照一定的数学模型，根据干涉图光强的变化，就可以解算出被测波前相应的相位分布，同时还可以分辨出波面的凹凸性。

多幅采样可以减少噪声的影响，在干涉条纹对比度不太好的情况下，可以得到较好的结果。同时，由于波前上任意一点的相位是由各幅干涉图在该点的光强数据求得，与其他点的光强无关，因此整个光瞳面上光强分布不均匀对测量精度影响较小，可以较好地避免激光光强高斯分布对干涉测量结果的影响。移相干涉测量技术最重要的优点在于它提供了一种快速、简洁、高精度、高分辨率、自动化的测试技术，其关键在于通过计算机分析处理多幅具有一定相位差的干涉图，获得被测波前的相位值。

### 4.1.1 移相干涉技术的原理

图 4.1 所示为移相干涉的原理图。图中泰曼 - 格林干涉仪置于空气中，参考镜由压电晶体带动，可沿光轴方向进行精细（纳米量级）的平移运动。

设某时刻，参考镜相对于初始位置沿光轴方向向上移动 $l_i$，则参考波前为

$$E_1 = a\exp[2jk(L + l_i)] \tag{4.1}$$

被测镜的面形误差分布为 $W(x, y)$，则被测波前为

$$E_2 = b\exp[2jk(L + W(x, y))] \tag{4.2}$$

式中，$a$ 为参考波前的振幅；$b$ 为被测波前的振幅；参考光波和被测光波基础光程相等，均为 $L/2$；$W(x, y)$ 为被测镜的面形误差分布，当被测镜垂直于光轴时，反射引入的被测波前光程变化量为 $W(x, y)$ 的 2 倍。

参考波前与被测波前经分光镜合束后发生干涉，干涉条纹的光强分布为

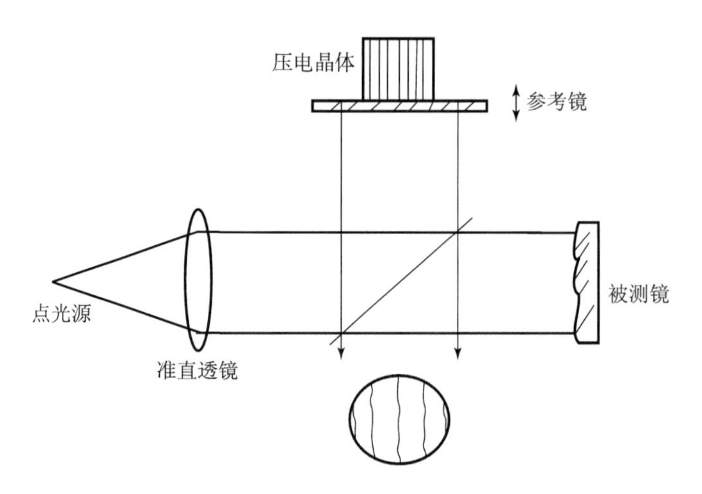


**图 4.1　移相干涉光路原理图**

$$I(x, y, l_i) = a^2 + b^2 + 2ab\cos 2k[W(x, y) - l_i] \tag{4.3}$$

式（4.3）表明，对被测波面上所有的点，$I(x, y, l_i)$ 是 $l_i$ 的余弦函数，因此可以写出它的傅里叶级数形式为

$$I(x, y, l_i) = a_0 + a_1\cos 2kl_i + b_1\sin 2kl_i \tag{4.4}$$

式中，$a_0$ 为傅里叶级数的直流项；$a_1$ 和 $b_1$ 分别为傅里叶级数基波分量的系数。将式（4.3）进行三角函数展开为

$$I(x, y, l_i) = (a^2 + b^2) + 2ab\cos 2kW(x, y)\ \cos 2kl_i + 2ab\sin 2kW(x, y)\sin 2kl_i \tag{4.5}$$

比较式（4.4）和式（4.5）可得

$$\begin{cases} a_0 = a^2 + b^2 \\ a_1 = 2ab\cos 2kW(x, y) \\ b_1 = 2ab\sin 2kW(x, y) \end{cases} \tag{4.6}$$

由式（4.6）可以看出，被测面的面形是由傅里叶系数的比值求得

$$W(x, y) = \frac{1}{2k}\arctan\frac{b_1}{a_1} \tag{4.7}$$

由于式（4.7）中存在 $a_1$、$b_1$、$W(x, y)$ 三个未知量，要从方程中解出 $W(x, y)$ 至少需要移相 3 次采集 3 幅干涉图。

对每一点 $(x, y)$ 的傅里叶级数的系数，还可以用三角函数的正交性求得

$$\begin{cases} a_0 = \dfrac{2}{T}\displaystyle\int_0^T I(x, y, l_i)\,\mathrm{d}l_i \\ a_1 = \dfrac{2}{T}\displaystyle\int_0^T I(x, y, l_i)\cos 2kl_i\,\mathrm{d}l_i \\ b_1 = \dfrac{2}{T}\displaystyle\int_0^T I(x, y, l_i)\sin 2kl_i\,\mathrm{d}l_i \end{cases} \tag{4.8}$$

为了便于实际的抽样检测，用和式代替积分，有

$$\begin{cases} a_0 = \dfrac{2}{n}\sum_{i=1}^{n} I(x, y, l_i) \\ a_1 = \dfrac{2}{n}\sum_{i=1}^{n} I(x, y, l_i)\cos 2kl_i \\ b_1 = \dfrac{2}{n}\sum_{i=1}^{n} I(x, y, l_i)\sin 2kl_i \end{cases} \tag{4.9}$$

式中，$n$ 为参考镜振动一个周期中的抽样点数。于是，式（4.7）变为

$$W(x, y) = \frac{1}{2k}\arctan\frac{\dfrac{2}{n}\sum_{i=1}^{n} I(x, y, l_i)\sin 2kl_i}{\dfrac{2}{n}\sum_{i=1}^{n} I(x, y, l_i)\cos 2kl_i} \tag{4.10}$$

特殊地，取四步移相，即 $n=4$，使 $2kl_i=0$，$\frac{\pi}{2}$，$\pi$，$\frac{3\pi}{2}$，则

$$W(x, y) = \frac{1}{2k}\arctan\frac{I_4(x, y) - I_2(x, y)}{I_1(x, y) - I_3(x, y)} \tag{4.11}$$

由于式（4.11）中含有减法和除法，干涉场中的固定噪声和面阵探测器的不一致性影响可以自动消除。这是移相干涉技术的一大优点。

相应地，若取 $n=5$ 时，被称作五步移相。在实际应用中，三步移相、四步移相、五步移相都被广泛应用，三步移相需要的干涉图数量最少，最方便快捷。但随着相移步数的增加，位相差的求解精度也相应地会提高。

为了提高测量的可靠性，消除湍流、振动及漂移的影响，可以测量傅里叶级数的系数在 $p$ 个周期中的累积数据：

$$\begin{cases} a_0 = \dfrac{2}{np}\sum_{i=1}^{np} I(x, y, l_i) \\ a_1 = \dfrac{2}{np}\sum_{i=1}^{np} I(x, y, l_i)\cos 2kl_i \\ b_1 = \dfrac{2}{np}\sum_{i=1}^{np} I(x, y, l_i)\sin 2kl_i \end{cases} \tag{4.12}$$

从最小二乘法意义上来看，式（4.10）所表达的傅里叶级数是被测镜轮廓的最佳拟合。再由式（4.7）可得

$$W(x, y) = \frac{1}{2k}\arctan\left[\frac{\dfrac{2}{np}\sum_{i=1}^{np} I(x, y, l_i)\sin 2kl_i}{\dfrac{2}{np}\sum_{i=1}^{np} I(x, y, l_i)\cos 2kl_i}\right] \tag{4.13}$$

因此，在被测镜面上任意一点（$x$，$y$）的波面相位是由在该点的条纹轮廓函数的 $n \times p$ 个测定值计算得到的。

部分求和的形式要求数据无限地积累，通过最小二乘法拟合，使相位误差或波面误差减少至原来的$\frac{1}{\sqrt{np}}$。对被测面上的每一点（$x$，$y$），由每次所累加的数据（$a_0$，$a_1$，$b_1$），可按

式（4.13）求出 $W(x, y)$，画出被测镜的面形误差分布图。

### 4.1.2 相位解包裹

在式（4.13）中，相位是通过反正切函数求得的，目前几乎所有的移相算法都是以反正切的形式给出的。反正切函数的值域在（$-\pi/2$，$\pi/2$］区间内，根据正、余弦等的正负可将值域扩大到（$-\pi$，$\pi$]，超出该区间的原始相位值会被加减 $2\pi$ 的整数倍压缩到该区间内。我们把通过反正切运算得的、丢失了相位整数级次信息的，限制在（$-\pi$，$\pi$］的相位称作包裹相位，如图 4.2 所示。

设待测面是光滑的，相位也应该是连续的。实际干涉条纹中大多含有多条明暗条纹，意味着相位变化超过 $2\pi$。当真实相位超过 $2\pi$ 时，运用反正切求解相位会有 $2k\pi$ 的整数相位丢失，造成相位跃变。为了消除包裹相位的跃变，需要对包裹相位数据进行处理，使计算得到的波面连续，称为相位解包裹，图 4.3 表示解包裹后的相位。

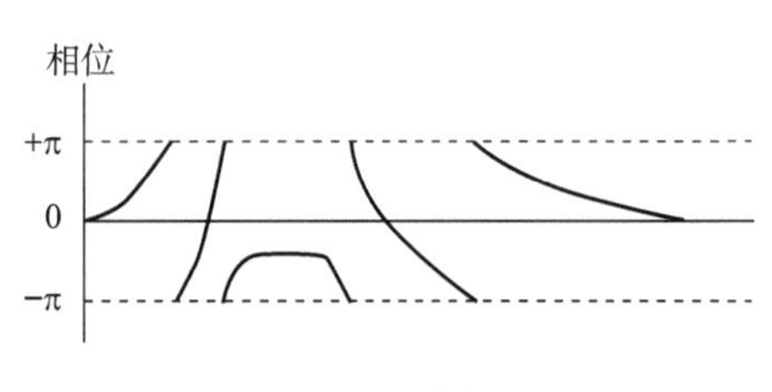


**图 4.2　包裹相位**

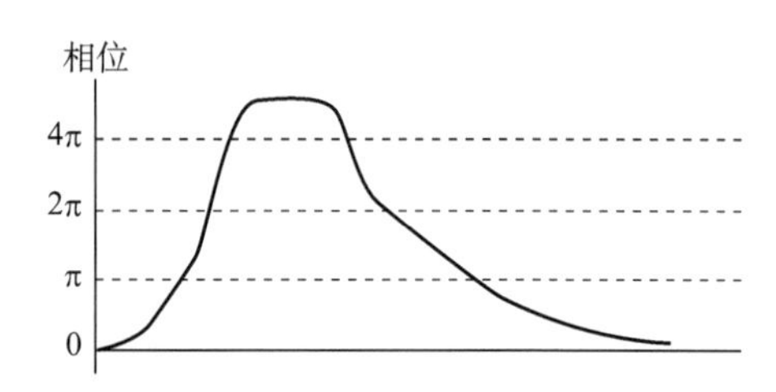


**图 4.3　解包裹后的相位**

解包裹的方法分为路径法与全局法两大类，其中路径法较为清晰易懂。一个包裹的相位图可以看作由一个平滑的相位图被压包在（$-\pi$，$\pi$］之内得来。理想干涉图中含有多条条纹时，每条条纹的相位变化在 $-\pi \sim \pi$，总的相位变化大于 $2\pi$。选某一基准点为 0 相位，将平滑相位图中大于 $\pi$ 的相位减去 $2k\pi$，小于 $-\pi$ 的相位加上 $2k\pi$，使所有的相位分布在（$-\pi$，$\pi$］区间内，即形成包裹相位图，其中 $k$ 为整数。同一级次干涉条纹的 $k$ 相同，不同级次 $k$ 不同，相邻级次 $k$ 相差 1。

由以上分析不难发现如下规律：

（1）$k$ 和干涉条纹级次一一对应，可以直接作为条纹级次使用；

（2）处于同一级条纹的相位被压包在一个连续区域，不同级条纹的相位被压包在不同区域，相邻级次条纹交界处存在 $-\pi \to \pi$ 或 $\pi \to -\pi$ 的跃变；

（3）同一级条纹的相位被压缩在 $-\pi \sim \pi$ 之间，加上 $2k\pi$ 即可恢复相位，$k$ 为该条纹的级次。包裹相位 $\varphi$ 和解包裹相位 $\psi$ 之间满足

$$\psi = \varphi + 2k\pi \tag{4.14}$$

式中，$k$ 为整数。相位解包裹问题即转换成求解干涉条纹级次 $k$ 的问题。相邻级次条纹交界处的相位存在跃变，跃变反映在二维图中就是一个明显的边界。边界线将整个包裹相位图划分成若干个区域，每个区域对应一个干涉条纹级次 $k$。

### 4.1.3 移相干涉技术的特点

移相干涉技术中，由于各点的相位仅由该点的序列干涉光强计算求得，与其余点的光强无关，因此相对于单帧干涉条纹处理方法，采用移相干涉测量，可直接消除干涉场中光强分

布不一致性及探测器各像元的响应不一致性带来的误差。由于现代干涉仪多采用激光作为光源，干涉场中光强常呈高斯分布而非均匀分布，采用移相干涉测量法，可得到很高的相位测量精度，这是移相干涉技术的第一大优点。

这种技术的第二个优点是可以消除干涉仪调整过程中及安置被测件过程中产生的位移、倾斜及离焦误差。干涉仪及被测件在装调完成后，被测波面可表示为

$$W(x, y) = W_0(x, y) + A + Bx + Cy + D(x^2 + y^2) \tag{4.15}$$

式中，$W(x, y)$ 为被测波面上任意一点的相位；$W_0(x, y)$ 为消除了位移 $A$、倾斜 $B$ 和 $C$ 及离焦 $D$ 后的波面。为了求出 $W_0(x, y)$，就必须确定并减去含有 $A$、$B$、$C$、$D$ 的各项。这可以在孔径的范围内对所有点用最小二乘法求取对应于 $A$、$B$、$C$、$D$ 各项的最小 $W(x, y)$ 来得到。当波面的数据存储在计算机中，然后对积累的数据进行处理，就能很容易做到这一点。既然装调误差能够用后续分析方法去除，则被测件在干涉检测光路中就无须进行特别严格的位姿调整了。

这种技术的第三个优点是可以大大降低对干涉仪本身的准确度要求。在目视观察测量或照相记录测量时，为了保证测试的准确度，对于干涉系统各光学元件有很高的准确度要求，但是，在移相干涉技术中，波面相位信息是通过计算机自动计算、存储和显示的。这就在实际上有可能先把干涉仪本身的波面误差存储起来，而后在检测波面时从后续波面数据中自动减去。这样，就使干涉仪制造时元件所需的加工精度可以适当放宽。当测量不确定度要求为 1/100 波长时，干涉仪系统本身的波面误差小于 1/10 波长量级，甚至更低就可以了。这是一个很宽的容限。很明显，如果不用波面相减的方法，在干涉仪中要用一个波长不确定度的仪器去检验 1/100 波长的被测面表面是几乎不可能的。

### 4.1.4　常见的移相方法

1. 压电晶体移相

当具有压电性的电介质置于外电场中时，由于电场的作用，引起介质内部正负电荷中心产生相对位移，而这个位移就导致了介质的伸长变形。压电陶瓷材料是一种铁电多晶体，它由许多微小的晶粒无规则的排列而成。在进行人工极化之前，它是各向同性的，显示不出压电性。在人工极化后，它就具有压电性了，沿极化方向有一根旋转对称轴。常见的压电陶瓷材料有钛酸钡、锆钛酸铅等。其中，改进锆钛酸铅材料制成的压电陶瓷片（PZT），其伸长形变方向与电场方向平行，其微位移的线形性好，转换效率高，性能稳定。在这种模式下，位移方程为

$$\Delta h = DV \tag{4.16}$$

式中，$\Delta h$ 为伸长量，一般以微米为单位；$D$ 为压电陶瓷的压电系数；$V$ 为施加在压电陶瓷片上的电压。

压电系数在电压变化过程中有微小的变化，即伸长量随电压变化有一定的非线性，这会给测量带来一定的误差。

要用压电晶体制成移相器应解决两个方面的问题：①适应其高精度、高灵敏度的精密机械结构；②用于测量与校正高精度位移的算法。

移相步长的大小和位移的非线性校正是移相器在移相干涉仪中的关键技术，如何实时准确测量和校正移相的位移，是保证移相干涉正常工作的基础。

PZT 的主要性能指标有灵敏度、非线性、重复性和最大伸长量等。例如，某型号用于移相干涉的 PZT 产品，其灵敏度为 0.01 μm，校正非线性 1%，重复性 1%，滞后性≤6%，最大位移 5.5 μm，抗压强 1 000～2 000 $N/cm^2$，加电压 0～500 V。

2. 偏振移相

偏振移相法的基本思想是将一个被检的二维相位分布 $\phi(x, y)$ 转化为一个二维线偏振编码场。这种编码场有两个特点：①振幅分布均匀；②各点的偏振角正比于该点的相位值。为了检验这个编码场，需要一个检偏器。若检偏器的角度为 $\theta$，它与线偏振光方向的夹角为 $[\phi(x, y)/2-\theta]$，按照马吕斯定律，检测到的光强为

$$I(x, y, \theta)=\cos^2[\phi(x, y)/2-\theta]=\frac{1}{2}\{1+\cos[\phi(x, y)-2\theta]\} \tag{4.17}$$

这也是干涉条纹形式，它有一个与偏振角有关的移相因子 $2\theta$。只要改变检偏角 $\theta$，即产生干涉条纹的移动，故又称之为偏振条纹扫描干涉。

偏振移相法有三个优点：①检偏器的转角可以精密控制，故移相准确度高；②特别适用于干涉系统难以改变干涉臂光程的场合；③可以在被测光与参考光合束后进行分光，每支分光路中加入角度不同的检偏器，同时得到几幅移相干涉图，实现瞬态移相干涉测量。此法的缺点是难以制作大口径的偏振元件。

3. 光栅衍射移相

光栅衍射移相又称多通道移相干涉测试技术。其方法是，用一光栅的各级衍射光（如 0，±1 级）先拍摄一张全息图，然后让光栅在其平面上沿垂直于刻线方向移动一个距离 $x$，其结果又在 0 级与 ±1 级中的衍射光中引入了分别为 0、$\pm\delta$ 的相位变化。其中 $\delta=2\pi x/d$，$d$ 为光栅常数。用这种方法，一次即可得到三幅移相的干涉图，操作更为简便。但是由于要使三级衍射光分开，检测的数据是取自探测器不同的部位，会引进一些误差。

### 4.1.5 移相干涉技术的应用

图 4.4 所示为 2016 年中国科学院长春光学精密机械与物理研究所研制的用于测量投影光刻物镜系统波像差的光栅横向剪切干涉仪光路结构图。利用针孔滤波器将照明光源模块发出的光衍射成一个理想球面波。该理想球面波经过待测投影物镜会聚后携带其系统像差信息形成测量光。测量光通过光栅衍射，在像面上分解为不同衍射级次的待测波前。具有级次选择功能的空间滤波器位于待测投影物镜像平面上，将高级次的衍射光作为干扰光滤除。利用多普勒效应，沿垂直于光栅刻线方向移动光栅实现相移剪切干涉。然后，对相移干涉图序列进行剪切相位复原和相位解包裹。对于剪切干涉测量，至少需要在正交的两个方向上进行两次干涉测量，再分别计算出两个正交方向上剪切相位，最后采用波前重构算法将两个剪切相位结果重构为待测投影光刻镜头的系统波像差信息。针对数值孔径为 0.125 的投影光刻物镜，其测量波像差小于 20.32 nm，对该光栅横向剪切干涉仪进行重复精度实验，其重复精度的均方根值为 0.130 3 nm。

图 4.4 所示的干涉系统对机械振动等外界环境干扰敏感，需要采取隔振、恒温等技术措施，而且要实现投影光刻物镜的高精度测量，还需要开展测量系统的系统误差的标定等相关研究。

下面介绍一种采用移相干涉技术的微分干涉仪，采用共光路布局，在一般的环境条件下

可使垂直分辨率达到0.1 nm。

如图4.5所示，由光源发出的光经扩束、准直后，经起偏器变成单一方向的线偏振光，经半反半透射向沃拉斯顿棱镜，棱镜将其分成两束具有微小夹角并且振动方向互相垂直的两支线偏振光，通过显微镜后，产生剪切量为 $\Delta x$ 的平行光入射到被测表面。从被测表面返回的两束正交偏振光再经原路返回，由沃拉斯顿棱镜重新共线，然后通过1/4波片和检偏器后产生干涉，被CCD接收。

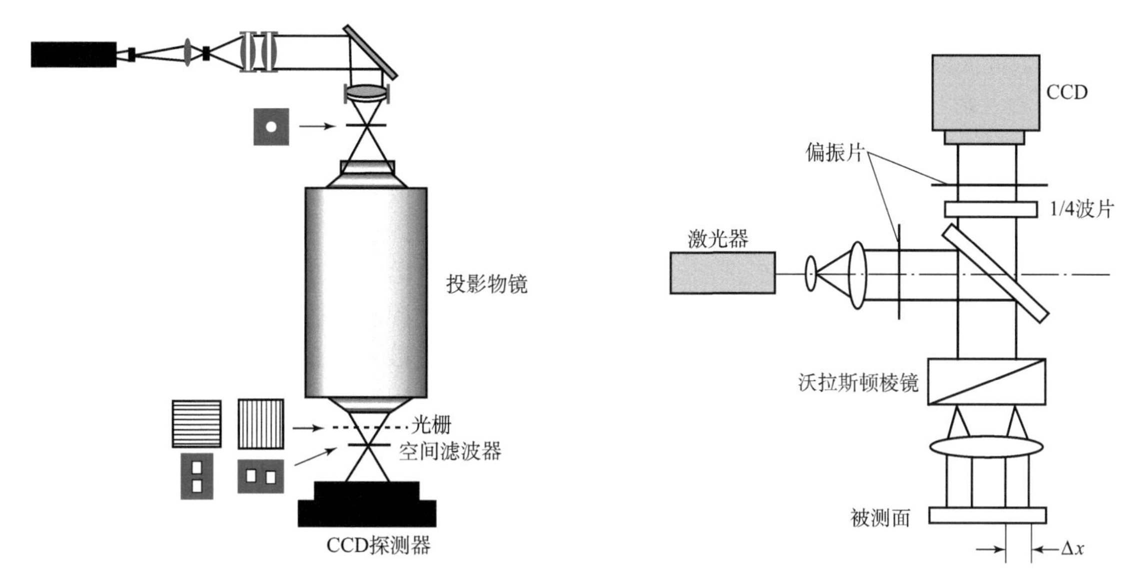


**图4.4　光栅横向剪切干涉仪的结构图**

**图4.5　激光移相干涉技术仪局部光路图**

设沃拉斯顿棱镜的剪切方向为 $x$，则干涉场上的光强分布为

$$I(x,\ \theta)=I_1+I_2\sin[2\theta+\varphi(x)] \tag{4.18}$$

式中，$I_1$ 和 $I_2$ 分别为直流背景光强和交流背景光强；$\theta$ 为检偏器方位与光轴的夹角；$\varphi(x)$ 为被测相位，它与被测表面轮廓有关。

从上式可以看出，微分干涉图像中的光强不仅与被测相位 $\varphi(x)$ 有关，而且还与检偏器方位角 $\theta$ 有关，因此，可以通过旋转检偏器对微分干涉图像进行调制，采用移相干涉技术直接测量被测相位的分布。与压电晶体移相干涉方法相比，这种旋转检偏器移相的方法不存在非线性、滞后和漂移等问题，具有很高的测量准确度。

被测表面的轮廓 $H(x)$ 满足下面方程：

$$\frac{\mathrm{d}H(x)}{\mathrm{d}x}=\frac{\lambda}{4\pi}\frac{\varphi(x)}{\Delta x} \tag{4.19}$$

由于采用CCD和计算机组成的数字图像采集系统，表面轮廓的坐标变量被量化了，可以用数值积分的方法计算表面轮廓。将积分区间分成 $n$ 等份，则积分步长为 $\Delta l=l/n$，积分点 $x_i=i\times\Delta l$，设起始点轮廓高度为 $H(x_0)=0$，则

$$H(x_i)=\frac{\lambda}{8\pi}\frac{\Delta l}{\Delta x}\sum_{k=1}^{i}[\varphi(x_{k-1})+\varphi(x_k)] \tag{4.20}$$

近十几年来，数字波面干涉仪已成为现代光学加工与研究的主要测量设备。国外成熟的数字波面干涉仪较多，在市场上所占份额最大的是美国Zygo公司的干涉仪，其分析软件功

能齐全，测量精度得到国际的认可。从 20 世纪 80 年代开始，国内也开始研制数字波面干涉仪，已有成熟产品，包括球面和平面等形式，测量波长从可见光到红外。

## 4.2 同步移相干涉测量

一般的移相干涉仪中，通常采用移动参考镜的方式进行移相，最常用的时序移相器件是压电陶瓷（*PZT*），完成移相过程需要 10 ms 或更久的时间，因此各幅移相干涉图的采集有一定的时间间隔。这期间不可避免地会存在振动、气流扰动，不仅影响测量臂和参考臂之间的光程差（移相步长）及其分布，还会降低干涉条纹的对比度，进而影响最终的波前测量精度。为解决时序移相干涉测量结果受环境振动和气流扰动的问题，提出了同步移相干涉测试技术（Simultaneous Phase Shifting Interferometry，SPSI）。

SPSI 的基本原理是同一时刻在不同空间位置采集相互之间具有一定移相步长的干涉图，因此 SPSI 的光路结构一般具有 3 个或者 3 个以上的移相单元，在每一个单元里面引入不同的相移量。为使结构简单，几乎所有的 SPSI 都采用三步或者四步移相算法，这样只需要 3 个或者 4 个移相单元。从实现相移的角度来讲，目前主要有波片移相、偏振片移相以及光栅移相等。

### 4.2.1 同步移相干涉测量的系统组成

同步移相干涉测量系统由以下几个功能模块组成，如图 4.6 所示，包括光源系统、干涉系统、分光系统、移相系统和图像采集系统以及计算机处理系统等几个部分，其中光源系统要求中心波长稳定，单色性好；干涉系统要求易于实现空间移相，反射面少，使得杂散光比较少；分光系统要求分光均匀，形成的干涉图之间的光强能相互匹配；移相系统要求空间干涉图之间移相恒定，一般要求移相量为 90°；图像采集系统要求选择的器件能适应各种振动的场合，同时要求具有较高的信噪比。

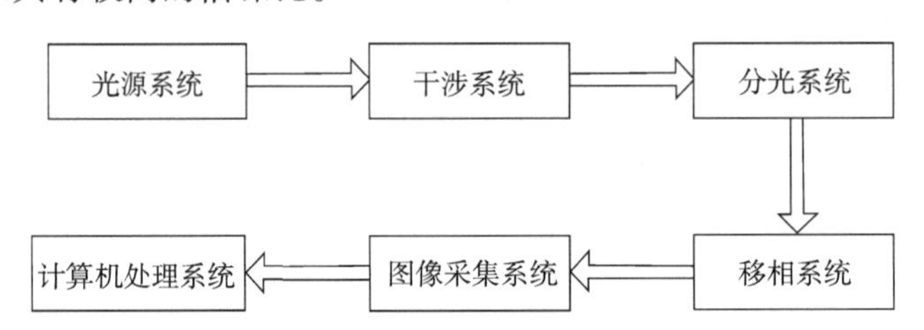


**图 4.6 同步移相干涉测量系统功能模块组成**

### 4.2.2 同步移相干涉测量的抗振技术研究

实现同步移相干涉测量，需要同时得到 4 幅（或多幅）移相干涉图，而这 4 幅干涉图之间存在固定的相位差（如 $\pi/2$）。

图 4.7 总结了大部分同步移相干涉仪的原理。为了得到 4 幅固定相位差的干涉图，一般首先采用分光系统将含有参考光波前和测试光波前的复合波前分成几组完全一样的次级复合波前，而且一般此时不产生干涉，因为参考光和测试光的振动方向是垂直的（通常一束是 *P* 光，另一束是 *S* 光）；然后这 4 个完全相同的次级复合波前通过移相系统，分别产生不同的

移相量；最后再让振动方向相互正交的参考光和测试光通过可以改变振动方向的装置（如检偏器），使参考光和测试光发生干涉，得到 4 幅移相干涉图。振动对条纹对比度的影响，通常可以通过缩短曝光时间的方法解决。采用高速 CCD，在很短的曝光时间内采集干涉图，这时振动使干涉条纹运动的距离相比于条纹宽度非常小，对干涉图对比度的影响可以忽略。

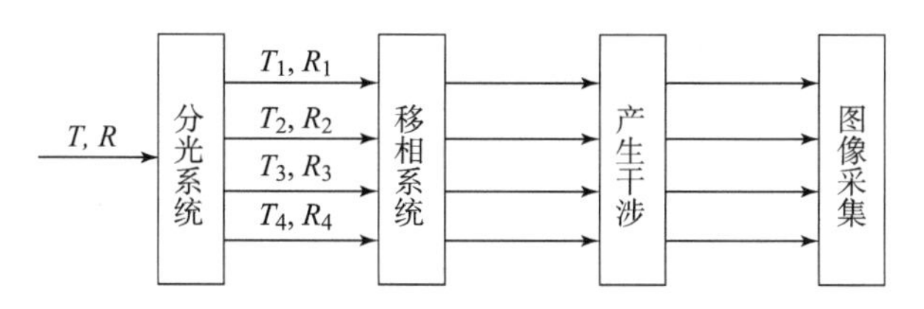


**图 4.7　同步移相干涉仪原理方框图**

## 4.2.3　典型的同步移相干涉系统

早期最具代表性的同步移相干涉系统是 Smythe 系统。它采用泰曼 – 格林干涉仪光路作为基础，如图 4.8 所示。

He – Ne 激光器发出的光波经偏振分光棱镜 PBS1，分为两束偏振态相互垂直的测试光与参考光，假设分别为水平方向和竖直方向；它们分别两次通过一个与竖直方向成 45°的 1/4 波片后，被偏振分光棱镜 PBS1 重新合并，然后经过一个半波片后被旋转为两束偏振态仍相互垂直，但与竖直方向都成 45°夹角的线偏光，见图 4.9。

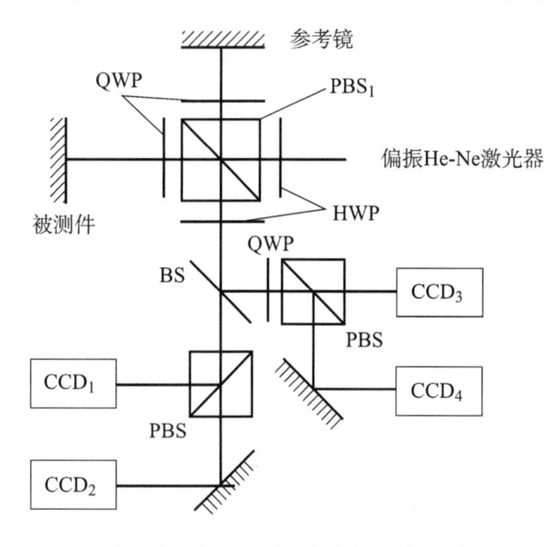


**图 4.8　Smythe 同步移相干涉系统**

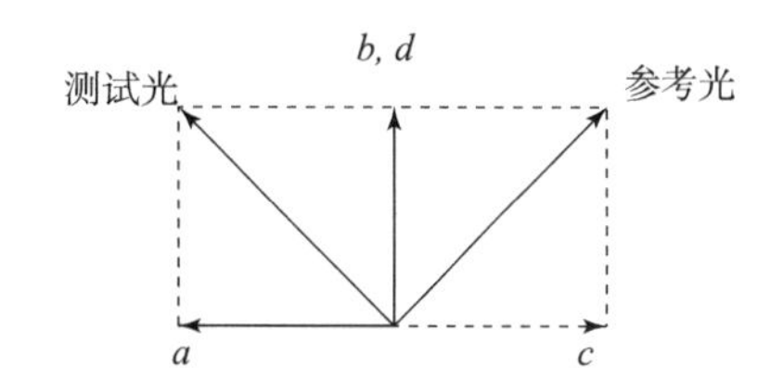


**图 4.9　Smythe 系统中干涉图 1 的形成示意图**

两束线偏光经过分光镜 *BS* 后被分为两路，第一路直接进入偏振分光棱镜 *PBS*，水平分量 *a* 和 *c* 相位差为 180°，进入 $CCD_1$ 形成的干涉图 1；竖直分量 *b* 和 *d* 相位差为 0°，进入 $CCD_2$ 形成干涉图 2；第二路经 1/4 波片后，将所有光的相位同时延迟了 90°，即 $CCD_4$ 上得到的干涉图 4 和干涉图 1 之间产生 90°移相，$CCD_3$ 上得到的干涉图 3 和干涉图 2 之间产生 90°移相。因此，最终在 4 个 CCD 上形成了 4 幅依次移相 90°的干涉图。根据四步移相算法，就可以算出波前分布。

为同时采集4个CCD的干涉图，系统需要用一个同步信号源控制4个CCD，而4个CCD相机光电性能的不一致、光学器件表面的不一致，甚至脏点、镀膜不均匀都会影响测量结果。基于上述原因，为了达到一致性的要求，整个系统各元件的加工、装配以及元器件的筛选就显得特别重要，同时系统的控制也较为复杂。与此类似的同步移相干涉测量系统还有Koliopoulos系统、Haasteren系统等。

近年来，基于分光镜的同步移相干涉技术得到了很大的进展。ESDI公司的Piotr Szwaykowski等于2004年提出了一种基于光学镀膜技术、波片移相的Fizeau型同步移相专利技术，成为分光镜分光式商品化同步移相干涉仪的典型，其分光结构如图4.10所示。ESDI同步移相干涉仪的核心元件是一个无偏振幅型分光棱镜，参考光和测试光偏振方向相互垂直，被一个非偏振型分振幅的分光棱镜分为4组。两个分界面处的膜系均为半透半反膜，因此4组光具有对等的光强匹配，选择非入射方向的3组，在后续光路中分别添加合适的偏振器件后引入不同的移相量，形成3幅具有一定相位差的移相干涉图，并由3个性能一致的CCD相机进行同步采集。

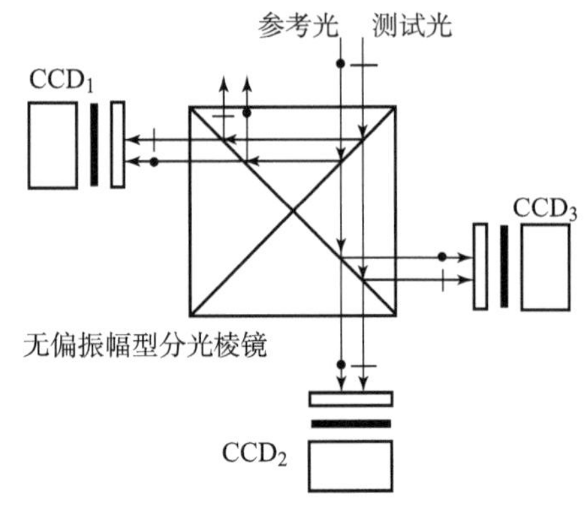


**图4.10 ESDI的Fizeau型同步移相干涉仪分光结构示意图**

目前应用最为广泛的同步干涉测量仪是美国4D Technology公司生产的PhaseCam干涉仪。与分光镜+偏振元件的方式不同，PhaseCam干涉仪采用“像素偏振式同步移相相机”实现同步移相干涉测量，如图4.11所示。

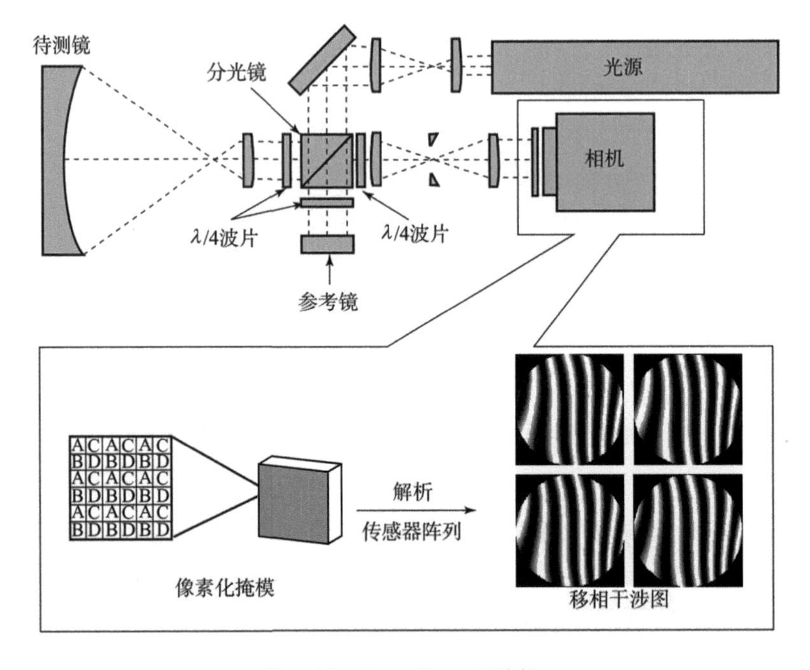


**图4.11 PhaseCam干涉仪**

干涉仪主体部分与前面介绍的 Smythe 系统十分相近，略有不同的是 PhaseCam 干涉仪测试光与参考光分别为左旋圆偏光和右旋圆偏光。在参考光与测试光合束后不再进行分光，而是直接通过拍摄系统将干涉条纹成像在“像素偏振式同步移相相机”上。与普通的 CCD 相机不同，“像素偏振式同步移相相机”探测器靶面前覆盖一层与像素单元一一对应的微偏振片阵列。微偏振片阵列的每个单元都是线偏器，且相邻单元的偏振方向都不相同，如图 4. 12 所示。

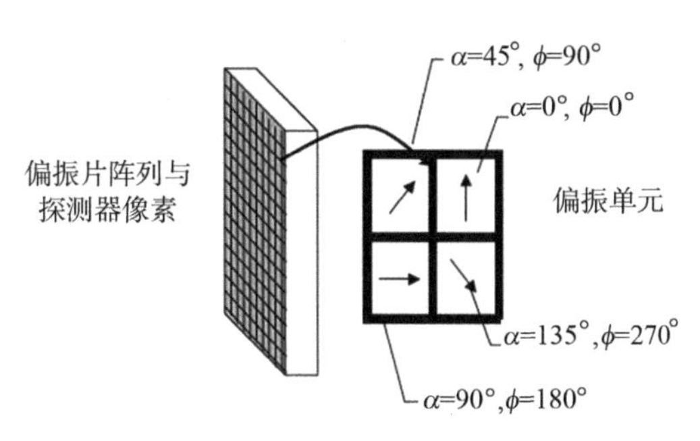


**图 4. 12　PhaseCam 干涉仪中使用的微偏振片阵列**

偏振方向分别为左旋圆偏光、右旋圆偏光的测试光与参考光同时入射到线偏器上时，两束光波之间会产生附加相位差 $\varphi$，其大小刚好为线偏器方向角的 2 倍。当线偏器方向为 0°时，测试光与参考光间不引入额外相位差；当线偏器方向为 90°时，测试光与参考光间的额外相位差为 180°；当线偏器方向为 135°时，测试光与参考光间的额外相位差为 270°。

CCD 与微偏振片阵列的像素大小仅为 10 μm 量级，相邻像素对应的被测波前相位差极小，均可看作相邻四像素中心点的相位。如图 4. 12 所示，若使微偏振片阵列相邻的 4 个单元偏振方向分别为 0°、45°、90°、135°，则可同时得到中心点 4 幅依次移相 90°的干涉图。类似地，循环采用相邻四像素计算中心点的初相位，即可得到全口径的移相干涉测量结果。

PhaseCam 干涉仪无须多相机同步信号，从物理上保证了各帧干涉图的同时采集，最大限度地减轻了环境振动的影响；同时也避免了多光路、多 CCD 相机光电性能不一致带来的影响；并且由于像素交叉循环使用，并不降低干涉仪的像素分辨率；且随着技术的成熟，制造微偏振片阵列的成本也相对低廉。因此，在商用化的同步移相干涉仪中，4D Technology 公司生产的 PhaseCam 干涉仪有着极高的市场占有率。

# 4. 3　夏克 – 哈特曼自基准测量技术

## 4. 3. 1　夏克 – 哈特曼测量原理

夏克 – 哈特曼测量原理由帕特拉和夏克于 1971 年提出，该方法放弃使用带有子孔径阵列的光阑，代之以使用微透镜阵列状的光阑。这种方法与传统的哈特曼检验法相比有很细微但又非常重要的区别。

（1）传统哈特曼检验方法中，哈特曼图案是由一束靠近焦点的会聚光得到的，在夏克 – 哈特曼传感器中则是在一束近乎准直的光束中进行检验。

（2）夏克 – 哈特曼检验法能够轻易检验并测量出正负离焦，而传统哈特曼法则不行。

（3）夏克－哈特曼检验中，子光斑聚焦在探测器上，光能量密度比传统哈特曼检验中的光能量密度高出若干数量级，更适用于弱光探测。

其测量原理如图4.13所示，入射波面到达微透镜阵列后被子透镜划分为子孔径阵列，进入每个子孔径的细光束经微透镜聚焦到探测器靶面上，形成光斑阵列。入射波面是理想波前，即平面波时，CCD得到的光斑阵列刚好位于微透镜阵列光轴与CCD芯片的交点附近位置处，如图4.13（a）中的虚线位置所示；若入射波面含有波前畸变，则焦面CCD上得到的光斑位置将偏离理想位置，形成不规则的光斑阵列，如图4.13（a）中的实际光束与CCD芯片的交点位置。这些散乱光斑与理想位置的偏离量包含了波面的畸变信息，每一个子孔径内的平均波前斜率正比于光斑偏移理想位置的距离。计算这些散乱光斑的二维质心位置偏离理想位置的距离，除以焦距，便可得到各子孔径的波前二维斜率，运用波前重构算法即可重构出入射波前相位分布。

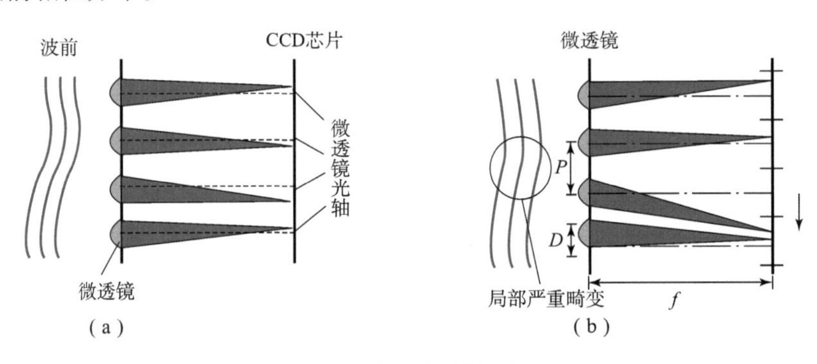


**图4.13　夏克－哈特曼测量原理**

（a）局部波前斜率误差较小；（b）局部波前斜率误差较大

微透镜口径较大时，波前采样分辨率低，由子孔径平均斜率重构波前的精度受限；微透镜口径较小时，波前采样分辨率提高，但每个子孔径对应的探测器区域变小，即斜率误差测量范围变小。当波前局部斜率误差较大时，某些子透镜形成的光斑会落入周边子孔径对应的探测器区内，如图4.13（b）所示，造成斜率测量出错。

夏克－哈特曼检验的透镜状光阑最初由两层完全相同且相互垂直的柱状透镜构成，现在可以使用塑料、玻璃等制作微透镜阵列。常见的夏克－哈特曼阵列是一个10×10～100×100的微透镜阵列，每块透镜的直径大约在0.2～2 mm。近年来，甚至有超过1 000×1 000微透镜产品出现。微透镜典型焦距F数在F10～F200。表4.1给出了常见的夏克－哈特曼传感器中微透镜阵列的主要参数。

**表4.1　典型夏克－哈特曼传感器中微透镜阵列的主要参数**

| 阵列数 | 总尺寸/mm×mm | 透镜口径/mm | 透镜焦距/mm | F数 |
|---|---|---|---|---|
| 100×100 | 50×50 | 0.5 | 8.31 | 16.6 |
| 60×60 | 61×61 | 1.0 | 40.0 | 40.0 |
| 55×55 | 62×62 | 1.1 | 105.0 | 95.5 |
| 30×30 | 70×70 | 2.2 | 209.0 | 95.0 |

透镜衍射光斑的半径$\rho$由式（4.21）表示：

$$\rho = 1.22\lambda \frac{f}{d} \tag{4.21}$$

式中，$d$和$f$分别为透镜的直径和焦距；$\lambda$为光波的波长。

夏克－哈特曼传感器的测量范围定义为在确保光斑不交叉或重叠的情况下能够测得的最大局部波前偏角。因为光斑偏离量的最大允许值是$d/2-\rho$，所以角度动态范围为

$$\theta_{\max} = \frac{d/2-\rho}{f} \tag{4.22}$$

探测器的像素大小$\sigma$决定了传感器的角度灵敏度，该灵敏度定义为对最小可测得角斜率求导数，可由式（4.23）表示：

$$\theta_{\min} = k \cdot \frac{\sigma}{f} \tag{4.23}$$

系数$k$与光斑位置计算方法有关，采用质心等计算方法时，光斑定位精度通常可达到亚像元水平，即$k$可以小于1。由于探测器上的光斑位移等于波前斜率乘上小透镜的焦距，焦距越短波前斜率测量动态范围就越大，但灵敏度也随之降低。

### 4.3.2　自基准哈特曼检测

通常测量仪器都会基于一个全局坐标系进行测量。被测物体被置于全局坐标系中，测量时仪器不断获得物体上的采样点在这个全局坐标系中的坐标，最后通过这些采样点的坐标重构出物体的形状。但有些测量系统没有全局坐标系，而是利用已经测出的曲线形状进行仪器自身的定位，并以此确定的位置为基准进行下一点的测量，得出采样点相对于这个基准的位置，然后再以新测出的曲线部分加上已知的曲线部分来确定仪器的方位，不断进行上述循环，直至测出全部曲线的形状，称为自基准测量。

自基准测量在难以建立高精度大型基准或空间工作等场合有重要应用，如：以地面目标为被测对象的卫星相机在轨工作时，由于受失重和温度变形等因素的影响，常常引起光学零件变形和光学系统失调，影响成像质量。采用主动光学技术进行校正，需要准确探测相机的波像差。如采用上节介绍的夏克－哈特曼波前传感器进行波前误差测量，需要提供一个无限远的点光源作为信标。选用自然星作为信标，需经常改变卫星的飞行姿态，增加卫星的能耗，且检测状态与使用状态不完全一致会影响校正效果。选用激光导星信标，所需脉冲激光的功耗很大，也不适用于太空条件下的工作的卫星系统。此时，如何解决波前传感器的信标问题，便成为卫星相机能否成功应用主动光学技术的关键问题。

基于波前径向斜率测量原理的新型哈特曼波前传感器是一种无须任何外部信标而利用机内自身信标的方法，其原理如图4.14所示。点光源发出的光波经被测光学系统后，形成有波前畸变的平面波。五棱镜$P_1$可单独沿被测物镜光瞳的半径方向平移，也可与五棱镜$P_2$一起绕被测物镜的光轴转动。$P_1$和$P_2$的主截面彼此平行，并与光轴方向一致。当$P_1$沿径向平移时可实现对被测物镜出射光束的离散采样。采样光束通过$P_1$和$P_2$后，被会聚成像在CCD相机靶面上。

测出$P_1$处于光瞳面内不同位置（$\rho$，$\theta$）时所对应的像斑质心坐标和相对偏移量的径向分量，由式（4.24）即可求得被测物镜出射波前斜率的径向分量：

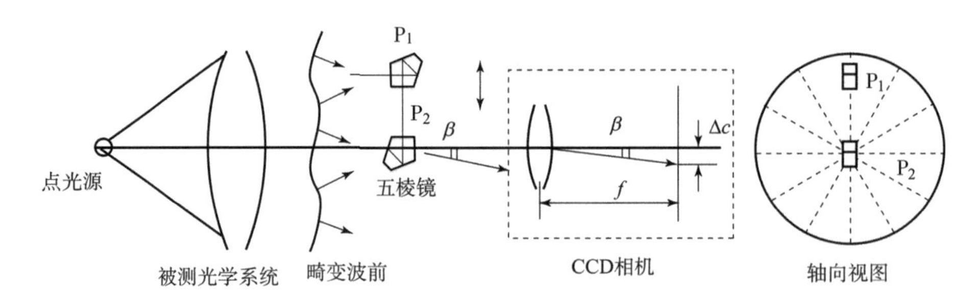


**图 4.14　自基准哈特曼波前传感器的光路原理图**

$$\partial w(\rho,\ \theta)/\partial\rho = \tan\beta = \Delta c/f \tag{4.24}$$

对于以离散波像差形式表示的原始测量数据，通常用 Zernike 多项式作最小二乘拟合求出被测波前的形状，这已为大家所熟知和广泛采用。对于以离散径向斜率值形式表示的原始测量数据，改用 Zernike 多项式的径向斜率形式作最小二乘拟合，同样可以求出被测波前的形状。

理论分析和计算机仿真结果表明，在采样密度足够的情况下，根据已知波前径向斜率分量的离散采样值也完全可以以足够高的精度重构出原始波面的形状。如果径向斜率离散采样值包含有一定的随机误差，也仍能重构出精度与波前径向斜率采样精度相当的波前形状。用 Zernike 径向斜率多项式作最小二乘拟合具体过程如下。对波面上每一点的径向斜率测量数据可分别写出

$$\begin{bmatrix} \partial w_1(\rho_1,\ \theta_1)/\partial\rho & \partial w_2(\rho_1,\ \theta_1)/\partial\rho & \cdots & \partial w_n(\rho_1,\ \theta_1)/\partial\rho \\ \partial w_1(\rho_2,\ \theta_1)/\partial\rho & \partial w_2(\rho_2,\ \theta_1)/\partial\rho & \cdots & \partial w_n(\rho_2,\ \theta_1)/\partial\rho \\ & \vdots & & \vdots \\ \partial w_1(\rho_k,\ \theta_1)/\partial\rho & \partial w_2(\rho_k,\ \theta_1)/\partial\rho & \cdots & \partial w_n(\rho_k,\ \theta_1)/\partial\rho \\ & \vdots & & \vdots \\ \partial w_1(\rho_i,\ \theta_j)/\partial\rho & \partial w_2(\rho_i,\ \theta_j)/\partial\rho & \cdots & \partial w_n(\rho_i,\ \theta_j)/\partial\rho \\ & \vdots & & \vdots \\ \partial w_1(\rho_k,\ \theta_m)/\partial\rho & \partial w_2(\rho_k,\ \theta_m)/\partial\rho & \cdots & \partial w_n(\rho_k,\ \theta_m)/\partial\rho \end{bmatrix} \begin{bmatrix} \mathrm{znk}_1 \\ \mathrm{znk}_2 \\ \\ \mathrm{znk}_k \\ \\ \mathrm{znk}_{ik} \\ \\ \mathrm{znk}_{mk} \end{bmatrix} = \begin{bmatrix} \mathrm{data}_1 \\ \mathrm{data}_2 \\ \\ \mathrm{data}_k \\ \\ \mathrm{data}_{ik} \\ \\ \mathrm{data}_{mk} \end{bmatrix} \tag{4.25}$$

式中，$\partial w_n(\rho_i,\ \theta_j)/\partial\rho$ 为单位圆上 $(i,\ j)$ 点处第 $n$ 项 Zernike 多项式的径向斜率值，也就是以 Zernike 多项式形式表示的基元波面的斜率值；$\mathrm{znk}_1\cdots\mathrm{znk}_k$ 为第 $1\sim n$ 项 Zernike 多项式的系数；$\mathrm{data}_1\cdots\mathrm{data}_{mk}$ 为被测波面上各采样点处的径向斜率测量值；$k$ 和 $m$ 分别为半径方向和圆周方向的采样点数。上式也可以用简单的矩阵形式表示为

$$\frac{\partial w}{\partial\rho}\mathrm{znk} = \mathrm{data} \tag{4.26}$$

由于测量点数 $k\times m$ 总是大于 Zernike 多项式的项数 $n$，所以由上式可写出最小二乘解为

$$\mathrm{znk} = (\partial w/\partial\rho)^{\mathrm{T}}\cdot(\partial w/\partial\rho)^{-1}\cdot(\partial w/\partial\rho)^{\mathrm{T}}\cdot\mathrm{data} \tag{4.27}$$

基于波前径向斜率测量原理的新型哈特曼波前传感器，无须另外提供检测基准就可以对

光学系统像质进行检测，省去大口径标准面或大口径平行光管，也无须用自然星作点目标。扫描机构快速无冲击，简单、稳定、可靠，波前测量灵敏度与干涉仪相当，而对工作环境和光源并无苛刻要求。此技术不仅可用于卫星相机主动光学系统的高精度波前传感，而且可用于地基天文望远镜和其他大口径光学成像系统的像质检测。

## 4.4　波前重构方法

夏克－哈特曼等斜率测量方法只能测得波前的斜率分布，即波前的一阶导数，而曲率传感器测量得到的则是波前的二阶导数。由波前的一阶导数、二阶导数或更高阶导数分布计算得到波前相位分布，称为波前重构。常用的波前重构方法有区域法、模式法两种。

以哈特曼波前传感器为例，畸变波前 $W(x, y)$ 在采样点 $(x, y)$ 处的斜率正比于该点光斑位置相对于理想光斑位置的偏移量 $TA(x, y)$。将光斑在 $x$、$y$ 方向的偏移量分量分别记为 $TA_x(x, y)$ 和 $TA_y(x, y)$，则有

$$\frac{\partial W(x, y)}{\partial x} = -\frac{TA_x(x, y)}{r} \tag{4.28}$$

$$\frac{\partial W(x, y)}{\partial y} = -\frac{TA_y(x, y)}{r} \tag{4.29}$$

式中，$r$ 为探测屏到镜面的距离。

基于斜率分布的波前重构，就是要从测得的光斑偏移量 $TA_x(x, y)$、$TA_y(x, y)$ 计算出畸变波前 $W(x, y)$。

### 4.4.1　区域法重构波前

1. 估计方程

波前上任意两点间的相位存在下面的关系：

$$\varphi(\rho) = \int_c \nabla\varphi \mathrm{d}s + \varphi(\rho_0) \tag{4.30}$$

式中，$\nabla$为哈密特算子；$c$ 为积分路径，此积分与路径无关。但是，当存在测量噪声的情况下，上一积分是与路径有关的，这就需要寻找更合适的关系式。

设测量得到的波前梯度是 $g(x, y)$，其中包括波前真正的梯度 $\nabla\varphi$ 和噪 $n(x, y)$，即

$$g(x, y) = \nabla\varphi + n(x, y) \tag{4.31}$$

在最小二乘意义上，有

$$\int(\nabla\varphi - g)^2 \mathrm{d}x\mathrm{d}y = \min \tag{4.32}$$

这是一个变分问题，它满足欧拉方程

$$\nabla^2\hat{\varphi} = \nabla g \tag{4.33}$$

式中，$\hat{\varphi}$为在最小二乘意义上的最优估计。上式是一椭圆微分方程。在波前相位估计的情况下梯度是已知的，所以变为纽曼（Neumann）边界值问题。在波前估计问题上，存在着唯一解。

最小二乘解的误差是

$$\varepsilon = \hat{\varphi} - \varphi \tag{4.34}$$

式（4.32）可以离散化，可以用 $N$ 个点取代连续面问题。这样，一个完整的波前被细分成 $(N-1)^2$ 个子孔径。利用子孔径边界上测量的波前梯度或相位差数据重构整个波前相位，这一方法称为区域法估计波前相位。

根据测量参数的性质（梯度或相位差）和要求重构波前相位的位置，以及重构的算法不同，可以有许多具体的重构波前的方法。

2. 方程的最小二乘解

一个线性方程组

$$A\boldsymbol{X}=\boldsymbol{G} \tag{4.35}$$

若 $\boldsymbol{A}$ 是方阵且秩是完备的，则

$$\boldsymbol{X}=\boldsymbol{A}^{-1}\boldsymbol{G} \tag{4.36}$$

若 $\boldsymbol{A}$ 是 $M\times N$ 矩阵，且 $M>N$ 和列秩完备，则有最小二乘解为

$$\| A\boldsymbol{X}-\boldsymbol{G} \| =\min \tag{4.37}$$

式中，$\|\cdot\|$ 代表欧氏范数。

若 $\boldsymbol{A}$ 是 $M\times N$ 矩阵（$M<N$），且行秩完备，则有最小范数解为

$$\boldsymbol{X}=A^{\mathrm{T}}(AA^{\mathrm{T}})^{-1}\boldsymbol{G} \tag{4.38}$$

若

$$\boldsymbol{X}=A^{+}\boldsymbol{G}+(\boldsymbol{I}-A^{+}A)\boldsymbol{Y} \tag{4.39}$$

式中，$A^{+}$ 为 $A$ 的广义逆；$\boldsymbol{I}$ 为单位矩阵；$\boldsymbol{Y}$ 为任意矢量，则有最小二乘解为

$$\| A\boldsymbol{X}-\boldsymbol{G} \| =\min \tag{4.40}$$

若

$$\boldsymbol{X}=A^{+}\boldsymbol{G} \tag{4.41}$$

则有最小二乘且最小范数解为

$$\| A\boldsymbol{X}-\boldsymbol{G} \| =\min \tag{4.42}$$

且

$$\| \boldsymbol{X} \| =\min \tag{4.43}$$

3. 波面倾斜与离焦量的分离

哈特曼检测光路中，探测面位于离焦位置，而哈特曼光阑、被测镜与探测面之间的相对位置难以精确标定。哈特曼光阑的垂轴位置误差会引起被测波前的整体倾斜，而探测面轴向位置的误差会引起被测波前的整体离焦，因此分离并消除波面倾斜与离焦对正确估计波前误差有重要意义，可将波前展开为

$$\varphi(x,\ y)=(a_{11}x+a_{12}y)+a_2(x^2+y^2)+Q(x,\ y) \tag{4.44}$$

式中，第一项代表波面倾斜，第二项代表离焦，第三项是高阶项之和。令

$$\sum_{i,j}[(a_{11}x_i+a_{12}y_i)+a_2(x_i^2+y_i^2)+\varphi_{i,j}]=\min \tag{4.45}$$

即可由下式求得波面倾斜及离焦的系数：

$$\begin{bmatrix} \sum x_i^2 & \sum x_iy_i & \sum(x_i^2+y_i^2)x_i \\ \sum x_iy_i & \sum y_i^2 & \sum(x_i^2+y_i^2)y_i \\ \sum(x_i^2+y_i^2)x_i & \sum(x_i^2+y_i^2)y_i & \sum(x_i^2+y_i^2) \end{bmatrix}\begin{bmatrix} a_{11} \\ a_{12} \\ a_2 \end{bmatrix}=\begin{bmatrix} \sum\varphi_{i,j}x_i \\ \sum\varphi_{i,j}y_i \\ \sum\varphi_{i,j}(x_i^2+y_i^2) \end{bmatrix} \tag{4.46}$$

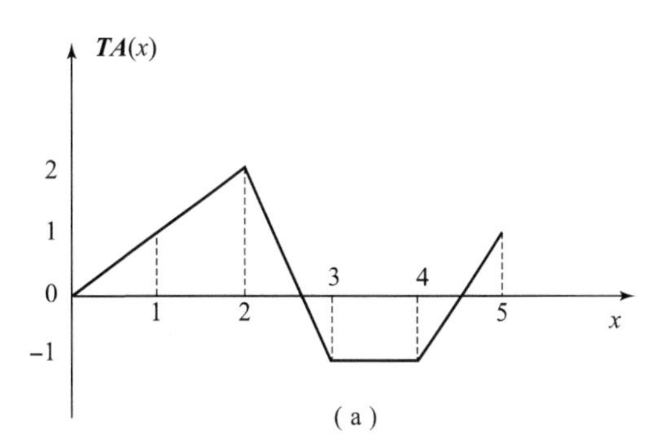


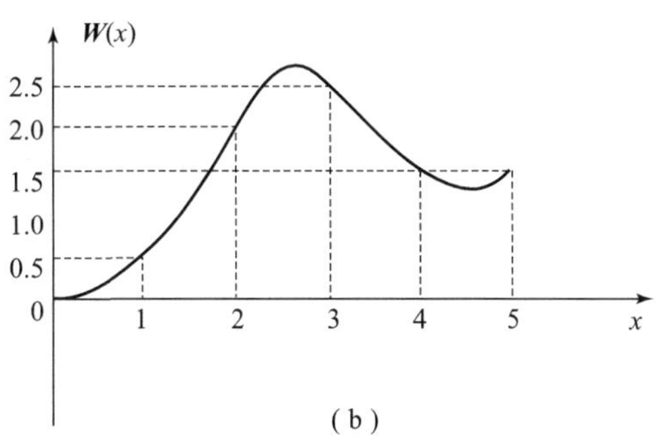


**图 4.15　由光斑偏移量积分计算畸变波前的梯形积分法**

(a) 光斑偏移量；(b) 畸变波前

需要指出的是，当采样点数 $N$ 较小时，孔径的边界效应是重要的。

4. 梯形积分法

假设畸变波前 $W(x, y)$ 连续，并且在各采样区间内均为二次函数时，用梯形积分法计算波前分布可得到畸变波前分布的精确解，如图 4.15 所示。此时，畸变波前 $W(x, y)$ 可由光斑偏移量 $TA_x(x, y)$、$TA_y(x, y)$ 积分得到：

$$W(x, y) = \frac{1}{r}\int_0^x TA_x(x, y)\mathrm{d}x \tag{4.47}$$

$$W(x, y) = \frac{1}{r}\int_0^y TA_y(x, y)\mathrm{d}y \tag{4.48}$$

梯形积分法中，两采样点之间的斜率按线性插值计算，恢复出的畸变波前［图 4.15 (b)］即为斜率差曲线［图 4.15 (a)］与 $x$ 轴之间包围的面积。梯形积分法恢复的波前在采样点处连续，两采样点之间为二次曲线，但恢复出的波前在采样点的斜率与采样点斜率的测量值可能不同。

由于仅在矩形阵列的点上进行测量，通过对式 (4.47)、式 (4.48) 求一阶梯形积分就可以得出经典的哈特曼测试中的波前形状，沿 $x$ 轴的公式为

$$W_{n,m} = W_{n-1,m} + \frac{d}{2r}[TA_x(n-1, m) + TA_x(n, m)] \tag{4.49}$$

沿 $y$ 轴的公式为

$$W_{n,m} = W_{n,m-1} + \frac{d}{2r}[TA_y(n, m-1) + TA_y(n, m)] \tag{4.50}$$

沿对角线为

$$W_{n,m} = W_{n-1,m-1} + \frac{d}{2r}[(TA_x(n-1, m-1) + TA_x(n, m-1)) + (TA_y(n, m-1) + TA_y(n, m))] \tag{4.51}$$

式中，$d$ 为哈特曼光阑上连续两个孔之间的距离。表达式用于计算哈特曼光阑上同一行的孔间的连续光斑，开始于 $W(0, m)$，$W(n, 0)$，$TA(0, m)$，而 $TA(n, 0)$ 等于零。然后扫描新的一行，直到整个图案从几个方向被覆盖。以第一个点作为参考，这些表达式给出了任意点位 $(n, m)$ 的表面偏差。

由于数值积分方法会累积固有误差，必须采取一些减少误差的方法。最好通过使用仅在一个点处相交的积分路径来完成此操作，这意味着可以通过独立方式获得任何位置的表面高度。另外，也可以沿着任何光路的某一方向以及反方向求积分，然后对所得的结果取平均值。

积分法中使用的方案遵循图 4.16 所示原理。首先，从 $x$ 轴和 $y$ 轴开始求和，把从通过

所求点的其他坐标积分求得的值作为每次积分的起始值。因为通过 $x$ 和 $y$ 积分得到的面形偏差值在每一点上是相同的，所以用两次积分的平均值作为每一点最后结果。然后再进行反向光程求和，并与其对应的积分值求平均。

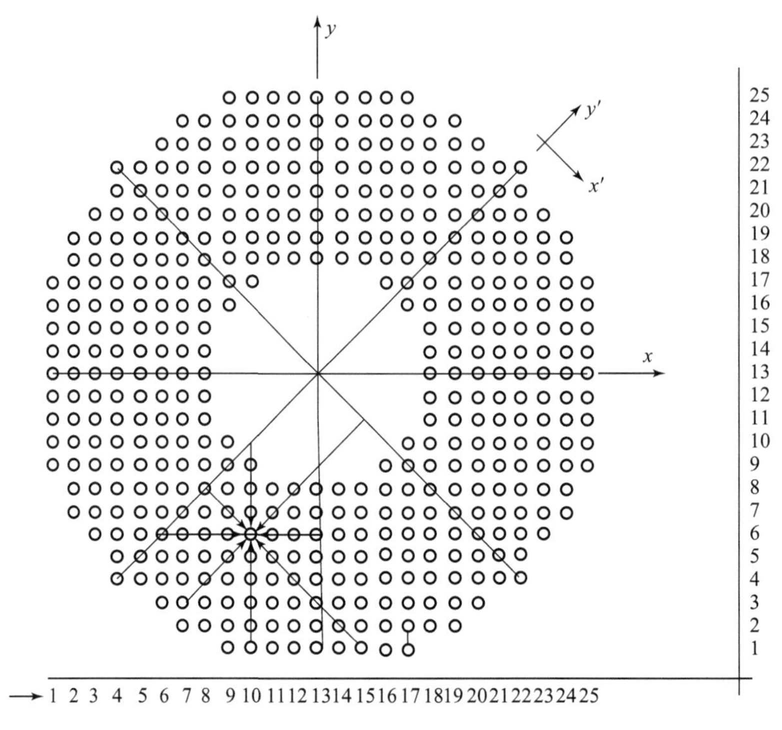


图 4.16　哈特曼屏上的孔（沿垂直线、水平线、±45°线的不同积分路径）

为了获得更高精度，下一步可以将坐标系统绕原点旋转 45°，再用不同的孔间距和不同的积分路径重复整个积分过程。由于这些积分结果应该与第一种方案所获得的积分结果相同，所以每一点都取两次积分的平均值。这就意味着至少有 4 种方法获取每个表面的偏差值，且大多数是以 8 种方式获得的。这样的重复过程不但减小了误差的系统积累，而且还减小引入的伪误差。

5. 索斯韦尔积分算法

索斯韦尔（Southwell）积分算法是一种带状计算方法。当沿着两条不同的光路从一点到另一点进行线性积分时，两个结果可能由于以下几种因素的原因而存在微小的差别，如光斑位置中的测量误差、局部波前的曲率半径偏差和数值误差。这种方法的理念就是：在计算所有光斑的波前变形的过程中，要将某些纵向和横向相邻光斑的波前变形考虑在内。

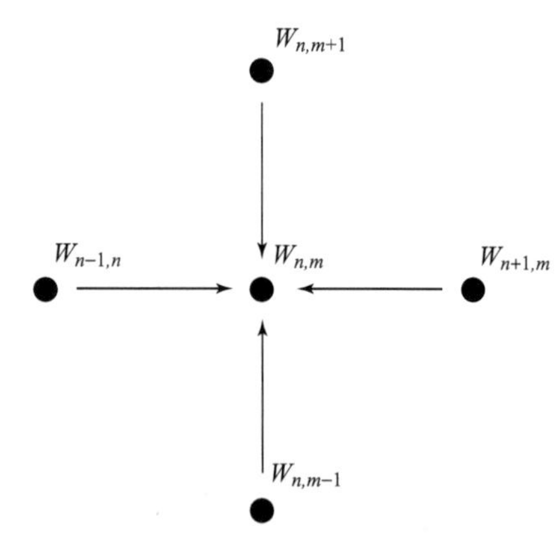


图 4.17　索斯韦尔积分法中通过相邻点计算点（$n$，$m$）的波前

索斯韦尔提出了一种迭代求解法，该解法中任意点（$n$，$m$）的波前都是采用 4 个相邻的点求积分得来的，一个位于计算点的上面，一个在下面，一个在左边，一个在右边，如图 4.17 所示。因此，最终值 $W_{n,m}$

是4个值的平均值。为了简单标记，将其记为

$$S_{n-1,m}^{x}=\frac{d}{2r}[TA_{x}(n-1,\ m)+TA_{x}(n,\ m)] \tag{4.52}$$

图4.17中4个相邻点可以表示为

$$\begin{cases}W_{n,m}=W_{n-1,m}+S_{n-1,m}^{x}\\W_{n,m}=W_{n+1,m}+S_{n+1,m}^{x}\\W_{n,m}=W_{n,m-1}+S_{n,m-1}^{x}\\W_{n,m}=W_{n,m+1}+S_{n,m+1}^{x}\end{cases} \tag{4.53}$$

因此，4次测量的加权平均值为

$$W_{n,m}=\frac{(\sigma_{n-1,m}W_{n-1,m}+\sigma_{n+1,m}W_{n+1,m}+\sigma_{n,m-1}W_{n,m-1}+\sigma_{n,m+1}W_{n,m+1})}{\sigma_{n-1,m}+\sigma_{n+1,m}+\sigma_{n,m-1}+\sigma_{n,m+1}}+\frac{(\sigma_{n-1,m}S_{n-1,m}^{x}+\sigma_{n+1,m}S_{n+1,m}^{x}+\sigma_{n,m-1}S_{n,m-1}^{x}+\sigma_{n,m+1}S_{n,m+1}^{x})}{\sigma_{n-1,m}+\sigma_{n+1,m}+\sigma_{n,m-1}+\sigma_{n,m+1}} \tag{4.54}$$

式中，$\sigma_{n,m}$为所有光斑的权值因子。

式（4.54）可以通过方阵计算整个哈特曼光阑中所有点的数值。所有位于哈特曼光阑以外的光斑的权应权值因子$\sigma$应该为零。覆盖所有光斑之后，进行第二次迭代，直到所完成的迭代次数等于光斑总数为止。

### 4.4.2　模式法重构波前相位

1. 波前相位展开

区域法估计波前相位是利用子孔径四邻位置的测量数据估计中心点相位的方法。模式法与此不同，它将全孔径内的波前相位展开成不同的模式（例如平移、倾斜、离焦、象散、彗差和球差等），然后用全孔径内的测量数据去求解各模式的系数，得到完整波前展开式，从而重构出波前。

一个复杂的二维波前分布需要用一组正交多项式的线性组合来简化描述，例如，一个完整的波前$\varphi(x,\ y)$可以用多项式展开成$F(x,\ y)$：

$$\varphi(x,\ y)=\sum_{k=0}^{\infty}a_{k}n_{k}F_{k}(x,\ y) \tag{4.55}$$

式中，$n_k$为归一化常数；$a_k$为待定系数。

为了方便，使$F_k(x,\ y)$的平均值为零，即

$$\langle F_{k}(x,\ y)\rangle=0 \tag{4.56}$$

相位方差为

$$\sigma_{k}^{2}=\sum_{k=0}^{\infty}a_{k}^{2}-a_{0}^{2} \tag{4.57}$$

式中，$a_0$为相位的平均值。

多项式$F_k(x,\ y)$是正交多项式，即

$$n_{k}n_{l}\sum_{i=1}^{N}\sum_{j=1}^{N}F_{k}(x_{i},\ y_{i})F_{l}(x_{j},\ y_{j})=N^{2}\delta_{kl} \tag{4.58}$$

式中，$\delta_{kl}$为克罗内克符号。

可供使用的正交多项式种类有很多，光学中最常用的多项式是 Zernike 正交多项式，其各阶表达式能很好地与波前像差理论对应。尤其当被描述的波前分布以低阶像差模式为主时，仅仅一组数目有限（多项式的前几十阶）的 Zernike 多项式系数就能准确地拟合出被描述的波前分布。

目前，Zernike 多项式常用两套不同的描述形式，分别由 Malacara 和 Noll 完善，如表4.2所列（仅列前21阶）。这两套表达式的区别如下：关于极坐标（$\rho$，$\theta$）的定义不同，参见表中的第2、3阶表达式；关于各阶多项式相互正交的定义，这两套多项式有不同意义的归一化系数，使得 Noll 提出的这套多项式各阶多出一个常系数 $\sqrt{2(n+1)}$（角向数 $m$ 不为0时）或 $\sqrt{(n+1)}$（角向数 $m$ 为0时），其中为 $n$ 径向数；此外，在同一径向数下，这两套多项式的排序也不同。因此，使用 Zernike 多项式描述波前分布时，一定要指明采用了哪套定义式，以免重构波前时发生错误。

**表 4.2　两套 Zernike 多项式的表达式对比（前 21 阶）**

| 阶数 | 径向数 | Noll 定义的表达式 | Malacara 定义的表达式 |
|---|---|---|---|
| 1 | 0 | 1 | 1 |
| 2 | 1 | $2\rho\cos\theta = 2\hat{x}$ | $\rho\sin\theta = \hat{x}$ |
| 3 | 1 | $2\rho\sin\theta = 2\hat{y}$ | $\rho\cos\theta = \hat{y}$ |
| 4 | 2 | $\sqrt{3}(2\rho^2 - 1)$ | $\rho^2\sin 2\theta$ |
| 5 | 2 | $\sqrt{6}\rho^2\sin 2\theta$ | $2\rho^2 - 1$ |
| 6 | 2 | $\sqrt{6}\rho^2\cos 2\theta$ | $\rho^2\cos 2\theta$ |
| 7 | 3 | $\sqrt{8}(3\rho^3 - 2\rho)\sin\theta$ | $\rho^3\sin 3\theta$ |
| 8 | 3 | $\sqrt{8}(3\rho^3 - 2\rho)\cos\theta$ | $(3\rho^3 - 2\rho)\sin\theta$ |
| 9 | 3 | $\sqrt{8}\rho^3\sin 3\theta$ | $(3\rho^3 - 2\rho)\cos\theta$ |
| 10 | 3 | $\sqrt{8}\rho^3\cos 3\theta$ | $\rho^3\cos 3\theta$ |
| 11 | 4 | $\sqrt{5}(6\rho^4 - 6\rho^2 + 1)$ | $\rho^4\sin 4\theta$ |
| 12 | 4 | $\sqrt{10}\ (4\rho^4 - 3\rho^2)\cos 2\theta$ | $(4\rho^4 - 3\rho^2)\sin 2\theta$ |
| 13 | 4 | $\sqrt{10}(4\rho^4 - 3\rho^2)\sin 2\theta$ | $6\rho^4 - 6\rho^2 + 1$ |
| 14 | 4 | $\sqrt{10}\rho^4\cos 4\theta$ | $(4\rho^4 - 3\rho^2)\cos 2\theta$ |
| 15 | 4 | $\sqrt{10}\rho^4\sin 4\theta$ | $\rho^4\cos 4\theta$ |
| 16 | 5 | $(10\rho^5 - 12\rho^3 + 3\rho)\cos\theta$ | $\rho^5\sin 5\theta$ |
| 17 | 5 | $(10\rho^5 - 12\rho^3 + 3\rho)\sin\theta$ | $(5\rho^5 - 4\rho^3)\sin 3\theta$ |
| 18 | 5 | $(5\rho^5 - 4\rho^3)\cos 3\theta$ | $(10\rho^5 - 12\rho^3 + 3\rho)\sin\theta$ |
| 19 | 5 | $(5\rho^5 - 4\rho^3)\sin 3\theta$ | $(10\rho^5 - 12\rho^3 + 3\rho)\cos\theta$ |
| 20 | 5 | $\rho^5\cos 5\theta$ | $(5\rho^5 - 4\rho^3)\cos 3\theta$ |
| 21 | 5 | $\rho^5\sin 5\theta$ | $\rho^5\cos 5\theta$ |

实际工程中，在分析大气扰动的畸变波前分布时，多采用 Noll 多项式描述波前分布；在其他的光学测量领域（面形、波像差测量）中，多采用 Malacara 多项式描述波前分布。

选用 Zernike 多项式，波前可展开为

$$\varphi(x, y) = \sum_{k=0}^{M} a_k Z_k(x, y) \tag{4.59}$$

上式是波前相位展开式的连续形式。实际上有用的是离散形式，即

$$\varphi_j = \varphi(x_i, y_i) = \sum_{k=0}^{M} a_k Z_k(x_i, y_i) \tag{4.60}$$

为求解展开系数 $a_k$，需要用到波前斜率展开式，从中求得系数 $a_k$，再根据波前相位展开式恢复波前相位。

对式（4.60）微分，即得

$$\begin{cases} g_x = \sum_{k=1}^{M} a_k \dfrac{\partial Z_k(x, y)}{\partial x} + \varepsilon_x \\ g_y = \sum_{k=1}^{M} a_k \dfrac{\partial Z_k(x, y)}{\partial y} + \varepsilon_y \end{cases} \tag{4.61}$$

式中，$\varepsilon_x$ 和 $\varepsilon_y$ 为测量误差。因为波前传感器只能测量子孔径（$i$，$j$）内的平均斜率，则

$$\begin{cases} g(x_i) = \sum_{k=1}^{M} a_k \iint \dfrac{\partial Z_k(x_i, x, y)}{\partial x} \mathrm{d}x\mathrm{d}y + \varepsilon_{x_i} \\ g(y_i) = \sum_{k=1}^{M} a_k \iint \dfrac{\partial Z_k(y_i, x, y)}{\partial x} \mathrm{d}x\mathrm{d}y + \varepsilon_{y_i} \end{cases} \tag{4.62}$$

用矩阵符号表示为

$$\begin{cases} \boldsymbol{\Phi} = D_\varphi \boldsymbol{A}_\varphi \\ \boldsymbol{G} = D_g \boldsymbol{A}_g + \boldsymbol{\varepsilon} \end{cases} \tag{4.63}$$

式中，$\boldsymbol{\Phi}$ 为 $N \times 1$ 维矢量；$D_\varphi$ 为 $N \times M$ 矩阵；$A$ 为 $M \times 1$ 维矢量；$\boldsymbol{G}$ 为 $2N \times 1$ 维矢量；$D_g$ 为 $2N \times M$ 矩阵；$\boldsymbol{A}_g$ 为 $M \times 1$ 维矢量。为了方便，令 $\boldsymbol{A} = \boldsymbol{A}_g$。

因为实际上所取的模的阶数不多，即 $M \ll 2N$，所以模式法需要的数据量要比区域法的数据量少得多，按模式法构造的自适应光学系统也比按区域法构造的自适应光学系统简单，不过后者具有更高的响应速度。

2. 最小二乘解

与区域法求解式类似，方程组可以求最小二乘最小范数解

$$\boldsymbol{A} = (D^{\mathrm{T}}D)^{-1}D^{\mathrm{T}}\boldsymbol{G} \tag{4.64}$$

由于 Zernike 多项式大部分低阶导数的正交性，所以系数 $\boldsymbol{A}$ 可以独立地通过对斜率的加权和而得以确定。由此导致的结果是，$D^{\mathrm{T}}D$ 是对角线矩阵。对角线矩阵的逆仍然是对角线的，其对角线元素是对应元素的倒数，所以不再需要数值程序。

因为 Zernike 多项式的部分低阶不正交，则 $D^{\mathrm{T}}D$ 不再是对角线的，不过，因为这种情况为数不多，所以 $D^{\mathrm{T}}D$ 仍是对角线为主的稀疏矩阵，求逆 $D^{\mathrm{T}}D$ 也能很快完成。

3. 格兰-史密特正交解

由于直接求 $D^{\mathrm{T}}D$ 的计算误差可能会导致矩阵奇异，同时变为法方程系数矩阵 $D_e$ 后，解的条件数会大大增加，故引入格兰-史密特方法。先给定正交函数 $q$，用 $q$ 展开波前相位 $\varphi$，

再通过最小二乘法求得展开式系数 $\boldsymbol{B}$，最后根据 $\boldsymbol{B}$ 与 Zernike 多项式展开系数 $\boldsymbol{A}$ 之间的关系，求得系数 $\boldsymbol{A}$。

设正交函数 $q_i(\rho)$ 对全部数据都是正交的，即

$$\sum_{i=1}^{N} q_\mu(\rho_i) q_r(\rho_i) = \delta_{\mu r} \tag{4.65}$$

式中，$\delta_{\mu r}$是克罗内克符号。用 $q_i(\rho)$ 展开波前相位，有

$$\varphi(\rho_i) = \sum_{j=1}^{N} b_j q_j(\rho_i) \tag{4.66}$$

使

$$\sum_{i=1}^{M} \left(\varphi(\rho_i) = \sum_{j=1}^{N} b_j q_j(\rho_j)\right)^2 = \min \tag{4.67}$$

可得到最小二乘解

$$\boldsymbol{B} = (Q^{\mathrm{T}}Q)^{-1}Q^{\mathrm{T}}\boldsymbol{G} \tag{4.68}$$

式中，$Q$ 为 $2M \times N$ 阶矩阵，列间正交，则

$$\begin{cases} Q^{\mathrm{T}} = Q^{-1} \\ \boldsymbol{B} = Q^{\mathrm{T}}\boldsymbol{G} \end{cases} \tag{4.69}$$

将矩阵 $D_g$ 分解为 $D_g = QR$，其中 $R$ 为 $N \times N$ 阶上三角矩阵，于是

$$R = Q^{-1}D_g = Q^{\mathrm{T}}D_g \tag{4.70}$$

由于

$$\boldsymbol{G} = Q\boldsymbol{B} = D_g \boldsymbol{a}_g \tag{4.71}$$

则

$$\boldsymbol{B} = RA_g \tag{4.72}$$

有了新函数系 $b_j$ 和三角矩阵 $R$，再用矩阵求逆法，即可求得 Zernike 函数的系数 $A_g$。因为 $R$ 是三角的，$R^{-1}$易于求解，故

$$A_g = R^{-1}\boldsymbol{B} \tag{4.73}$$

还可以采用简单迭代法，求解三角方程，从中求得 Zernike 系数 $A_g$。

4. 奇异值分解法

使用一系列选主元的 Householder 变换和带原点移位的 QR 方法对矩阵 $A$ 施行奇异值分解

$$A = USV^{\mathrm{T}} \tag{4.74}$$

式中，$\boldsymbol{U}$($M \times R$ 阶) 和 $\boldsymbol{V}$($N \times R$ 阶) 为次酉矩阵（$R$ 个标准正交列矢量并排构成的矩阵)，$\boldsymbol{U}$ 和 $\boldsymbol{V}$ 分别为矩阵的左、右奇异值矢量；$S$($R \times R$ 阶) 为含有 $A$ 矩阵奇异值的对角矩阵。

$$S = \mathrm{diag}(\sigma_1, \sigma_2, \cdots, \sigma_r) \tag{4.75}$$

$$R = \min(2M, N) \tag{4.76}$$

并有

$$\sigma_1 \geqslant \sigma_2 \geqslant \cdots \geqslant \sigma_r \geqslant 0 \tag{4.77}$$

于是，描述方程的最小二乘最小范数解的广义逆有如下形式：

$$A^+ = US^+V \tag{4.78}$$

奇异值分解是一种数值稳定性相当好的算法，不管矩阵条件数如何，用奇异值分解得到

的广义逆求解方程，在最小二乘最小范数下都能得到稳定解。

5. 直接积分解

假设波前离散化的采样点是均匀分布的，则可以从 Zernike 多项式的正交关系直接求得展开式系数 $a$，即

$$a_j = \frac{1}{\pi}\int_0^1\int_0^{2\pi}\varphi(\rho,\ \theta)z_j(\rho,\ \theta)\rho\mathrm{d}\rho\mathrm{d}\theta \tag{4.79}$$

这是展开系数 $a_j$ 的真正定义值。至于由式（4.64）和式（4.73）求得的都是 $a_j$ 近似值。为了提高后者的精度，要求采用高阶多项式。这样做会导致奇异方程，因而无法求解。鉴于一般的波前展开用低阶项近似的精度已经足够，同时计算较为简单，故得到广泛应用。式（4.79）的二维积分是很复杂的，有理论意义却并不实用。

## 4.5　相位恢复技术

相位恢复（Phase Retrieval，PR）是一个光学求逆问题，它不同于根据光波传输途径上某一截面的光分布来求取传播下游另一截面处的光分布这类“正向”问题，而是试图根据光波传输中某一（或某些）截面上的光强分布，反求其上游某一已知光强分布截面处的相位分布。本节仅研究基于点光源的相位恢复问题及其求解算法。

### 4.5.1　相位恢复基本原理

设光波 $E(r)$ 的相位为 $\varphi(r)$、强度为 $I(r)$，则

$$E(r) = |E(r)|\exp[\mathrm{j}\varphi(r)] = [I(r)]^{1/2}\exp[\mathrm{j}\varphi(r)] \tag{4.80}$$

光波沿近轴传播时，有以下波动方程：

$$\left(\mathrm{j}\frac{\partial}{\partial z} + \frac{1}{2k}\nabla^2 + k\right)E(r) = 0 \tag{4.81}$$

式中，$k = 2\pi/\lambda$；$\nabla^2 = (\partial^2/\partial x^2) + (\partial^2/\partial y^2)$。

将上式中的 $E(r)$ 换成 $E^*(r)$，该式也成立，即

$$\left(\mathrm{j}\frac{\partial}{\partial z} + \frac{1}{2k}\nabla^2 + k\right)E^*(r) = 0 \tag{4.82}$$

对式（4.81）左边乘 $E^*(r)$，对式（4.82）左边乘 $E(r)$，得

$$K\frac{\partial I}{\partial z} + \nabla I\ \nabla\varphi = 0 \tag{4.83}$$

因为波前误差 $W(r) = k\varphi(r)$，所以也可将式（4.83）改写为

$$\frac{\partial I}{\partial z} + \nabla I\ \nabla W + I\ \nabla^2 W = 0 \tag{4.84}$$

由式（4.83）、式（4.84）可知，如果已知波前的光强 $I(r)$ 的三维分布，就可以求出波前的三维相位分布。实际上我们只要求获得波前的二维相位分布，所以只要已知两个垂轴截面的光强分布，就能计算出某一平面上的相位分布。

### 4.5.2　相位恢复基本模型

对于由点光源发出的光波在光学系统瞳面上的波前相位分布，相位恢复算法的思路是基

于光瞳面和光瞳频谱面之间的傅里叶变换关系，已知光瞳频谱面的光强分布，求解光瞳面的相位分布。

通常，使用透镜可以实现对光瞳面的频谱变换。首先，我们给出透镜的一般变换公式。如图 4.18 所示，正透镜焦距为 $f$，物面位于透镜前 $d_1$ 处，观察面位于透镜后 $d_2$ 处。设物平面的光场分布为 $U_0(x_0, y_0)$，透镜前、后表面的光场分布为 $U_1(x', y')$ 和 $U_2(x', y')$，观察平面上的光场分布为 $U(x, y)$。

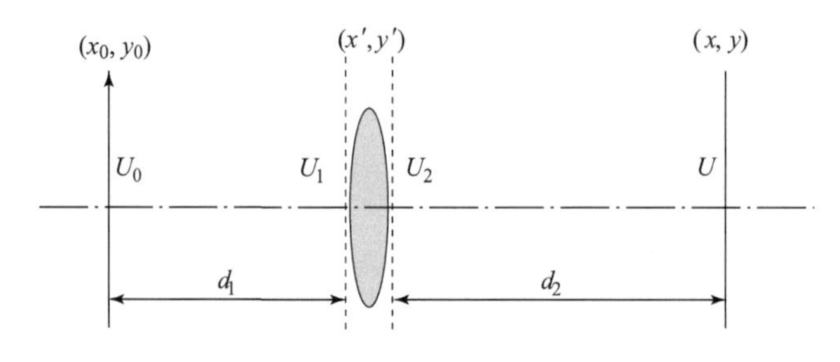


**图 4.18　透镜的变换效应**

假设光场在 $d_1$ 和 $d_2$ 距离上的传播满足菲涅耳近似条件，通过对光场 $U_0(x_0, y_0)$ 完成一次菲涅耳积分（遵循自由空间光传播理论）可以获得透镜前表面的光场 $U_1(x', y')$，之后引入透镜的相位变换因子

$$U_{\text{Lens}}(x', y') = \exp\left[-\mathrm{j}\frac{k}{2f}(x'^2 + y'^2)\right] \tag{4.85}$$

式中，$\mathrm{j}^2 = -1$；$k$ 为波矢数。

可以获得透镜后表面的光场 $U_2(x', y')$，再对光场 $U_2(x', y')$ 完成一次菲涅耳积分，可以获得观察平面上的光场分布

$$\begin{aligned} U(x, y) = {} & \frac{\exp[\mathrm{j}k(d_1 + d_2)]}{\mathrm{j}\lambda\varepsilon d_1 d_2}\exp\left[\mathrm{j}\frac{k}{2\varepsilon d_1 d_2}\left(1 - \frac{d_1}{f}\right)(x^2 + y^2)\right] \times \\ & \iint_{(-\infty, +\infty)} U_0(x_0, y_0)\exp\left\{\mathrm{j}\frac{k}{2\varepsilon d_1 d_2}\left[\left(1 - \frac{d_2}{f}\right)(x_0^2 + y_0^2) - 2(x_0 x + y_0 y)\right]\right\}\mathrm{d}x_0\mathrm{d}y_0 \end{aligned} \tag{4.86}$$

式中，$\lambda$ 为光波波长；$\varepsilon = \frac{1}{d_1} + \frac{1}{d_2} - \frac{1}{f}$。

当 $(d_1, d_2)$ 取 $(0, f)$ 或 $(f, f)$ 时，式（4.86）右端的复杂积分式均可简化为傅里叶变换式，分别为

$$\begin{aligned} U(x, y)\big|_{d_1=0,\ d_2=f} = {} & \frac{\exp(\mathrm{j}kf)}{\mathrm{j}\lambda f}\exp\left[\mathrm{j}\frac{k}{2f}(x^2 + y^2)\right] \times \\ & \iint_{(-\infty, +\infty)} U_0(x_0, y_0)\exp\left[-\mathrm{j}\cdot 2\pi\cdot\frac{(x_0 x + y_0 y)}{\lambda f}\right]\mathrm{d}x_0\mathrm{d}y_0 \end{aligned} \tag{4.87}$$

$$U(x, y)\big|_{d_1=0,\ d_2=f} = \frac{\exp[\mathrm{j}k2f]}{\mathrm{j}\lambda f}\iint_{(-\infty, +\infty)} U_0(x_0, y_0)\exp\left[-\mathrm{j}\cdot 2\pi\cdot\frac{(x_0 x + y_0 y)}{\lambda f}\right]\mathrm{d}x_0\mathrm{d}y_0 \tag{4.88}$$

于是，依 $(0, f)$ 或 $(f, f)$ 设置瞳面和观察面相对于透镜的位置关系，则观察面即为

光瞳频谱面。这就是相位恢复算法中常用的两种数学模型，简称为（0，$f$）型和（$f$，$f$）型。注意到两种模型的光瞳频谱面均取透镜的后焦面，将“光瞳面与光瞳频谱面”直接称为“瞳面 - 焦面”。

这样，相位恢复问题归结为：已知傅里叶变换对的各自振幅分布，求解相位分布。对于这个求逆问题，英国剑桥大学的两位学者 Gerchberg 和 Saxton 于 1972 年提出了经典的迭代傅里叶变换算法，后称为 G - S 算法。

### 4.5.3　G - S 算法

在光波的复振幅分布中，振幅和相位之间的关系远没有实部和虚部之间的关系明显，实部和虚部之间满足 Hilbert 变换。因此，只有利用两复振幅之间的傅里叶变换关系来求解相位。G - S 算法正是迭代使用了傅里叶变换，其算法框图如图 4.19 所示。

算法中，$U_0(x_0)=P(x_0)\cdot e^{j\varphi(x_0)}$ 为瞳面复振幅（使用一维形式以简化说明），其中振幅 $P(x_0)$ 已知，相位 $\varphi(x_0)$ 待求；$U(x)=A(x)\cdot e^{j\beta(x)}$ 为焦面复振幅，其中振幅 $A(x)$ 已测；$k$ 为迭代序号。

迭代从图 4.19 上方中央框出发，当 $k=1$ 时，$\varphi^{(1)}(x)$ 使用假设的初相位。图中描述了第 $k$ 次迭代过程。$U_0^{(k)}$ 的快速傅里叶变换（FFT）的振幅 $B^{(k)}$ 被与 $A$ 比较，若两者之差小于一预定阈值，则表明 $U_0^{(k)}(x_0)$ 产生的像面光强与实际测量分布 $A^2(x)$ 一致，$\varphi^{(k)}(x_0)$ 即为所求的解 $\varphi^*$；否则用 $A$ 置换 $B^{(k)}$ 后作快速傅里叶逆变换（IFFT）得 $U_0^{(k+1)}(x_0)$，令 $k=k+1$，接着用 $P$ 置换 IFFT 得到的振幅 $Q^{(k)}$，进行下一次迭代，直至 $B\approx A$。

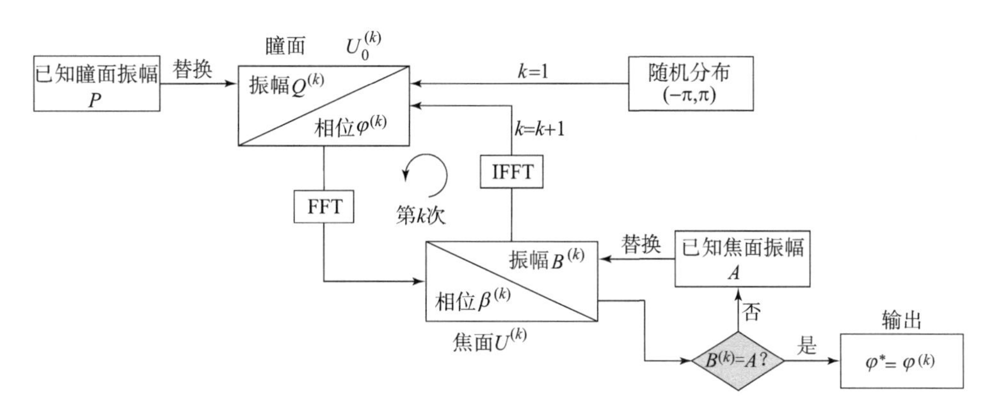


**图 4.19　G - S 算法流程图**

关于 G - S 算法的收敛性，Gerchberg 和 Saxton 从矢量（幅角代表相位，幅值代表振幅）角度进行了分析，运用傅里叶变换 Parseval 定理得出结论：

$$\sum_{x_0}|Q^{(k)}(x_0)-P(x_0)|^2\geqslant\sum_{x}|B^{(k)}(x)-A(x)|^2\geqslant\sum_{x_0}|Q^{(k+1)}(x_0)-P(x_0)|^2 \tag{4.89}$$

但振幅的收敛并不能证明相位的收敛以及收敛于真值，或者说不能证明 G - S 算法的解是否唯一。由于早期的研究目的只是光强收敛，Gerchberg 和 Saxton 仅指出解的唯一性问题，却未提出解决方法。

### 4.5.4 相位变更相位恢复模型

在相位恢复波前传感中，显然必须确保解的唯一性，但这恰恰是 G－S 算法无法保证的。在随后的 20 年里，研究人员深入探讨了 G－S 算法的收敛性以及光瞳相位解的唯一性等问题，并提出了多种修正的 G－S 算法。直到 1993 年，Roddier 将离焦型“相位变更”（phase diversity）引入相位恢复模型中，相位恢复算法才找到了实质性的突破方向。

所谓“相位变更”，其思路是在瞳面上附加已知的相位分布（“相位变更”），从而获得附加前后的多幅焦面光强分布，继而根据数量倍增的已知条件，排除仅满足任何单一条件的解，找到同时满足所有条件的解，从而提高解的唯一性。若瞳面、焦面各采样 $N$ 个点，则由式（4.88）可建立 $N$ 个方程。但因这两个面上的相位均未知，故有 $N+N=2N$ 个未知量，导致解不唯一。通过相位变更，可获得另 $N$ 个方程，用这 $2N$ 个方程去求解 $2N$ 个未知量，原则上便可获得唯一解。

Roddier 提出的离焦“相位变更”引入方法是：通过探测焦面附近已知距离的离焦面光强分布，等效于探测在光瞳面引入离焦“相位变更”后的焦面光强分布，由此获得一系列不同离焦“相位变更”下的焦面光强分布。不同于其他类型的“相位变更”，离焦“相位变更”的实现简单、无须标定，并且能有效扩大探测面光斑（离焦面点扩散函数）尺寸，从而降低对探测器信噪比的要求，增加更多的光强分布信息。

1. $(0, f_D)$ 相位变更相位恢复模型

对式（4.85）中 $(d_1, d_2)$ 取 $(0, f_D)$，其中 $f_D=f+d$，$d$ 为离焦距离，方向沿光传播方向。于是，$\varepsilon d_1 d_2=f+d$，式（4.85）变为

$$U(x, y)\big|_{\substack{d_1=0,\\ d_2=f_D}} = \frac{\exp[\mathrm{j}k(f+d)]}{\mathrm{j}\lambda(f+d)}\exp\left[\mathrm{j}\frac{k}{2(f+d)}(x^2+y^2)\right]\times \iint_{(-\infty,+\infty)} U_0(x_0, y_0)\cdot\exp\left[-\mathrm{j}\cdot k\cdot d\cdot\frac{(x_0^2+y_0^2)}{2(f+d)\cdot f}\right]\cdot \exp\left[-\mathrm{j}\cdot 2\pi\cdot\frac{(x_0x+y_0y)}{\lambda(f+d)}\right]\mathrm{d}x_0\mathrm{d}y_0 \tag{4.90}$$

其中，式（4.90）右端积分式外的相位因子 $\exp\left[\mathrm{j}\frac{k}{2(f+d)}(x^2+y^2)\right]$ 不体现在光强中。于是，在 $f_D$ 处探测离焦面 PSF 即等效于在光瞳面引入离焦“相位变更” $\varphi_{\text{Diversity}}(x_0, y_0, d)=-k\cdot d\cdot\frac{(x_0^2+y_0^2)}{2(f+d)\cdot f}$ 后在焦面探测 PSF。对比式（4.87）和式（4.90），发现两傅里叶变换的唯一差别在于与空间域 $(x_0, y_0)$ 对应的空间频域离散采样由 $\left(\frac{x_i}{\lambda f}, \frac{y_i}{\lambda f}\right)$ 变为 $\left(\frac{x_i}{\lambda f_D}, \frac{y_i}{\lambda f_D}\right)$。

因此，在 $(0, f_D)$ 相位变更相位恢复模型中，对于确定的空间域 $(x_0, y_0)$，不同 $f_D$（不同离焦面）对应的空间频域采样间隔应该不同；换言之，需要对探测器在不同离焦面拍摄的光强分布数据进行重采样，以调整各个面上的采样间距。

重采样将带来额外计算量和插值误差是显见的，于是 Fienup 运用角谱传播理论提出改进的（0，$f_D$）相位变更相位恢复模型，使各离焦面的采样间距一致。首先，依式（4.90）获得 $d=d_1$ 处的离焦面复振幅分布 $U(x, y, f_{D_1})$；随后，对 $U(x, y, f_{D_1})$ 进行空间频率分解获得各平面波分量的角谱，并依角谱公式计算光场从 $d=d_1$ 处传播到 $d=d_2$ 处的角谱；最后，由各平面波分量的角谱组合出 $f_{D_2}$处的离焦面复振幅分布 $U(x, y, f_{D_2})$。在该模型中计算不同离焦面的光强分布，都需要从 $f_{D_1}$ 焦面开始。

2.（$f$，$f_D$）相位变更相位恢复模型

对式（4.86）中（$d_1$，$d_2$）取（$f$，$f_D$），其中 $f_D=f+d$，$d$ 的含义同于（0，$f_D$）模型中的叙述。于是，$\varepsilon d_1 d_2=f$，式（4.86）变为

$$U(x, y)\big|_{\substack{d_1=f,\\ d_2=f_D}} = \frac{\exp[\mathrm{j}k(2f+d)]}{\mathrm{j}\lambda f}\times \iint_{(-\infty,+\infty)} U_0(x_0, y_0)\exp\left[-\mathrm{j}\cdot k\cdot d\cdot\frac{(x_0^2+y_0^2)}{2f^2}\right]\exp\left[-\mathrm{j}\cdot 2\pi\cdot\frac{(x_0x+y_0y)}{\lambda f}\right]\mathrm{d}x_0\mathrm{d}y_0 \tag{4.91}$$

同样，在 $f_D$ 处探测离焦面 PSF 即等效于在光瞳面引入离焦“相位变更”$\varphi_{\text{Diversity}}(x_0, y_0, d) = -k\cdot d\cdot\dfrac{(x_0^2+y_0^2)}{2f^2}$后探测焦面 PSF，并且不同离焦面上的空间频域采样间隔均保持一致。

（$f$，$f_D$）相位变更相位恢复模型较之（0，$f_D$）模型更为适用于实际波前传感要求。下文中相位变更相位恢复（Phase Diversity Phase Retrieval，PDPR）模型，若不做特殊说明，均指（$f$，$f_D$）相位变更相位恢复模型。

### 4.5.5　光强探测和 PDPR 模型中的离散采样

在数值计算中，通常使用快速傅里叶变换（FFT）实现傅里叶变换积分。如图 4.20 所示，假设模型中瞳面离散矩阵的采样间隔为 $\Delta x_0$（$y$ 方向上相同），矩阵大小为 $N\times N$，经 FFT（变换前后矩阵大小不变）后，频谱矩阵的采样间隔 $\Delta\xi$ 满足 $\Delta x_0\cdot\Delta\xi=1/N$，并且由式（4.91）知 $\Delta\xi=\Delta x/\lambda f$，于是有 $\Delta x_0\cdot\Delta x=\lambda f/N$。假设探测面的采样间隔（探测器像元尺寸）为 $\Delta x'$，为便于匹配计算，一般设 $\Delta x=m\cdot\Delta x'$，其中 $m=1, 2, \cdots$为正整数。因此，在 $\lambda$、$f$、$\Delta x'$、$m$、$N$ 确定之后，瞳面的采样间隔 $\Delta x_0$ 即确定：

$$\Delta x_0=\frac{\lambda f}{m\cdot N\cdot\Delta x'} \tag{4.92}$$

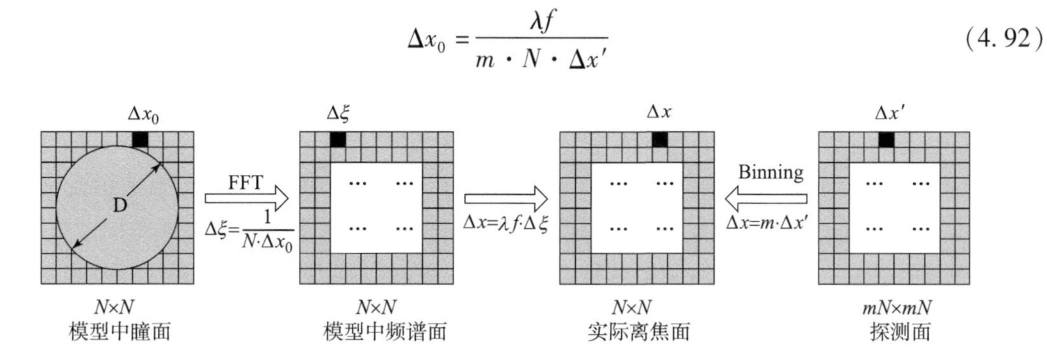


**图 4.20　模型和探测中的离散采样**

假设光瞳实际口径为 $D$，采样间隔 $\Delta x_0$ 还需满足：$D \leqslant N \cdot \Delta x_0$。

### 4.5.6 基于迭代变换的 PDPR 算法

1998 年美国加州大学喷气推进实验室（JPL）的研究人员在探索“下一代空间望远镜”（Next Generation Space Telescope，NGST，后更名为 James Webb Space Telescope，JWST）的相关波前传感技术中，提出了一种“稳健”的 PDPR 算法——MGS（Modified G－S）算法。之后，研究人员为了使 MGS 算法能够具有更大的波前传感动态范围，将多种相位解包裹技术引入算法中，提出了波前传感精度高且动态范围较大的 Baseline 算法。

1. MGS 算法

如图 4.21 所示，MGS 算法除了使用焦面光强数据外，还引入两个离焦面（其离焦位置关于焦面对称）的光强数据，基于式（4.91）并行建立 3 组 G－S 迭代，每一次循环中各组均使用相同的迭代相位初值，并在完成一次 G－S 迭代之后进行加权平均，从而获得下一次循环的迭代相位初值，重复以上步骤直至各组 G－S 迭代的焦面（离焦面）光强均收敛至测量值，各组 G－S 迭代的瞳面相位趋于一致。

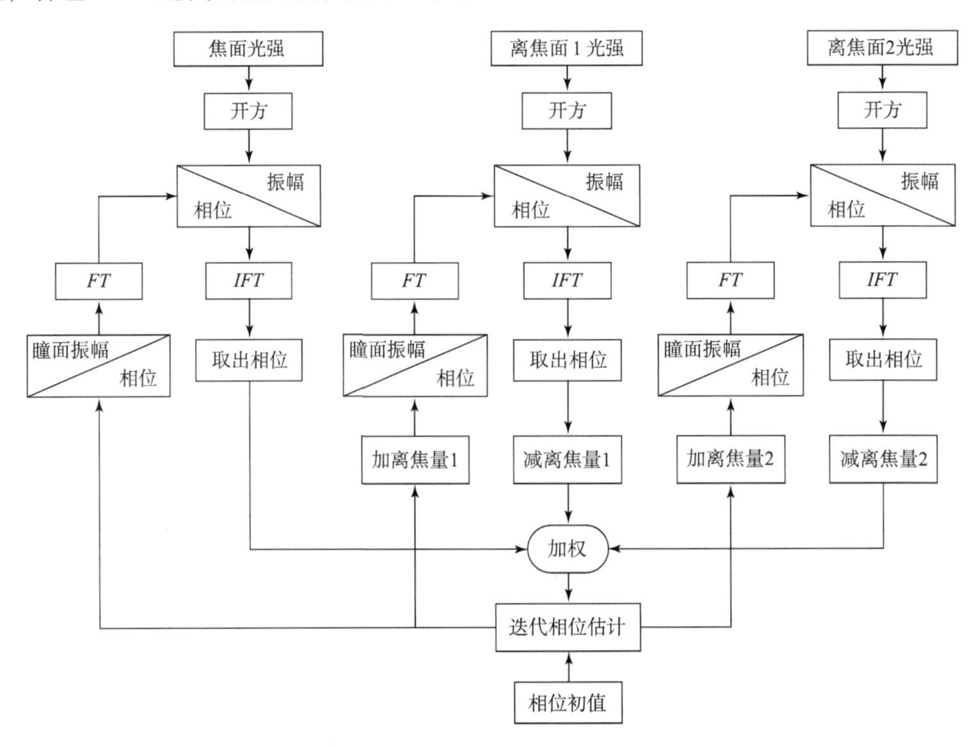


**图 4.21 MGS 算法流程图**

MGS 算法的实质是在不增加变量维数的前提下，通过获得关于待求变量更多的信息，求得唯一、准确收敛的解分布。它的提出标志着迭代变换算法逐步走向成熟应用阶段。

虽然 MGS 算法可获得较高的传感精度，但是它未能解决当波前分布 PV（峰谷）值大于一个波长时相位分布中出现的 $2\pi$ 不定性问题，这使得该算法的波前传感动态范围受限于一个波长。此外，焦面的光强分布过于集中，以此作为一组 G－S 迭代很难获得收敛理想的迭代结果。

2. Baseline 算法

在 MGS 算法中，各面的迭代相位估计被包裹在（$-\pi$，$\pi$］之中，因此一旦被测波前分布的 PV 值大于一个波长，各面的估计就不能直接加权求和，需要通过解包裹获得真实相位估计后才可加权求和。为此，JPL 的研究人员提出 Baseline 算法，对 MGS 算法做了多处改进，其中最关键的是提出了包括路径无关型相位解包裹算法和无权值最小二乘相位解包裹算法在内的混合解包裹算法。

Baseline 算法框图如图 4.22 所示。算法包括多个针对不同离焦面采用 G－S 算法的内循环和一个外循环，它首先对各个内循环的迭代包裹相位估计，使用混合解包裹算法完成相位解包裹，之后对各解包裹相位分布作加权平均，并把平均相位分布作为下次内循环的初始相位。此外，由于各离焦面引入的离焦“相位变更”不同，在进行 G－S 迭代之前和之后需要添加和剔除各面的“相位变更”量 $\varphi_{\text{Diversity}}(d)$。同时，光学系统自身的像差也被考虑在内。

综上所述，Baseline 算法不但继承了 MGS 算法使用“相位变更”的思路，从而具有解的唯一性和较优的传感精度，又解决了相位包裹对 MGS 算法传感波前动态范围的限制，被视为解决相位恢复问题的首选迭代变换算法。但 Baseline 算法迭代前期的收敛速度和方向并不十分理想，且不适用于具有大动态范围、光瞳内存在区域遮挡的波前传感。

3. PDPR 模型中的目标函数

使用前 $S$ 阶 Zernike 多项式，光瞳相位分布 $\varphi(x_0, y_0)$ 可描述为

$$\varphi(x_0, y_0) = \sum_{u=1}^{S} \alpha_u \cdot Z_u(x_0, y_0) \tag{4.93}$$

式中，$u$ 为阶数；$Z_u(x_0, y_0)$ 为第 $u$ 阶 Zernike 多项式的表达式；$\alpha_u$ 为第 $u$ 阶多项式的系数。

将式（4.93）代入式（4.91），使用 FFT 实现傅里叶变换并取模的平方，可获得离焦面 $f_D$ 上的光强分布 $I_{\text{Model}}(x, y, f_D, \alpha)$，为

$$\begin{aligned} I_{\text{Model}}(x, y, f_D, \alpha) = -\frac{1}{(\lambda f)^2} \cdot \text{FFT}\{P \cdot \exp(\mathrm{i} \cdot \varphi) \cdot \exp(\mathrm{i} \cdot \varphi_{\text{Diversity}})\} \cdot \\ \text{FFT}^*\{P \cdot \exp(\mathrm{i} \cdot \varphi) \cdot \exp(\mathrm{i} \cdot \varphi_{\text{Diversity}})\} \end{aligned} \tag{4.94}$$

式中，$P$ 代表 $P(x_0, y_0)$；$\varphi$ 代表 $\varphi(x_0, y_0, \alpha)$；$\varphi_{\text{Diversity}}$ 代表 $\varphi_{\text{Diversity}}(x_0, y_0, d)$；$\alpha$ 为前 $S$ 阶 Zernike 系数构成的向量；上标 $^*$ 表示取复共轭。

同时，由探测器测得离焦面 $f_D$ 上的光强分布为 $I_{\text{Sensor}}(x, y, f_D)$，对两光强分布各自进行归一化得 $\hat{I}_{\text{Model}}$ 和 $\hat{I}_{\text{Sensor}}$，可建立离散形式下参数最优化算法的目标函数 $F$：

$$F(\alpha) = \sum_{m=1}^{M} \sum_{n=1}^{N} [\hat{I}_{\text{Sensor}}(m, n, f_D) - \hat{I}_{\text{Model}}(m, n, f_D, \alpha)]^2 \tag{4.95}$$

式中，$M \times N$ 为离散矩阵的大小。

4. 基于梯度计算的参数最优化算法

在最优化理论中，使用目标函数梯度信息计算搜索增量的算法有许多，其中适合相位恢复模型的主要有 3 种：最速下降法，共轭梯度法和牛顿法。其中，牛顿法还使用了目标函数的二阶偏导信息，基于它的简化算法有 L－M 算法和阻尼高斯－牛顿法。

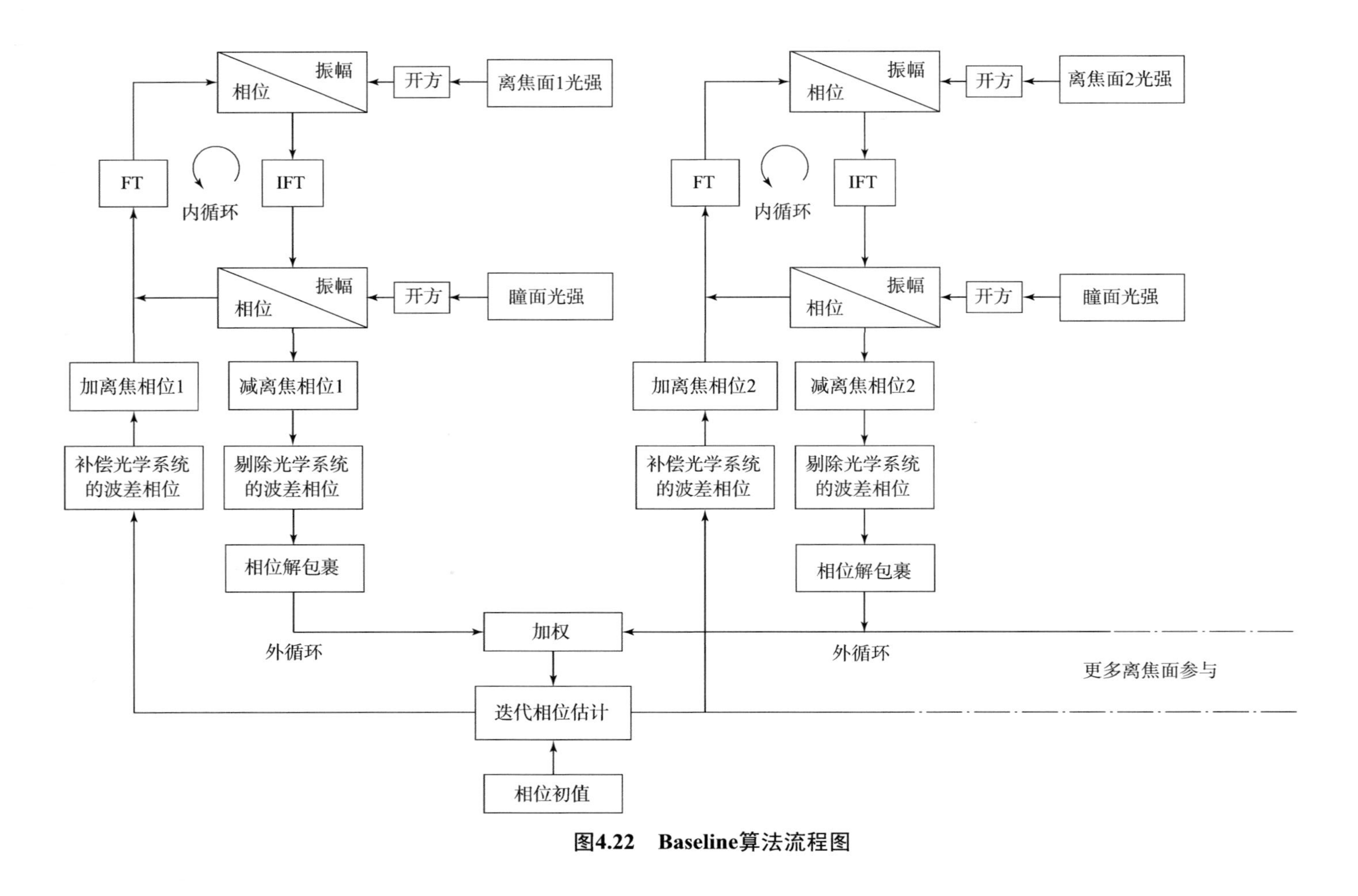


图4.22 Baseline算法流程图

1982 年，Fienup 提出用最速下降法或共轭梯度法求解相位恢复问题，并对各算法的迭代性能作了比较。到 20 世纪 90 年代初期，为检测哈勃望远镜的成像系统失调像差，Fienup 沿用早前提出的这两种算法，取得了较好的结果。另外，Redding 提出用 L－M 算法求解该相位恢复问题，并也取得与之一致的测量结果。

直到今天，最速下降法、共轭梯度法和 L－M 算法仍然是最常用的 3 种参数最优化算法，并分别适用于不同参数表达形式下的目标函数。其中，对于使用 Zernike 多项式描述波前的目标函数，由于各阶模式相对于目标函数的贡献很不一致，使得用前两种方法准确求解各阶模式系数的难度很大，使用 L－M 算法较为合适。

L－M 算法是牛顿法的简化算法，它不直接计算目标函数 $F(\boldsymbol{\alpha})$ 关于 $\alpha_u$ 的二阶偏导矩阵（Hessian 矩阵）中的 $S(\boldsymbol{\alpha}^{(k)})$ 项，而是用一个可调节系数和一个单位矩阵共同构造一个正定对角矩阵来替换它，通过调节系数值使算法在迭代初期具有最速下降方向，在迭代后期具有高斯－牛顿（Guass-Newton）收敛方向。

L－M 的迭代公式为

$$\boldsymbol{d}^{(k)}=(\boldsymbol{\alpha}^{(k+1)}-\boldsymbol{\alpha}^{(k)})=-[\boldsymbol{J}^{\mathrm{T}}(\boldsymbol{\alpha}^{(k)})\cdot\boldsymbol{J}(\boldsymbol{\alpha}^{(k)})+l^{(k)}\cdot\boldsymbol{I}]^{-1}\cdot\boldsymbol{J}^{\mathrm{T}}(\boldsymbol{\alpha}^{(k)})\cdot\boldsymbol{H}(\boldsymbol{\alpha}^{(k)}) \tag{4.96}$$

式中，$\boldsymbol{\alpha}^{(k)}$ 为第 $k$ 次迭代解向量；$\boldsymbol{d}^{(k)}$ 为 $\boldsymbol{\alpha}^{(k)}$ 的迭代增量；$l^{(k)}$ 为第 $k$ 次迭代的可调节系数；$\boldsymbol{I}$ 为 $S$ 阶单位矩阵；$\boldsymbol{H}(\boldsymbol{\alpha}^{(k)})$ 是由（$m$，$n$）面内各点的 $h(m, n, f_{\mathrm{D}}, \boldsymbol{\alpha}^{(k)})$ 值构成的列向量，长度（维数）为 $M\times N$，其中，

$$h(m, n, f_{\mathrm{D}}, \boldsymbol{\alpha}^{(k)})=\hat{I}_{\mathrm{Sensor}}(m, n, f_{\mathrm{D}})-\hat{I}_{\mathrm{Model}}(m, n, f_{\mathrm{D}}, \boldsymbol{\alpha}^{(k)}) \tag{4.97}$$

$J(\boldsymbol{\alpha}^{(k)})$ 为 $h(m, n, f_{\mathrm{D}}, \boldsymbol{\alpha}^{(k)})$ 关于 $\alpha_u$ 的 Jacobi 矩阵。

因此，设定最佳的 $l^{(k)}$ 值，是 L－M 算法收敛的关键。$h(m, n, f_{\mathrm{D}}, \boldsymbol{\alpha}^{(k)})$ 关于 $\alpha_u$ 的一阶偏导为

$$\begin{aligned}\frac{\partial h(m, n, f_{\mathrm{D}}, \boldsymbol{\alpha}^{(k)})}{\partial\alpha_u}&=-\frac{\partial\hat{I}_{\mathrm{Model}}(m, n, f_{\mathrm{D}}, \boldsymbol{\alpha}^{(k)})}{\partial\alpha_u}\\&=\frac{[\mathrm{FFT}\{U_{\mathrm{total}}\cdot\mathrm{i}\cdot Z_u\}\cdot\mathrm{FFT}^*\{U_{\mathrm{total}}\}+\mathrm{FFT}\{U_{\mathrm{total}}\}\cdot\mathrm{FFT}^*\{U_{\mathrm{total}}\cdot\mathrm{i}\cdot Z_u\}]}{(\lambda f)^2\cdot\mathrm{Max}[I_{\mathrm{Model}}(m, n, f_{\mathrm{D}}, \boldsymbol{\alpha}^{(k)})]}\end{aligned} \tag{4.98}$$

式中，$\mathrm{Max}[I_{\mathrm{Model}}(m, n, f_{\mathrm{D}}, \boldsymbol{\alpha}^{(k)})]$ 为 $I_{\mathrm{Model}}(m, n, f_{\mathrm{D}}, \boldsymbol{\alpha}^{(k)})$ 分布中的极大值；$Z_u$ 代表 $Z_u(x_0, y_0)$；$U_{\mathrm{total}}=P\cdot\exp(\mathrm{i}\cdot\varphi)\cdot\exp(\mathrm{i}\cdot\varphi_{\mathrm{Diversity}})$。

由式（4.97），可完成对 L－M 迭代公式（4.96）的计算。

### 4.5.7　基于参数最优化的 PDPR 算法

1976 年，Gonsalves 在（0，$f$）相位恢复模型中，首次使用一组未知参数描述被测波前，并提出基于参数搜索的相位恢复思路。此后的 20 多年，运用参数最优化方法求解相位恢复问题，逐步成了相位恢复算法的另一个主要研究方向。相关文献习惯将各种基于参数最优化方法的 PDPR 算法归为一类，称为参数最优化算法（Parametric Algorithm）。

同理于 G－S 算法，针对（0，$f$）相位恢复模型，使用最优化算法无法获得唯一的解分布，因此引入“相位变更”的 PDPR 模型。由于所有参数最优化算法仅沿光束传输方向计算

焦面/离焦面光场分布，因此使用角谱理论的（0，$f_D$）相位变更相位恢复模型也能适用。

根据不同的波前测量目的和波前分布特征，可以有针对性地建立关于被测波前相位分布 $\varphi(x_0, y_0)$ 的参数表达式。对于简单圆光瞳上的波前分布，若其中的低阶像差成分占优则使用像差多项式描述；若其空间频率范围以中低阶为主，则使用前 $S$ 阶 Zernike 多项式描述；若波前分布很难用各种多项式分布拟合，则直接采用各离散点的相位矢高值（点阵型，point-by-point）描述。

## 参考文献


[1] Babcock H W. The possibility of compensating atmospheric seeing [J]. Publ. Astron. Soc. Pac., 1953, 65: 229-236.

[2] Hardy J H. Adaptive Optics for Astronomical Telescope [M]. Oxford University Press, 1998.

[3] Gerchberg R W, Saxton W O. A practical algorithm for the determination of phase from image and diffraction plane pictures [J]. Optik, 1972, 35: 237-246.

[4] Ragazzoni R. Pupil plane wavefront sensing with an oscillation prism [J]. Modern Optics, 1996, 43: 289-293.

[5] Bloemhof E E, Westphal J A. Design considerations for a novel phase-contrast adaptive-optics wavefront sensor [J]. Proc. SPIE, 2002, 4494: 363-370.

[6] Andersen G, Reibel R. Holographic wavefront sensor [C]. Proc. SPIE, 2005, 5894: 589400-1.

[7] Gonsalves R A. Phase retrieval and diversity in adaptive optics [J]. Opt. Eng., 1982, 21: 829-832.

[8] Ragazzoni R, et al. Is there need of any modulation in the pyramid wavefront sensor [C]. Proc. SPIE, 2003, 4839: 288-298.

[9] Verinaud C. On the nature of the measurements provided by a pyramid wavefront sensor [J]. Opt. Comm., 2004, 233: 27-38.

[10] Richard G Lane, et al. Comparison of wavefront sensing with the S-H and pyramid sensor [J]. Proc. SPIE, 2004, 5490: 1211-1222.

[11] Ragazzoni R, et al. Sensitivity of a pyramidic wavefront sensor in closed loop Adaptive Optics [J]. Astron. Astrophys., 1999, 350: 23-26.

[12] Harry de Man, et al. First result with an Adaptive Optics test bench [C]. Proc. SPIE, 2003, 4839: 121-130.

[13] Ragazzoni R, et al. Layer oriented Multi-Conjugate Adaptive Optics system: performance analysis by numerical simulations [J]. Proc. SPIE, 2003, 4839: 524-535.

[14] Goodman J. Introduction to Fourier Optics [M]. New York: McGraw-Hill, 1968.

[15] Bloemhof E E, Wallace J K. Phase contrast wavefront sensing for adaptive optics [J]. Proc. SPIE, 2004, 5553: 159-169.

[16] Bloemhof E E, Wallace J K. Simple broadband implementation of a phase contrast wavefront sensor for adaptive optics [J]. Opt. Exp., 2004, 12: 6240-6245.

[17] Dyrud P, Andersen G. Fast holographic wavefront sensor [C]. Proc. SPIE, 2006, 6215: 62150I - 1.
[18] Misell D L. A method for the solution of the phase problem in electron microscopy [J]. J. Phys. D: Appl. Phys., 1973, 6: L6 - L9.
[19] Roddier C, Roddier F. Combined approach to the Hubble Space Telescope wavefront distortion analysis [J]. Appl. Opt., 1993, 32 (16): 2992 - 3008.
[20] Gonsalves R A. Phase retrieval from modulus data [J]. J. Opt. Soc. Am., 1976, 66: 961 - 964.
[21] Paxman R G, Fienup J R. Optical misalignment sensing and image reconstruction using phase diversity [J]. J. Opt. Soc. Am. A, 1988, 5: 914 - 923.
[22] Fienup J R. Phase retrieval for undersampled broadband images [J]. J. Opt. Soc. Am. A, 1999, 16: 1831 - 1837.
[23] Brady G R, Fienup J R. Nonlinear optimization algorithm for retrieving the full complex pupil function [J]. Opt. Exp., 2006, 14: 474 - 486.
[24] Kendrick R L, Acton D S, et al. Experimental results from the Lockheed phase diversity test facility [J]. Proc. SPIE, 1994, 2302: 312 - 322.
[25] Kendrick R L, Bell R, et al. Closed loop wavefront correction using phase diversity [C]. Proc. SPIE, 1998, 3356: 844 - 853.
[26] Paxman R G, Schulz T J, James R Fienup. Joint estimation of object and aberrations by using phase diversity [J]. J. Opt. Soc. Am. A, 1992, 9: 1072 - 1085.
[27] Seldin J H, Fienup J R. Iterative blind deconvolution algorithm applied to phase retrieval [J]. J. Opt. Soc. Am. A, 1990, 7: 428 - 433.
[28] Paxman R G, et al. Phase-diverse adaptive optics for future telescopes [C]. Proc. SPIE, 2007, 6711: 671103 - 1.
[29] Teague M R. Irradiance moments: their propagation and use for unique retrieval of phase [J]. J. Opt. Soc. Am., 1983, 72: 1199 - 1209.
[30] Teague M R. Deterministic phase retrieval: a Green's function solution [J]. J. Opt. Soc. Am., 1983, 73: 1434 - 1441.
[31] Gureyev T E, Nugent K A. Phase retrieval with the transport-of-intensity equation: matrix solution with use of Zernike polynomials [J]. J. Opt. Soc. Am. A, 1995, 12: 1932 - 1941.
[32] Gureyev T E, Nugent K A. Phase retrieval with the transport-of-intensity equation: orthogonal series solution for nonuniform illumination [J]. J. Opt. Soc. Am. A, 1996, 13: 1670 - 1682.
[33] Gureyev T E, Nugent K A. Rapid quantitative phase imaging using the transport of intensity equation [J]. Opt. Comm., 1997, 133: 339 - 346.
[34] Greenaway A H, et al. Simultaneous multiplane imaging with a distorted diffraction grating [J]. Appl. Opt., 1999, 38: 6692 - 6699.
[35] Greenaway A H, et al. Phase-diversity wavefront sensing with a distorted diffraction grating

[J]. Appl. Opt., 1999, 39: 6649 – 6655.

[36] Greenaway A H, et al. Wavefront sensing by use of a Green's function solution to the intensity transport equation [J]. J. Opt. Soc. Am. A, 1999, 20: 508 – 512.

[37] Woods S C, Greenaway A H. Wave-front sensing by use of a Green's function solution to the intensity transport equation [J]. J. Opt. Soc. Am. A, 2003, 20: 508 – 512.

[38] Campbell H I, et al. Generalized phase diversity for wave-front sensing [J]. Opt. Lett., 2004, 29: 2707 – 2709.

[39] Fienup J R. Phase-retrieval algorithms for a complicated optical system [J]. Appl. Opt., 1993, 32: 1737 – 1746.

[40] Fienup J R, Marron J C, et al. Hubble Space Telescope characterized by using phase-retrieval algorithms [J]. Appl. Opt., 1993, 32: 1747 – 1767.

[41] Redding D C, Dumont P, Yu J. Hubble Space Telescope prescription retrieval [J]. Appl. Opt., 1993, 32: 1728 – 1736.

[42] Redding D C, et al. Wavefront sensing and control for a Next Generation Space Telescope [C]. Proc. SPIE, 1998, 3356: 758 – 772.

[43] Redding D, Basinger S. Wavefront Control for a Segmented Deployable Space Telescope [C]. Proc. SPIE, 2000, 4013: 546 – 558.

[44] Acton D S, et al. James Webb Space Telescope wavefront sensing and control algorithms [C]. Proc. SPIE, 2004, 5487: 887 – 896.

[45] Dean B H, et al. Phase retrieval algorithm for JWST flight and testbed telescope [C]. Proc. SPIE, 2006, 6265: 626511 – 1.

[46] 苏显渝，李继陶. 信息光学 [M]. 北京：科学出版社，2002.

[47] Born M, Wolf E Principles of Optics [M]. 5th Edition, New York: Pergamon Press, 1975.

[48] Luke D R, Burke J V, Lyon R G. Optical wavefront reconstruction: theory and numerical methods [J]. Soc. I. A. M., 2002, 44 (2): 169 – 224.

[49] Fienup J R. Iterative method applied to image reconstruction and to computer generated holograms [J]. Opt. Eng., 1980, 19 (3): 297 – 305.

[50] Fienup J R. Phase retrieval algorithms: a comparison [J]. Appl. Opt., 1982, 21 (15): 2758 – 2769.

[51] Fienup J R, Wackerman C C. Phase retrieval stagnation problems and solutions [J]. J. Opt. Soc. Am. A, 1986, 3: 1897 – 1907.

[52] Guozhen Yang, Benyuan Gu, et al. On the amplitude-phase retrieval problem in an optical system involved nonunitary transformation [J]. Optik, 1987, 75: 68 – 74.

[53] Guozhen Yang, Benyuan Gu, et al. G – S and Y – G algorithm for phase retrieval in a nonunitary transform system: a comparison [J]. Appl. Opt., 1994, 33 (2): 209 – 218.

[54] Cohen D, Redding D C. NGST high dynamic range unwrapped phase estimation [C]. Proc. SPIE, 2003, 4850: 336 – 344.

[55] Foley J T, Butts R R. Uniqueness of phase retrieval from intensity measurement [J]. J. Opt. Soc. Am., 1981, 71 (8): 1008 – 1014.

[56] Malacara D, DeVore S. Optical Shop Testing [M]. 2nd Edition. New York: John Wiley and Sons, 1992.

[57] Dean B H, Bowers C W. Diversity selection for phase-diverse phase retrieval [J]. J. Opt. Soc. Am. A, 2003, 20 (8): 1490 - 1504.

[58] Green J J, Redding D C, et al. Extreme wavefront sensing accuracy for the Eclipse Coronagraphic Space Telescope [C]. Proc. SPIE, 2003, 4860: 266 - 276.

[59] Malacara D, DeVore S. Optical Shop Testing [M]. 2nd Edition. New York: Wiley Press, 1992.

[60] Dunkl C F. Orthogonal polynomials on the hexagon [J]. SIAM J. Appl. Math., 1987, 47, 343 - 351.

[61] 王潇，毛珩，赵达尊．基于环扇域正交多项式的波前重构仿真 [J]. 北京理工大学学报, 2007, 27 (3): 260 - 265.

[62] Fang Shi, Basinger S A, Redding D C. Performance of Dispersed Fringe Sensor in the presence of segmented mirror aberrations-modeling and simulation [C]. Proc. SPIE, 2006, 6265: 62650Y - 1.

[63] 朱秋冬，王珊珊，曹根瑞，分块镜共相位校正的新方法 [C]. 第四届“先进光学加工和测试技术”国际会议，SPIE 会议论文集，成都，2008.

[64] Ohara C M, Redding D C, Fang Shi, et al. PSF monitoring and in-focus wavefront control for NGST [C]. Proc. SPIE, 2003, 4850: 416 - 427.

[65] Alloin D M, Mariotti J M. Astronomical Reference Sources [C]. Proc. Of the NATO Advanced Study Institute on Adaptive Optics for Astronomy 423, 172 (Appendix), 1993.

[66] 张加涛．移相干涉测量中相位解包算法的研究 [D]. 南京：南京理工大学, 2006.

[67] 朱日宏，陈磊，王青，等．移相干涉测量术及其应用 [J]. 应用光学, 2006, 27 (2): 85 - 88.

[68] Soldevila F, Durán V, Clemente P, et al. Phase imaging by spatial wavefront sampling [J]. Optica, 2018, 5: 164 - 174.

[69] Nishizaki Y, Valdivia M, Horisaki R, et al. Deep learning wavefront sensing [J]. Opt. Express, 2019, 27: 240 - 251.

[70] Koukourakis N, Fregin B, König J, et al. Wavefront shaping for imaging-based flow velocity measurements through distortions using a Fresnel guide star [J]. Opt. Express, 2016, 24: 22074 - 22087.

[71] Claus D, Pedrini G, Osten W. Iterative phase retrieval based on variable wavefront curvature [J]. Appl. Opt., 2017, 56: F134 - F137.

[72] Kasztelanic R, Filipkowski A, Pysz D, et al. High resolution Shack-Hartmann sensor based on array of nanostructured GRIN lenses [J]. Opt. Express, 2017, 25: 1680 - 1691.

[73] Zhou W, Raasch T, Yi A. Design, fabrication, and testing of a Shack-Hartmann sensor with an automatic registration feature [J]. Appl. Opt., 2016, 55: 7892 - 7899.

[74] Ko J, Davis C. Comparison of the plenoptic sensor and the Shack&-Hartmann sensor [J]. Appl. Opt., 2017, 56: 3689 - 3698.

[75] Ishikawa K, Yatabe K, Chitanont N, et al. High-speed imaging of sound using parallel phase-shifting interferometry [J]. Opt. Express, 2016, 24: 12922 – 12932.

[76] Su R, Wang Y, Coupland J, et al. On tilt and curvature dependent errors and the calibration of coherence scanning interferometry [J]. Opt. Express, 2017, 25: 3297 – 3310.

[77] Tian C, Liu S. Two-frame phase-shifting interferometry for testing optical surfaces [J]. Opt. Express, 2016, 24: 18695 – 18708.

[78] Yatabe K, Ishikawa K, Oikawa Y. Improving principal component analysis based phase extraction method for phase-shifting interferometry by integrating spatial information [J]. Opt. Express, 2016, 24: 22881 – 22891.

[79] Soldevila F, Durán V, Clemente P, et al. Phase imaging by spatial wavefront sampling [J]. Optica, 2018, 5: 164 – 174.

[80] Tian C, Liu S. Phase retrieval in two-shot phase-shifting interferometry based on phase shift estimation in a local mask [J]. Opt. Express, 2017, 25: 21673 – 21683.

[81] Ayubi G, Perciante C, Di Martino J, et al. Generalized phase-shifting algorithms: error analysis and minimization of noise propagation [J]. Appl. Opt., 2016, 55: 1461 – 1469.

[82] Liu Z, Zibley P, Zhang S. Motion-induced error compensation for phase shifting profilometry [J]. Opt. Express, 2018, 26: 12632 – 12637.

[83] Arık S, Kahn J. Low-Complexity Implementation of Convex Optimization-Based Phase Retrieval [J]. J. Lightwave Technol., 2018, 36: 2358 – 2365.

[84] Farriss W, Fienup J, Malhotra T, et al. Phase retrieval in generalized optical interferometry systems [J]. Opt. Express, 2018, 26: 2191 – 2202.

[85] Liu J, Horimai H, Lin X, et al. Phase modulated high density collinear holographic data storage system with phase-retrieval reference beam locking and orthogonal reference encoding [J]. Opt. Express, 2018, 26: 3828 – 3838.

[86] Escoto E, Tajalli A, Nagy T, et al. Advanced phase retrieval for dispersion scan: a comparative study [J]. J. Opt. Soc. Am. B, 2018, 35: 8 – 19.

[87] Yatabe K, Ishikawa K, Oikawa Y. Simple, flexible, and accurate phase retrieval method for generalized phase-shifting interferometry [J]. J. Opt. Soc. Am. A, 2017, 34: 87 – 96.

[88] Lingel C, Haist T, Osten W. Spatial-light-modulator-based adaptive optical system for the use of multiple phase retrieval methods [J]. Appl. Opt., 2016, 55: 10329 – 10334.

[89] 毛珩. 基于相位恢复的自适应光学波前传感方法研究 [D]. 北京: 北京理工大学, 2008.

# 第五章

# 形 貌 测 量

尺度在毫米量级以上的宏观表面的形貌轮廓测量在工业生产、科学研究中应用广泛。本章针对粗糙表面和光滑镜面介绍几种典型形貌轮廓的测量方法。

## 5.1 单点扫描三角测量法

在非接触三维形貌测量中，单点激光三角测量法由于其结构简单、测量速度快、使用灵活、实时处理能力强，得到广泛采用。该方法一般适用于粗糙漫反射表面。

根据 2.4 节的原理介绍，单点式三角测量法常采用直射式和斜射式两种结构，如图 5.1 所示。在图 5.1（a）中，激光器发出光线，经会聚透镜聚焦后垂直入射到被测物体表面上，物体表面形貌与参考面不同，导致入射点沿入射光轴方向的移动。入射点处的散射光经接收透镜入射到光电探测器（PSD 或 CCD）上。若光点在成像面上的位移为 $x'$，则被测点在沿轴方向与参考面的相对高度为

$$x = \frac{ax'}{b\sin\theta - x'\cos\theta} \tag{5.1}$$

式中，$a$ 为激光束光轴和接收透镜光轴的交点到接收透镜前主面的距离；$b$ 为接收透镜后主面到成像面中心点的距离；$\theta$ 为激光束光轴与接收透镜光轴之间的夹角。

图 5.1（b）所示为斜射式三角法测量原理图。激光器发出的光线和参考面的法线成一定角度入射到被测面上。同样，物体表面形貌与参考面不同，将导致入射点沿入射光轴的移动。入射点处的散射光经接收透镜入射到光电探测器上。若光点在成像面上的位移为 $x'$，则

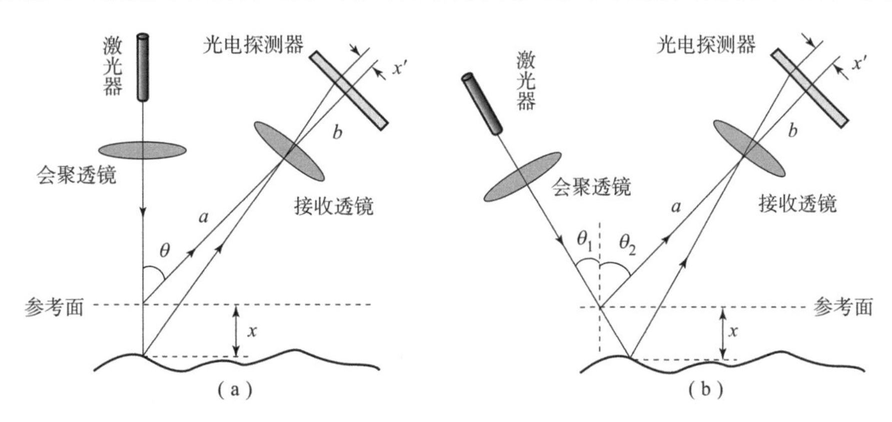


**图 5.1 三角法测量基本原理示意图**

（a）直射式结构；（b）斜射式结构

被测点在法线方向与参考面的相对高度为

$$x=\frac{ax'\cos\theta_1}{b\sin(\theta_1+\theta_2)-x'\cos(\theta_1+\theta_2)} \tag{5.2}$$

式中，$\theta_1$ 为激光束光轴与参考面法线之间的夹角；$\theta_2$ 为成像透镜光轴与参考面法线之间的夹角。

在上述的三角法测量原理中，要计算被测面的高度，需要知道距离 $a$，而在实际应用中，一般很难知道 $a$ 的具体值，或者知道其值但准确度也不高，影响系统的测量准确度。实际应用中，可以采用另一种表述方式，如图 5.2 所示，有下列关系：

$$z=b\tan\beta,\ \tan\beta=f'/x'$$

被测距离为

$$z=bf'/x' \tag{5.3}$$

式中，$b$ 为激光器光轴与接收透镜光轴之间的距离；$f'$为接收透镜焦距；$x'$为接收光点到透镜光轴的距离。其中，$b$ 和$f'$均已知，只要测出 $x'$的值，就可以求出距离 $z$。只要高准确度地标定 $b$ 和$f'$值，就可以保证一定的测量不确定度。

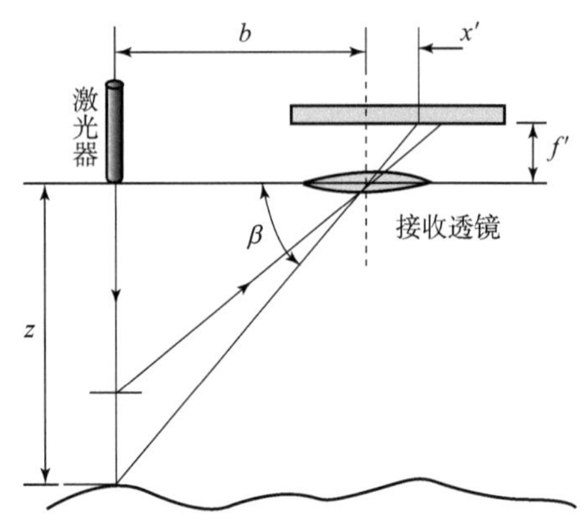


**图 5.2　三角测量法实际常用系统结构示意图**

三角测量法的测量准确度受测量系统自身因素和外部因素的影响。测量系统自身影响因素主要包括光学系统的像差、光点大小和形状、探测器固有的位置检测不确定度和分辨率、探测器暗电流和外界杂散光的影响、探测器检测电路的测量准确度和噪声、电路和光学系统的温度漂移等。测量准确度的外部影响因素主要有被测表面倾斜、被测表面光泽和粗糙度、被测表面颜色等。这几种外部因素一般无法定量计算，而且不同的测量系统在实际使用时会表现出不同的性质，因此在使用之前必须通过实验对这些因素进行标定。

以下以汽车工业中的应用为例，介绍激光三角法的实际应用。在汽车工业中，快速、准确获取车身模型表面三维信息是引入计算机技术的现代车身开发领域的关键环节。目前，美、日、德等国一些大汽车公司在车身研究、开发、换代和生产过程中，逐渐开始重视非接触激光测试技术的实际应用。

图 5.3 所示为应用三角测量法测量汽车车身曲面装置的原理图。采用以三角测量法为基础的激光等距测量，其基本思路是，控制非接触光电测头与被测曲面保持恒定的距离对曲面进行扫描，这样测头的扫描轨迹就是被测曲面的形状。为了实现这种等距测量，系统采用两束等波长激光，每束激光经聚焦准直系统后，分别被与水平面成一个 $\theta$ 角对称地反射到被测面上，当两束激光在被测曲面上形成的光点相重合并通过 CCD 传感器轴线时，CCD 中心像元将监测到成像信号并输出到控制计算机。光电测头安装在一个能在 $Z$ 向随动的由计算机控制的伺服机构上，伺服控制系统会根据 CCD 传感器的信号输出控制伺服机构带动测头作 $Z$ 向随动，以确保测头与被测曲面在 $Z$ 方向始终保持一个恒定的高度。测量系统采用半导体激光器做光源，线阵 CCD 作光电接收器件，配以高精度导轨装置，对图像进行处理及曲面最优拟合，使系统的合成标准不确定度达到 0. 1 mm。

图 5.4 所示为汽车车身视觉检测系统图。该系统由多个视觉传感器、机械传送机构、机

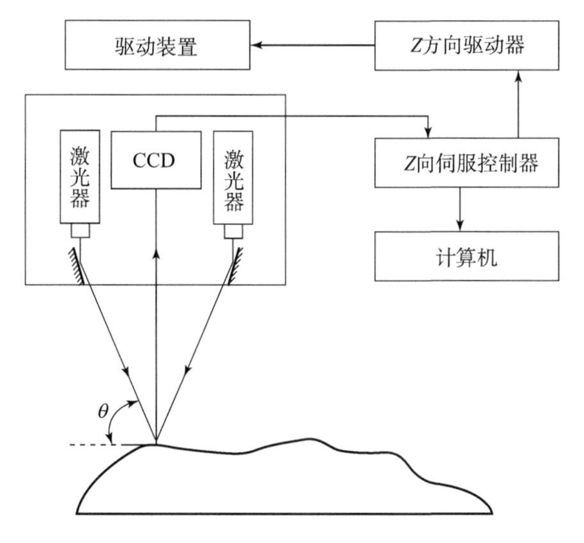


**图 5.3　激光三角法测量汽车车身曲面装置的原理图**

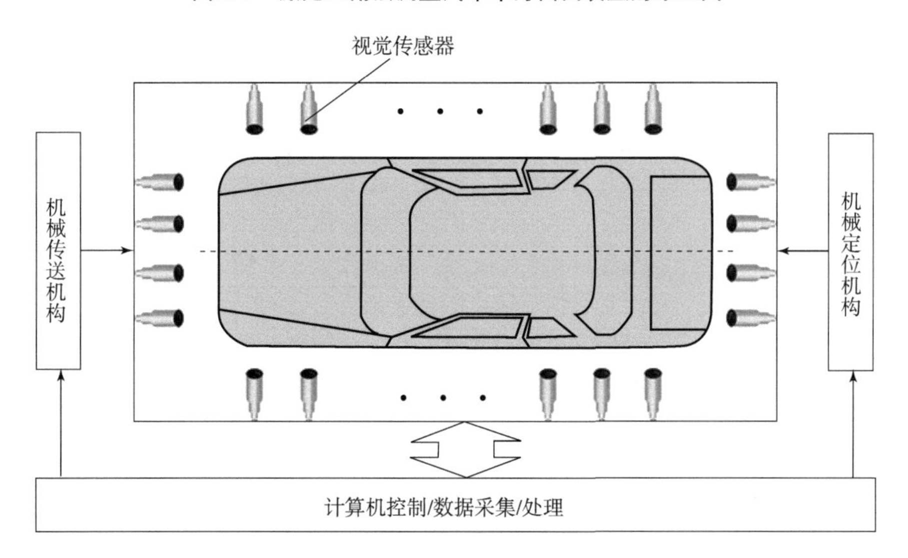


**图 5.4　汽车车身视觉检测系统**

械定位机构、电气控制设备、计算机等部分组成，其中视觉传感器是测量系统的核心。传送机构和定位机构将车身送到预定的位置，每个传感器对应车身上一个被测点（或区域），全部视觉传感器通过现场网络总线连接在计算机上。汽车车身视觉测量系统测量效率高，精度适中，测量过程为全自动化。通常情况下，一个包含几十个被测点的系统能在几分钟内完成，检测不确定度可达 2 mm。此外，车身测量系统的组成非常灵活、柔性好，传感器的空间分布可根据不同的车型进行不同的配置，适应具体的应用要求，在很大程度上减少了车身视觉检测系统的使用和维护费用，同时也适应现代汽车产品更新换代速度快的特点。

## 5.2　激光束偏转法

激光束偏转法是一种利用几何方法，通过测量被测面的斜率和被测点的位置，计算被测物体表面形貌的方法。该方法主要用于测量镜面物体，包括二次曲面面形或高次非球面曲面、凸面或是凹面，不需要标准参考面，测量相对孔径大，精度接近干涉法。

激光束偏转法的测量方案有很多种，本节针对不同的被测面，介绍 3 种测量方案。

### 5.2.1 平移法

平移法的测量原理如图 5.5 所示，激光器发出光线，经会聚透镜聚焦后入射到被测物体表面上，光束经过被测面反射后，再经与激光入射光束成 45°放置的分束镜，反射到线阵 CCD 上。由 CCD 上光斑的位置偏移距离和 CCD 与被测面的距离即可计算得出激光照射处被测面的斜率 $\beta$。向同一方向水平移动检测台，每次移动距离 $\Delta x$，就可测得被测面上间隔 $\Delta x$ 的各点处的斜率，通过计算得到被测表面的形貌。

设 $S$ 为光斑位置相对于零点的距离，$a$ 为激光入射方向上被测点与分束镜的距离，$b$ 为入射激光和分束镜的交点与 CCD 光敏面的距离，$2\beta$ 为激光反射后的偏转角，则有

$$\tan 2\beta = \frac{S}{a+b}$$

$$\beta = \frac{1}{2}\arctan\left[\frac{S}{a+b}\right]$$

则被测点处的斜率为

$$\tan\beta = \tan\left[\frac{1}{2}\arctan\left(\frac{S}{a+b}\right)\right] \tag{5.4}$$

然后就可以根据被测面上各点的斜率，利用式（5.5）计算出被测面的表面形貌：

$$y(x) = -\sum_{i=0}^{n} \tan\beta(x_i)\Delta x \tag{5.5}$$

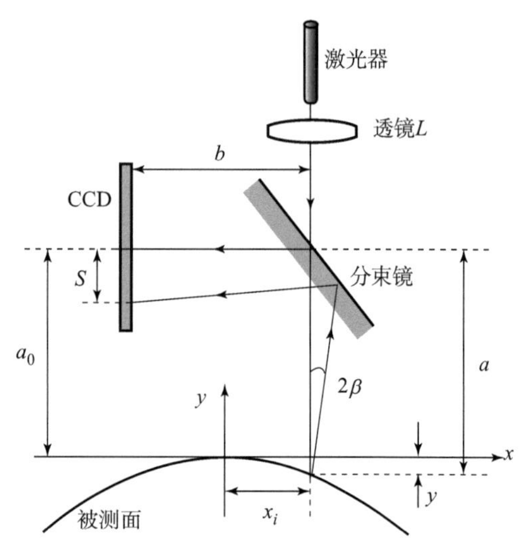


**图 5.5　平移法测量原理图**

式中，$y(x)$ 为被测面上横坐标为 $x$ 处的点与被测面顶点的相对高度。

上述方法理论上可行，但是在实际测量中，$a$ 是未知的，可以测得的是在激光入射方向上，被测面顶点与分束镜的距离 $a_0$，并且 $a(x_i)=y(x_i)+a_0$，$a(x_i)$ 为 $x_i$ 处激光入射方向上被测点与分束镜的距离。

所以在计算被测点的高度时，先用 $a(x_{i-1})$ 代替式（5.4）中的 $a$，并由式（5.5）计算出 $y_1(x_i)$；再将 $y_1(x_i)$ 代入到 $a(x_i)=y(x_i)+a_0$ 中，得出一个 $a_1(x_i)$，再用 $a_1(x_i)$ 代替式（5.4）中的 $a$ 重新计算 $\tan\beta$，并再次由式（5.5）计算出一个 $y_2(x_i)$；如此反复迭代计算，逐渐逼近 $y(x_i)$ 的真值，直至先后两次计算得出的 $y_k(x_i)$ 与 $y_{k+1}(x_i)$ 之差小于某个值（比如小于 10 nm）为止，则将 $y_{k+1}(x_i)$ 作为计算出的 $y(x_i)$ 值。

这种方法适用于接近平面的被测面或相对孔径较小的表面。

### 5.2.2 转动法

转动法的测量原理如图 5.6 所示。与平移法不同，转动法测量过程中，检测台不移动，被测面绕其最佳参考圆的圆心 $C$ 转动。最佳参考圆的圆心 $C$ 和半径 $R$，是以被测面在转动过

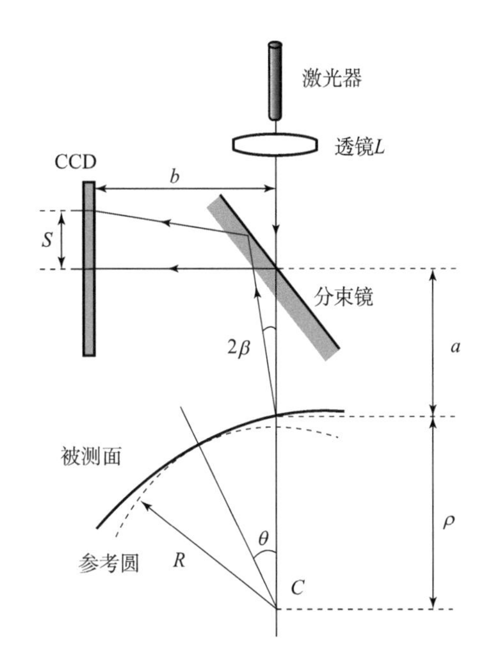

图 5.6　转动法测量原理图

程中，激光反射光束的最大偏转角度为最小而定，用以减小测量误差。转台带动被测面以一定的角度间隔 $\Delta\theta$ 转动，就可测得被测面上间隔 $\Delta\theta$ 的各点处的斜率，通过计算得到被测表面的形貌。

设 $S$ 为光斑位置相对于零点的距离，$a$ 为激光入射方向上被测点与分束镜的距离，$b$ 为入射激光和分束镜的交点与 CCD 光敏面的距离，$2\beta$ 为激光反射后的偏转角，则与平移法相同，被测点处的斜率为

$$\tan\beta = \tan\left[\frac{1}{2}\arctan\left(\frac{S}{a+b}\right)\right] \tag{5.6}$$

然后就可以根据被测面上各点的斜率，利用式（5.7）计算出被测面的表面形貌：

$$\rho(\theta) = R\exp\left[\Delta\theta\sum_{i=0}^{n}\tan\beta(\theta_i)\right] \tag{5.7}$$

式中，$\rho(\theta)$ 为被测面上角度为 $\theta$ 处的点与最佳参考圆圆心的距离。

与平移法类似，在实际测量中 $a$ 是未知的，可以测得的是在激光入射方向上最佳参考圆与分束镜的距离 $a_0$，并且 $a(\theta_i) = a_0 + R - \rho(\theta_i)$，$a(\theta_i)$ 为 $\theta_i$ 处激光入射方向上被测点与分束镜的距离。

所以在计算被测点的高度时，先用 $a(\theta_{i-1})$ 代替式（5.6）中的 $a$，并由式（5.7）计算出 $\rho_1(\theta_i)$，再将这个 $\rho_1(\theta_i)$ 代入到 $a(\theta_i) = a_0 + R - \rho(\theta_i)$ 中，得出一个 $a_1(\theta_i)$，再用 $a_1(\theta_i)$ 代替式（5.6）中的 $a$ 重新计算 $\tan\beta$，并再次由式（5.7）计算出一个 $\rho_2(\theta_i)$。如此反复迭代计算，逐渐逼近 $\rho(\theta_i)$ 的真值，直至先后两次计算得出的 $\rho_k(\theta_i)$ 与 $\rho_{k+1}(\theta_i)$ 之差小于某个值，则将 $\rho_{k+1}(\theta_i)$ 作为计算出的 $\rho(\theta_i)$ 值。

这种方法适用于测量曲率半径较小的表面。

### 5.2.3　平移转动法

当被测面半径较大且相对孔径也较大时，上述两种方法已不适用，需用平移转动法测量，测量原理如图 5.7 所示。测量时，被测面绕其顶点 $O$ 转动 $\theta_i$，然后使检测台移动距离 $x_i = R\sin\theta_i$，$R$ 为最佳参考圆半径，其定义方式与转动法相同，这时光束通过圆心。如果被测面恰好是一个半径为 $R$ 的球面，则反射光按原路返回；若被测面为非球面，则反射光的光斑位置就会有一定的偏移，通过测得光斑偏移的距离，就可测得反射角度。

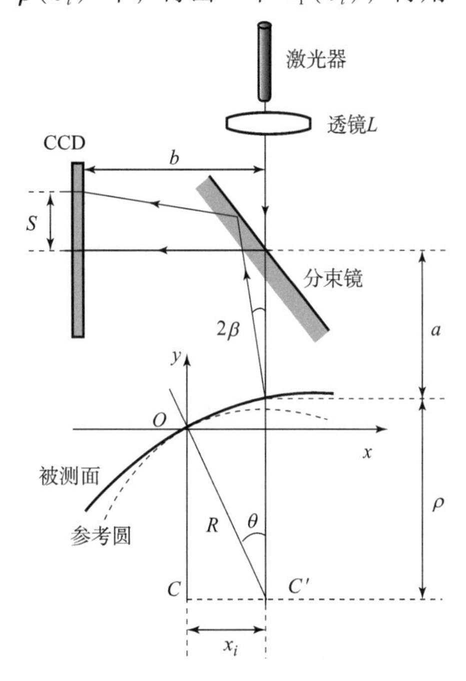

图 5.7　平移转动法测量原理图

平移转动法与转动法在数学计算与结果修正上相同。转动法单一地绕参考圆心转动，就可实现光束对表面的扫描，而平移转动法中表面绕顶点 $O$ 转动，检测台需移动来检测被测面表面各点的信息。两者方法实质一样，后者多一个移动。

平移法和转动法不适合测量的表面，都可用平移转动法检测。平移转动法的测量范围并没有限制，任何被测面都可检测，但因其多了一个运动，将会多引入一项误差，测量过程也较复杂。如果用同一台仪器可分别实现 3 种方法的测量，则可根据被测面的实际情况选择最恰当的方法，以提高测量准确度，简化测量过程。

# 5.3 莫尔条纹法

基于 2.5 节莫尔技术的三维形貌测量方法非常实用，根据被测面性质可以分为两类：进行粗糙漫反射表面测量的等高莫尔法，进行镜面表面梯度测量的莫尔测偏法。

## 5.3.1 等高莫尔法

莫尔形貌（等高线）测试是莫尔技术最重要的应用领域之一。表面轮廓的莫尔测定法是通过一块基准光栅来检测轮廓面上的影栅或像栅，并根据莫尔图案分布规律推算出轮廓形状的全场测量方法。由于等高莫尔法具有精度高、速度快、非接触、非破坏性等特点，因此已成为三维测试中的一种重要方法，并被广泛应用于振动、应力、内壁变形、物体轮廓测量、人体医学检测、公安侦察罪犯体态测定以及制鞋、服装工业的立体曲面测量等方面。莫尔等高法一般测量的是漫反射物体。

莫尔等高法主要有两类不同布局的装置。其中一类将试件光栅和基准光栅合一，测量时观察者（摄像机）透过光栅观察其空间阴影，这种方法称为实体光栅照射法（简称照射型）。另一类装置是实体光栅投影法（简称投影型），它的投影侧类似于一台幻灯机，用以在待测表面上产生试件光栅的变形像，而接收侧则是一架照相机或摄像机。光栅投影法是将空间变形像栅成像在基准光栅面上，以产生莫尔轮廓条纹。

除了照射型和投影型两种基本型外，又派生出所谓光栅全息型、光栅衍射型和全景莫尔型等。这些方法在原理和布局上无实质性变化，但扩大了莫尔形貌测试技术的性能和适用范围。

莫尔等高法是非接触测量物体形貌的有力工具，其装置简单，容易实现。与数字图像处理技术相结合，在诸多领域得到了广泛的应用。特别是在非接触性自动检测方面，有广阔的发展前景。

### 5.3.1.1 测量原理

叠加莫尔法是用参考光栅与投影到三维物体表面上并受表面高度调制的变形光栅叠加而成为莫尔条纹。

设参考光栅为正弦光栅，则其光强分布可表示为

$$t(x, y)=0.5+0.5\cos[2\pi f_0 x+\varphi_0(x, y)] \tag{5.8}$$

其中，$x$ 轴与光栅条纹方向正交，$y$ 轴与光栅条纹方向平行。$f_0$ 为参考光栅的频率，$f_0=1/P$，$P$ 为参考光栅的栅距，$\varphi_0(x, y)$ 代表初始相位调制。不失一般性，可令 $\varphi_0(x, y)=0$，将另一和参考光栅相同的光栅投影到待测物体表面，CCD 接收到的调制变形条纹光强分布为

$$d(x, y)=a(x, y)+b(x, y)\cos[2\pi f_0 x+u(x, y)] \tag{5.9}$$

式中，$u(x, y)$ 为待测三维物体的形状函数。$a(x, y)$，$b(x, y)$ 的空间分布是各种不理想因素造成的，比如待测物体各部分的反射率的差异，投影光源的不均匀性等。为了获得莫尔条纹，将变形光栅和参考光栅的像相叠加，其测量结果为

$$\begin{aligned} t(x, y)d(x, y) &= [0.5 + 0.5\cos(2\pi f_0 x)]\{a(x, y) + b(x, y)\cos[2\pi f_0 x + u(x, y)]\} \\ &= 0.5a(x, y) + 0.25b(x, y)\cos[u(x, y)] + 0.5a(x, y)\cos(2\pi f_0 x) + \\ &\quad 0.5b(x, y)\cos[2\pi f_0 x + u(x, y)] + 0.25b(x, y)\cos[4\pi f_0 x + u(x, y)] \end{aligned} \tag{5.10}$$

在理想情况下，$a(x, y)$ 和 $b(x, y)$ 可视为常数，这时式（5.10）可简化为

$$\begin{aligned} t(x, y)d(x, y) &= 0.5a + 0.25b\cos[u(x, y)] + 0.5a\cos(2\pi f_0 x) + \\ &\quad 0.5b\cos[2\pi f_0 x + u(x, y)] + 0.25b\cos[4\pi f_0 x + u(x, y)] \end{aligned} \tag{5.11}$$

式（5.11）中前两项是低频项，它的空间分布即为携带物体形貌特征的莫尔条纹，其余的基频和倍频是叠加在莫尔条纹上的噪声。

### 5.3.1.2　照射型莫尔法

1. 几何原理

如图 5.8 所示，在待测物体前面放置一块光栅（图中虚线所示），在光栅前方用一点光源 $S$ 以 $\alpha$ 角照明光栅。在光源的另一侧为观察点 $K$，可用肉眼也可用照相机拍摄。设光源点和相机透镜离光栅距离相等，试件表面最高点与光栅可接触也可不接触。

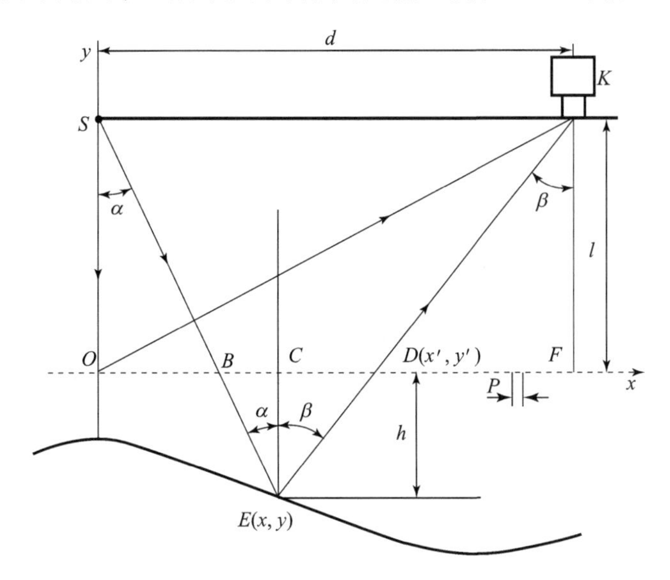


**图 5.8　照射型莫尔法几何原理图**

将光栅上 $B$ 点的栅线投影到试件表面的 $E$ 点，在相机位置将看到 $B$ 栅线的影子恰与光栅上 $D$ 栅线重合，由此在 $D$ 点处可以看到一条莫尔条纹，设 $BD = NP$，则

$$\begin{cases} BD = h(\tan\alpha + \tan\beta) \\ h = \dfrac{NP}{\tan\alpha + \tan\beta} = \dfrac{NP}{\dfrac{OB}{l} + \dfrac{DF}{l}} = \dfrac{NP}{\dfrac{d - NP}{l}} = \dfrac{lNP}{d - NP} \end{cases} \tag{5.12}$$

由式（5.12）可见，所得莫尔条纹为试件离光栅高度 $h$ 的等高线族，但相邻条纹间高差不等。

2. 视差修正

在运用以上方法时，由于试件表面与莫尔条纹平面（即光栅面）不重合，就会造成对试件表面各点坐标的透视差。在图 5.8 中，相机所摄莫尔条纹在 $D$ 点，坐标为（$x'$，$y'$），而实际上此条纹应代表试件表面 $E$ 点的高度，$E$ 点坐标（$x$，$y$）。因此，应对坐标的视差进行修正。由图可知

$$\frac{x'-x}{h}=\frac{d-x'}{l} \tag{5.13}$$

因此，

$$\begin{cases} x=x'-\dfrac{h}{l}(d-x') \\ y=y'-\dfrac{h}{l}(d-y') \end{cases} \tag{5.14}$$

获得莫尔条纹图后，应该根据式（5.14）进行坐标修正。

**5.3.1.3　投影型莫尔法**

照射型莫尔法虽然具有测量装置简单、使用方便、准确度高等特点，但要求光栅面积较大，至少能覆盖待测轮廓面，而且必须紧靠着它，这是该方法的两个主要缺点。在测量大物体时，由于制造光栅比较困难，照射法将难以实施，于是发展了一种投影型的方法。

图 5.9 所示为光栅投影系统和投影法的原理图，从光源发出的光线，经过聚光镜 $C_1$ 和透镜 $L_1$，将基准光栅的像投影在物体 ob 上面，光栅像随着物体表面的形状而变形，即成为变形光栅；同时，在某一角度上配置一透镜系列 $L_2$，将变形光栅成像在 $L_2$ 的像面上，其上放着与变形光栅像的栅距相匹配的参考光栅 $G_2$，于是参考光栅 $G_2$ 与变形光栅像之间形成莫尔条纹等高线。图中，从基准光栅 $G_1$ 到透镜主点之间距离为 $a$，从透镜主点到物体的基准点距离为 $l$，$L_1$ 与 $L_2$ 主点间距离为 $d$，光栅栅距为 $P$。由于 $\Delta A_1BC$ 相似于 $\Delta A_1L_1L_2$，$\Delta BCL_2$ 相似于 $\Delta B'C'L_2$，故

$$BC:d=h_1:(h_1+l),\ BC=Pl/a$$

于是，

$$h_1=\frac{\dfrac{l}{a}Pl}{d-\dfrac{Pl}{a}} \tag{5.15}$$

又因为 $f$ 为透镜焦距，利用 $1/a+1/l=1/f$ 及式（5.7）可得

$$h_1=\frac{Pl(l-f)}{fd-(l-f)P} \tag{5.16}$$

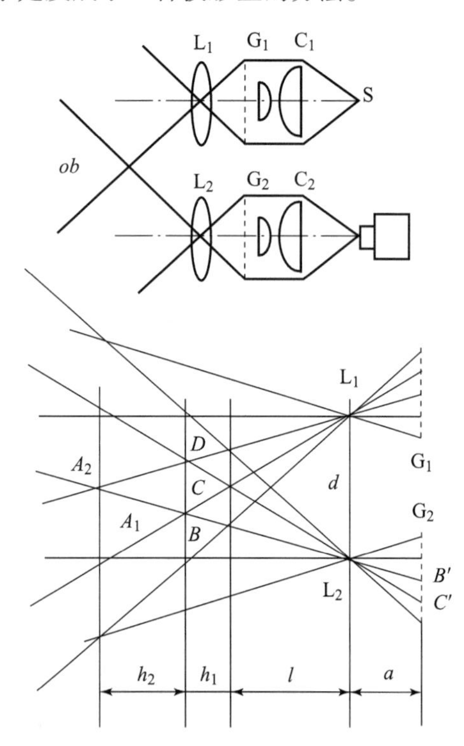


**图 5.9　投影型莫尔法光学系统与原理示意图**

考虑 $\Delta A_2BD$ 相似于 $\Delta A_2L_2L_1$，$BD=2BC$ 的关系，亦同样可求取 $h_2$。一般情况下，从基准面到莫尔条纹的深度为

$$h_N=\frac{l(l-f)NP}{fd-(l-f)NP} \tag{5.17}$$

投影型莫尔法有以下特点：

（1）采用小面积基准光栅（通常像手掌那样大即可），透镜可以调换倍率；

（2）同其他方法相比，可以测较大的三维物体；

（3）对微小物体，采用缩小投影方法，这样就不受光栅衍射现象的影响；

（4）投影的莫尔图形可在物体上直接观察。

**5.3.1.4 莫尔条纹级次与凹凸判断**

在使用照射型莫尔方法与投影型莫尔方法计算莫尔条纹所代表的高度时，要知道条纹的级数。实际测量时条纹的绝对级数不易确定，只能定出条纹的相对级数。确定条纹的级数前，应先确定物体表面的凹凸。

被测定的物体是凹是凸，单从莫尔等高线是不能判断的，这就增加了计量中的不确定性，因此需要考虑如何进行凹凸判定问题。判定凹凸的一种方法是，当光栅离开物体时，如果条纹向内收缩，表明该处表面是凸的，反之是凹的。照射型莫尔法中还可以通过移动光源来确定凹凸问题，如果光源同接收器之间距离 $d$ 增加，条纹向外扩张，且条纹数增加，则是凸的。此外，也可采用彩色光栅的方法来判断凸与凹。

物体表面的凸凹一旦确定，就可以用确定干涉条纹级次的方法来确定莫尔条纹的级次。

**5.3.1.5 几何可测深度**

在使用照射型莫尔方法和投影型莫尔方法时，在被测试件纵向方向上可形成等高莫尔条纹的最大深度称为可测深度。显然，可测深度为该类型测试技术最重要的技术指标之一，它决定可测试的范围。

现以照射型莫尔方法为例进行分析。在照射型莫尔方法中，只有当参考栅在光源照射下能在试件表面形成被调制的变形参考栅时，才有可能获得等高莫尔条纹。当栅距较大时，可用几何光学的方法分析可测深度，称为几何可测深度，如图 5.10 所示。

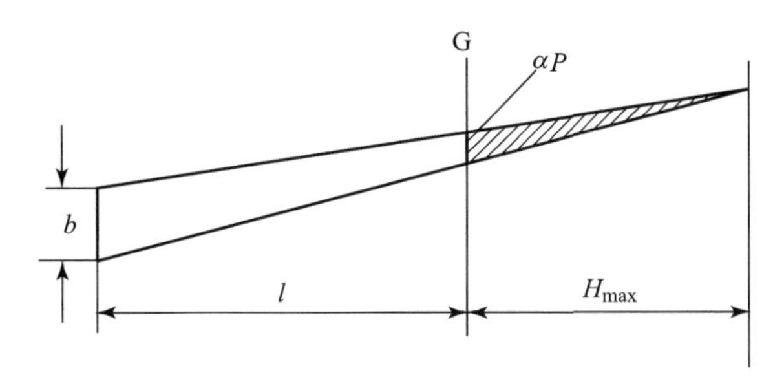


**图 5.10 几何可测深度**

实际光源总有一定宽度。设光源横向宽度为 $b$，由于光源线宽的影响，光栅透光区扩大而阴影区缩小，阴影区（图中斜线部分为阴影区）与透光区之间则为半影，这使影栅没有明确的亮暗界限，甚至不能分辨。由图 5.10 可求出阴影区的最大深度 $H_{max}$，此值即为几何可测深度。

设光栅栅距为 $P$，栅线遮光部分宽度与栅距之比为 $\alpha$，忽略衍射效应时，可得

$$H_{\max}=\frac{\alpha Pl}{b-\alpha P} \tag{5.18}$$

由此，要增加几何可测深度，可以压缩光源横向线宽，加大栅距，增加光源至参考光栅的距离以及加大栅线遮光部分宽度与栅距之比。

## 5.3.2 莫尔测偏法

### 5.3.2.1 简介

莫尔测偏法也是一种非接触式光学检测法。该法产生于1980年，其基本原理是根据被测物体所引起的莫尔条纹偏移量来测量被测物的特性。该法适用于镜面反射物体，如光学非球面等，因此常与干涉法进行比较。与干涉仪相比，莫尔测偏法装置简单，对振动不敏感，造价低廉，适于现场检测。此外，莫尔测偏法具有可调整的灵敏度，可针对不同的用途调整为不同的测量精度，同时，测量范围较大，可达几毫米，这是一般干涉仪所不能比拟的。应该指出的是，该法的精确度较之干涉法相对较低，这是它的原理所致。但由于它具有上述众多的特点，尤其是抗干扰能力强，因此有望用于非球面零件的现场在线检测。

### 5.3.2.2 测量原理

简单的莫尔测偏仪如图5.11所示，它由光源和两块朗奇光栅（Ronchi Grating）构成。两块光栅G1、G2以一定的间距 $d$ 平行放置，它们的栅线相对于 $X$ 轴各形成 $\theta/2$ 和 $-\theta/2$ 的倾角。在光源的照射下，第一块光栅的阴影投射到第二块光栅上，形成平行于 $Y$ 轴的莫尔条纹（图5.12），条纹的间距为

$$p'=P/\theta,\quad \theta\ll 1 \tag{5.19}$$

式中，$P$ 为栅距。

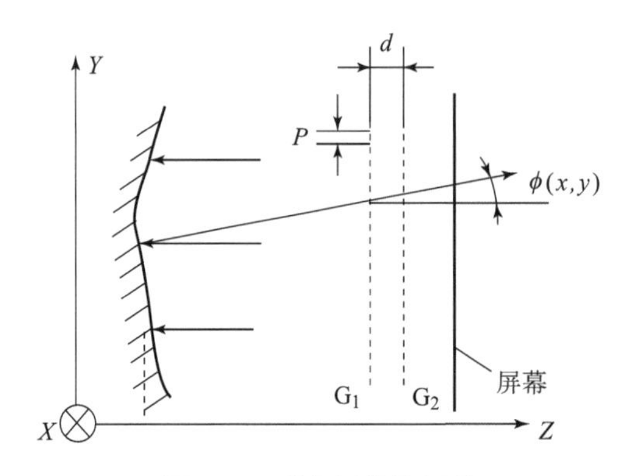


图5.11 莫尔测偏仪原理

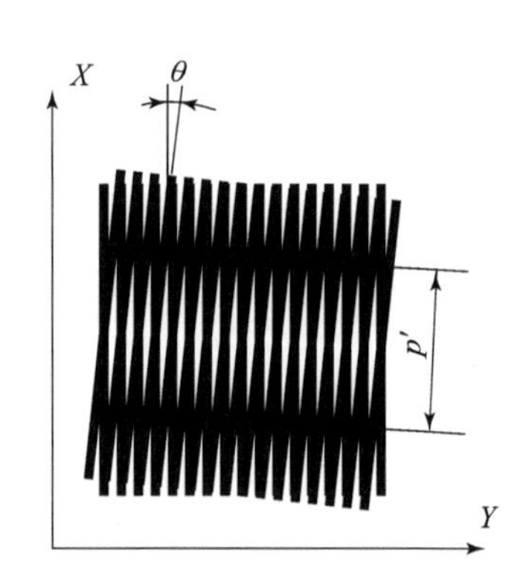


图5.12 莫尔条纹形成原理

当有被测表面存在于光栅后面时，照射光线受被测表面反射会引起莫尔条纹偏离其未受扰动的位置。其偏移量 $\delta h(x,\ y)$ 反映了被测表面特性。光线偏移角 $\varphi(x,\ y)$ 与偏移量 $\delta h(x,\ y)$ 之间有如下关系：

$$\varphi(x,\ y)=2\delta h(x,\ y)\tan(\theta/2)/d \tag{5.20}$$

式中，$\theta\ll 1$。由此可见，根据条纹偏移量 $\delta h(x,\ y)$ 以及栅线偏角 $\theta$ 和光栅之间距离 $d$ 则可

计算偏移角 $\varphi(x, y)$。而光线偏移角 $\varphi(x, y)$ 从本质上而言表示了被测面某点 $(x, y)$ 处的梯度，有如下公式：

$$\varphi(x, y) = \frac{2\partial H(x, y)}{\partial y} \tag{5.21}$$

式中，$H(x, y)$ 表示物体在点 $(x, y)$ 处的表面高度。

由此可见，在求取 $x$、$y$ 两方向上的偏移角 $\varphi(x, y)$ 之后，进行曲线积分，便可求得某点的高度。而求取 $\varphi(x, y)$ 的关键，则是从莫尔偏移图上求得莫尔条纹的偏移量 $\delta h(x, y)$。图 5.13 是一幅莫尔偏移图。为得到偏移量 $\delta h(x, y)$，通常采用如强度法、自动条纹检测法、外差读取法等，直接计算得到像素或亚像素偏移量。上述方法受限于条纹宽度和探测器分辨率，一般来说精度较低。

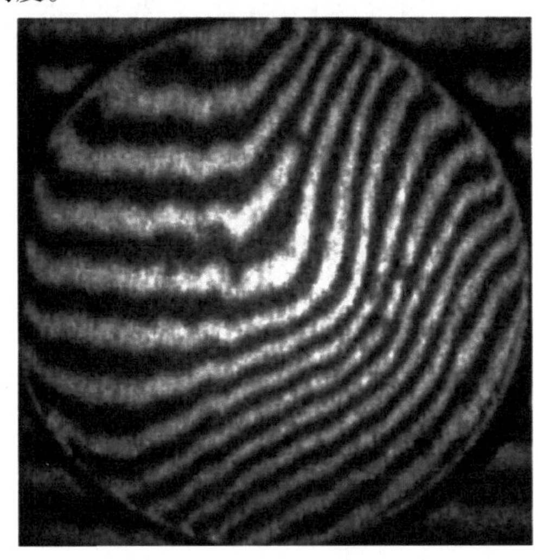

**图 5.13　有限宽条纹莫尔偏移图**

引进移相技术是对传统的莫尔测偏法的一大改进。我们已经知道，在干涉条纹测量系统中广泛使用着相位计算技术，这种方法的优点是具有很高的精度，由于它能精确计算整幅干涉图各点的相位，因此其评价精度比条纹数字化技术高出数十倍到上百倍。另外，它能整幅处理被测图像，具有很高的速度。

从本质上讲，莫尔条纹可写成光强的形式：

$$I_y(x, y) = A + B\cos[\Psi(x, y) + \alpha(x, y)] \tag{5.22}$$

式中，$\Psi(x, y)$ 为莫尔偏移图上各点的相位，是与光线偏移角 $\varphi(x, y)$ 直接相关的一个量，$\alpha(x, y)$ 为由于光栅 $X$ 方向上的位移引起的附加相位角。为求得 $\Psi(x, y)$ 可将一块光栅移相 3 次，相当于 $\alpha(x, y)$ 变化 3 次。则可得 3 个方程，由此便可解得 $\Psi(x, y)$。由 $\Psi(x, y)$ 则可求得 $\varphi(x, y)$，最终可求得被测表面高度。

## 5.3.3　微电子基板三维形貌等高莫尔法测量

表面形貌对于机械零件表面特性，如摩擦、磨损、润滑、腐蚀、疲劳、涂层等，具有举足轻重的影响。为满足微电子产品快速、直观、高精度、低损耗的测量要求，本节将介绍等高莫尔法测量微电子基板三维形貌的实例。

### 5.3.3.1　微电子三维形貌测量的意义

随着微电子产业的发展，三维形貌精细测量方法越来越显得重要。如在微电子生产中，芯片及器件的翘曲、变形，将引起电子器件的损坏和器件的不匹配、焊接片断层和开口、焊接点的撕裂，直接影响其质量和可靠性，如图 5.14 所示。又如在温度变化的环境下，评估整块 PCB 基板在温度变化条件下的翘曲特性，对芯片的可靠性及其内部电路的连通性，对芯片的封装质量控制具有重要意义。再如电视机荫罩工件薄，极易变形，检测难度很大，而它的形状精度对电视机的成像质量的影响至关重要。

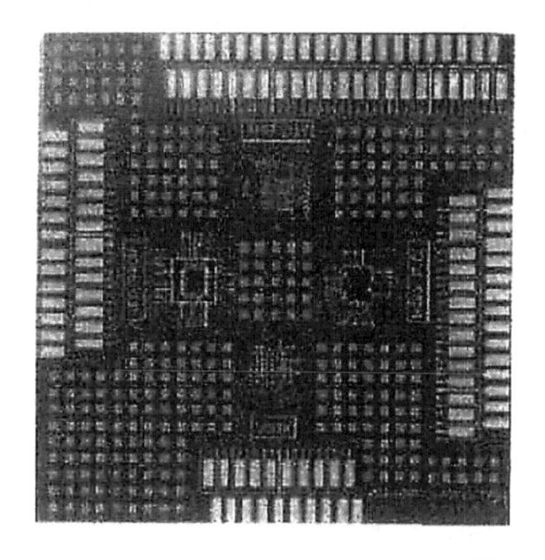
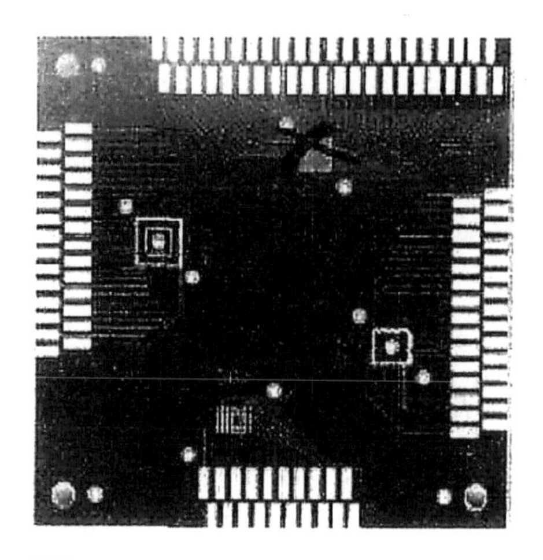

图 5.14　IC 芯片

#### 5.3.3.2　莫尔条纹的获取与初步分析

利用图 5.15 所示原理产生莫尔条纹。其中，点光源 $S$ 将主光栅投影到被测物体的表面上，如果被测物体的表面平整且与参考光栅平行，则不会产生莫尔条纹；如果被测物体的表面是弯曲的、凸起的或凹陷的，则产生莫尔条纹。莫尔条纹图包含了被测物体形面的三维信息。通过求解莫尔条纹图，可以得到物体的三维形貌坐标。

图 5.16 ~ 图 5.18 分别为主光栅、变形光栅和莫尔条纹示例。

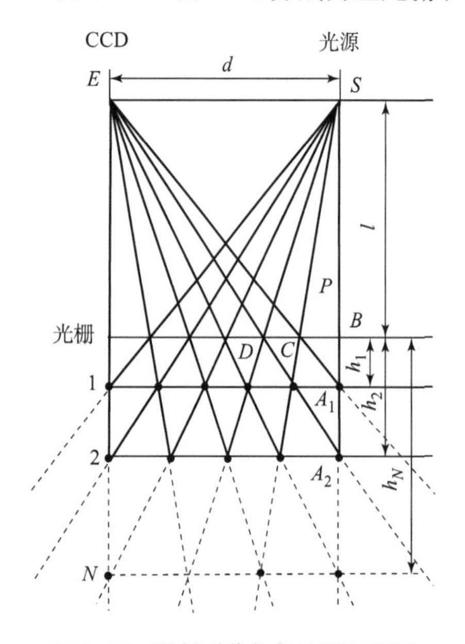


图 5.15　照射型莫尔条纹测量原理

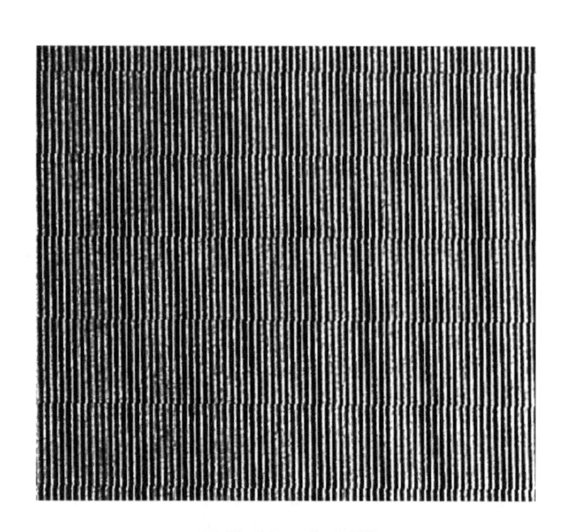

图 5.16　主光栅

利用图 5.15 描述的几何关系可求莫尔等高线方程。莫尔条纹的级序数 $N=1, 2, 3, \cdots$，对于 $N=1$ 时的 $A_1$，由 $\Delta A_1SE$ 相似于 $\Delta A_1BC$ 得 $d/P=(l+h_1)/h_1$。因此，

$$h_1 = lP/(d-P) \tag{5.23}$$

同理，

图 5.17 变形光栅

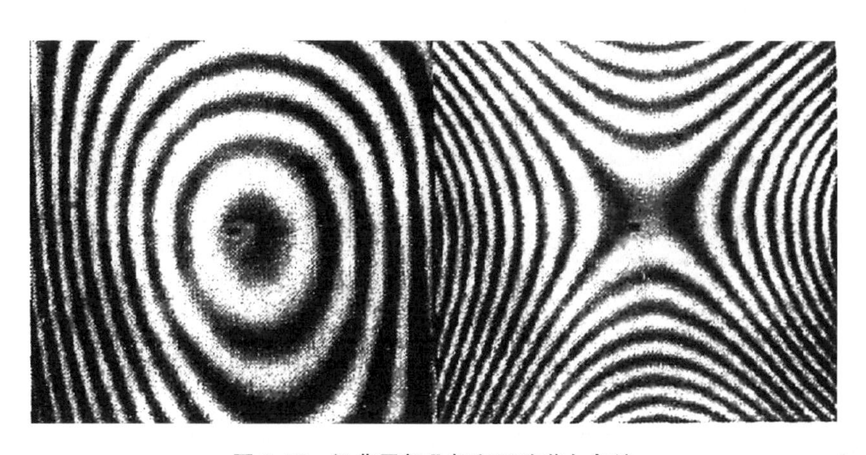

图 5.18 经典局部凸起和凹陷莫尔条纹

$$h_N = NlP/(d - NP) \tag{5.24}$$

式中，$h_N$ 为数为 $N$ 的等高线深度；$P$ 为主光栅栅距；$d$ 为光源 $S$ 至观察点 $E$ 距离；$S$、$E$ 至主光栅面的距离相等同为 $l$。

如果 $d \gg NP$，式（5.24）简化为

$$h_N = NlP/d \tag{5.25}$$

于是，

$$\Delta h = h_N - h_{N-1} = Pl/d \tag{5.26}$$

式（5.23）~式（5.26）表明：

（1）光源和观察点距主光栅的距离相等时，同级莫尔条纹就是被测物体表面距主光栅深度相同的等高线分布；

（2）莫尔条纹等高线是等间距或等深度分布的；

（3）减小 $l/d$ 值将提高测量灵敏度。

#### 5.3.3.3 莫尔条纹的图像处理分析

利用计算机图像处理方法分析莫尔条纹图像的间距和形状，即可揭示被测物体的表面形貌或平面度。凭借着全貌分析能力，可以在微秒内完成整个翘曲和扭转的测量以及关键元件

附着区域的局部翘曲检测。图像处理的任务包括对图像的滤波和轮廓提取。

首先是去噪处理。由于在摄取过程中，电磁波、表面杂质等的外界干扰，会在形成的莫尔条纹图中出现噪声点，使图像三维成像产生误差，因此去噪处理非常重要。图像分析系统对获取的图像进行滤波处理，去除噪声干扰。在此采用了中值滤波法去除噪声点，能较完好地保证图片的轮廓不受干扰。

然后是图像补偿，即对图像传感器和光栅等光学系统所引起的图像失真进行补偿。

接下来是图像的轮廓提取和形状特征分析。图像处理的快速算法主要利用傅里叶变换法、卷积法。图 5.19（a）、（b）分别为莫尔条纹原图和提取轮廓后的莫尔图。

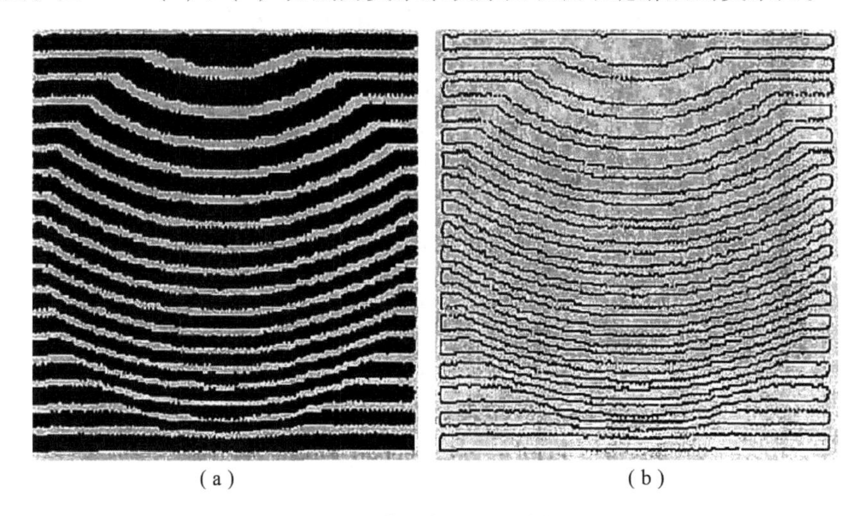

(a)　　　　(b)

**图 5.19　莫尔条纹的轮廓提取**

（a）莫尔条纹原图；（b）提取轮廓后的莫尔图

光学系统由光源、光栅、CCD 组成。系统测量的误差和精度取决于光栅的线间距，光栅越密，测量的精确度和分辨率越高。但是光栅栅距的密度是有限制的。由此产生了步进移相技术。步进移相技术作为定量获取干涉信号相位信息的有效方法之一，能使测量的精度提高，广泛应用于光学检测与计量中。

步进移相技术的一般算法是 $N$ 点标准算法式。实际上，在理想条件情况下，步进 2 ~ 3 次光强记录就可确定出被测相位，采样点数增多，增加了信息的余量，同时也增加了计算量。但是，考虑到实际计算中总存在电噪声、探测器非线性及相位控制不准确等因素，适当增加计算余量，对于提高计算精度也是必要的。所以就出现了通常所谓的三幅、四幅和五幅算法等，其中五幅算法由于充分利用了 5 次移相记录，相当于 2 次四幅算法的扩展平均，对移相误差有较好的抑制作用。

需要说明，单凭莫尔条纹等高线图还不能判定物体表面的凸起和凹陷，这就增加了计算的不确定性。为此提出了各种判定凹凸的方法，如利用光栅相对被测物体移动时莫尔条纹的变化判定凹凸。当光栅离开物体时，如莫尔条纹数目减少或向内收缩，则物体表面是凸起的，反之凹陷。

#### 5.3.3.4　莫尔条纹信息重建物体表面三维图像

在对莫尔条纹处理之后，可将二维条纹转变为该物体表面的三维图形，并给出相应的数据，输出形状特征信息。

通过坐标查询可得该坐标点相对于参考点的高度差。自编软件以友好的界面把检测到的信息显示给用户（可以根据用户的不同要求编制程序）。检测结果以文档形式输出，也能够浓缩大量数据形成表格结果。工程师们可以据此做出快速有效的评价。图 5.20 给出了二维条纹转换的该物体表面形貌三维图形。图 5.21 分别是微电子基板热、冷变形后的表面三维形貌。

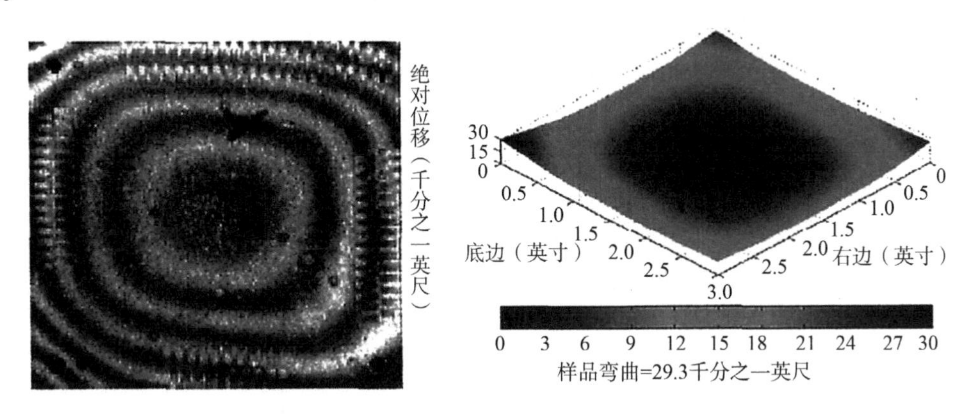


**图 5.20　二维莫尔条纹转换的三维表面形貌**

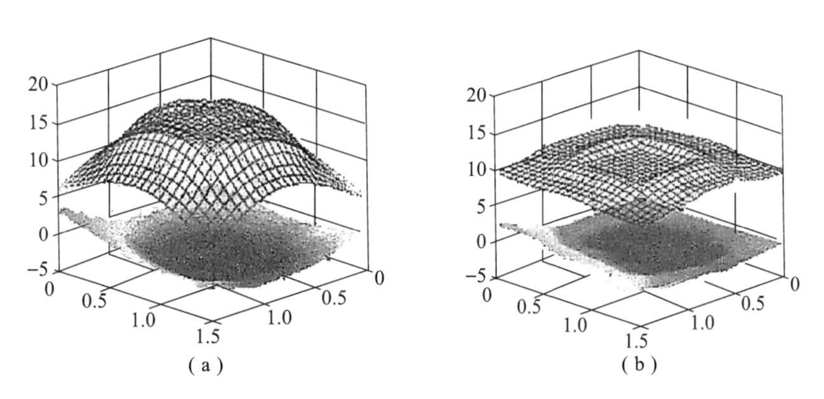


**图 5.21　微电子基板表面三维变形图形**

（a）热变形；（b）冷变形

## 5.4　数字莫尔法

数字莫尔法与投影型莫尔条纹法适用的领域是一致的。为了解决投影型莫尔法需要制备实物光栅的硬件局限性，在高分辨率投影设备出现以后，采用数字技术进行投影和解调，极大扩展了莫尔条纹法的应用。

### 5.4.1　虚光栅与数字莫尔

前文介绍的投影莫尔法中，光线照射第一块基准光栅后在三维物体表面形成阴影条纹，由于受到三维物体表面高度的调制，阴影条纹产生变形。此时，当从另一个方向透过第二块参考光栅观测三维物体表面时，包含了三维物体形貌信息的变形阴影条纹就会与第二块参考光栅叠合形成莫尔条纹，其中基准光栅和参考光栅都是实物光栅。

随着科学技术的发展，采用电子技术，可以使用虚光栅来进行投影和解调。莫尔现象是两周期性条纹相互叠加形成了新的莫尔条纹，只要是有周期性的明暗变化都可以视为光栅，可以直接利用投影仪将一定频率的周期性条纹投影到三维物体表面，通过相机将变形光栅的像采集，然后利用相同频率的周期性条纹对变形光栅解调，也可以得到莫尔条纹，这就是虚光栅莫尔法或者称之为数字莫尔法。

图5.22所示是获取参考条纹图像和变形条纹图像的装置结构原理图，采用交叉光轴系统。其中，投影仪和CCD相机位于同一平面 $P_1$ 内沿水平（或竖直）方向放置，$P_2$ 面作为参考平面与 $P_1$ 面平行；CCD相机光轴垂直于参考平面，并与投影仪光轴相交于参考平面上一点；待测物体位于参考平面前紧贴放置。计算机设计投影条纹，经投影仪投影到待测物体表面，避免了投影莫尔法中实体光栅的使用，投影方式灵活多变，操作简单。投影条纹受到待测物体表面面形调制，携带了物体表面的高度信息，被CCD相机记录下来，利用数字图像处理技术合成所需的莫尔条纹。

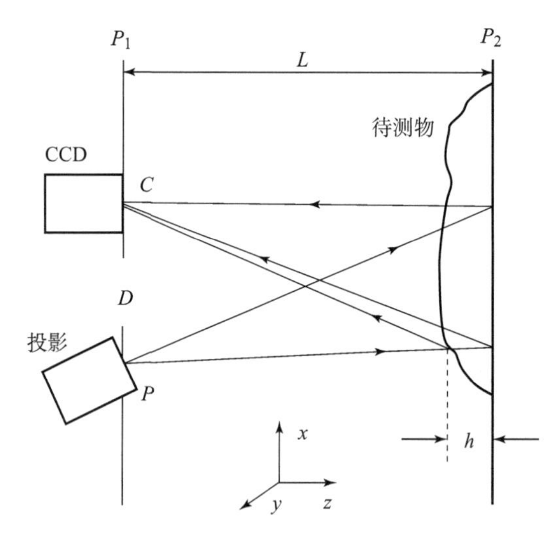


**图5.22　装置结构原理图**

因为在形成莫尔条纹时使用了两幅光栅图像，所以每幅光栅的频率成分都会出现在莫尔条纹图中。因此，在两幅光栅图像相乘叠加所产生莫尔条纹图中，同时存在多种不同频率的成分，其中部分频率，如叠加前两块光栅频率成分并非我们想要的，而且还会引入噪声与误差，降低了莫尔条纹图像的对比度，给后期图像处理以及数据分析带来困难。频谱滤波的目的是得到能够产生莫尔条纹的频谱成分，同时尽量减少其他频谱成分和各种噪声的影响，得到对比度好、信噪比高的莫尔条纹。

为简化分析，在下面的理论分析中投影条纹采用一维余弦光栅，设由CCD相机拍摄得到的参考条纹图像和变形条纹图像分别表示为：

参考条纹

$$I_1(x, y) = a_1(x, y) + b_1(x, y)\cos[2\pi f_0 x + \varphi_0(x, y)] \tag{5.27}$$

变形条纹

$$I_2(x, y) = a_2(x, y) + b_2(x, y)\cos[2\pi f_0 x + \varphi(x, y)] \tag{5.28}$$

式中，$f_0$为条纹图像在 $x$ 方向的空间频率：$a(x, y)$ 和 $b(x, y)$ 分别表示条纹图像的背景强度分布和振幅调制度分布，一般情况下二者均是空间坐标 $(x, y)$ 的函数：$\varphi_0(x, y)$ 为参考条纹的相位，包含了参考面的面形信息：$\varphi(x, y)$ 为变形条纹的相位，包含了待测物体的面形信息。

由于莫尔条纹一般是两光栅重叠，也就是说由两光栅的透过率函数相乘得到。对参考条纹图像 $I_1(x, y)$ 和变形条纹图像 $I_2(x, y)$ 分别进行相乘运算。

$$\begin{aligned} I_1 \times I_2 = & a_1 a_2(x, y) + a_1 b_2(x, y)\cos[2\pi f_0 x + \varphi(x, y)] + \\ & a_2 b_1(x, y)\cos[2\pi f_0 x + \varphi_0(x, y)] + \\ & \frac{1}{2} b_1 b_2(x, y)\cos[4\pi f_0 x + \varphi(x, y) + \varphi_0(x, y)] + \\ & \frac{1}{2} b_1 b_2(x, y)\cos[\varphi(x, y) - \varphi_0(x, y)] \end{aligned} \tag{5.29}$$

式（5.29）中，第一项为直流分量；第二、三项分别为叠加前两块光栅频率成分；第四项为和频项，空间频率为两块光栅频率之和；第五项是差频项，两块光栅空间频率之差，即我们感兴趣的莫尔条纹。以上各项中，第二到第四项有较高的空间频率，而第五项有较低的空间频率。通过低通滤波的方法可以将莫尔条纹从其他各项中分离出来。

低通滤波之后可得莫尔条纹光强分布

$$M(x, y) = a_1 a_2(x, y) + \frac{1}{2} b_1 b_2(x, y)\cos[\varphi(x, y) - \varphi_0(x, y)] \tag{5.30}$$

式（5.30）实际上是虚莫尔条纹的表达式，其中 $\Delta\varphi(x, y) = \varphi(x, y) - \varphi_0(x, y)$ 为我们感兴趣的莫尔条纹相位，它与移相干涉术中的公式形式上完全一样。因此，完全可以用移相干涉术的方法，求解虚莫尔条纹的相位值。

## 5.4.2 数字莫尔移相

### 5.4.2.1 移相技术

以 $N$ 步移相为例，每幅图像相位差为 $2\pi/N$，光强可以表示为

$$I_n(x, y) = a(x, y) + b(x, y)\cos[2\pi f x + \varphi(x, y) + \Delta\varphi_n] \tag{5.31}$$

式中，$a(x, y)$ 为背景光强；$b(x, y)/a(x, y)$ 为条纹对比度；$\Delta\varphi_n$为第 $n$ 幅图像的移相量；$\varphi(x, y)$ 为物体相位；$f$ 为光栅频率。

由于需要确定 $a(x, y)$、$b(x, y)$、$\Delta\varphi_n$三个变量，因此用移相法求解三维物体相位信息，至少要有三幅移相图像，每次移动的相位值为 $2\pi/3$，即三步移相法。光强表达式分别为

$$\begin{cases} I_1(x, y) = a(x, y) + b(x, y)\cos[2\pi f x + \varphi(x, y)] \\ I_2(x, y) = a(x, y) + b(x, y)\cos[2\pi f x + \varphi(x, y) + 2\pi/3] \\ I_3(x, y) = a(x, y) + b(x, y)\cos[2\pi f x + \varphi(x, y) + 4\pi/3] \end{cases} \tag{5.32}$$

此时，相位求解公式为

$$\varphi(x, y) = \arctan \frac{\sqrt{3}(I_2 - I_3)}{2I_1 - (I_2 + I_3)} \tag{5.33}$$

此外，还可以利用其他移相量求出三维物体相位。虽然不同的移相量对应着不同的相位求解公式，但是都可以用式（5.34）求解。

$$\varphi(x, y) = \arctan \frac{\sum_{n=0}^{N-1} I_n(x, y)\sin(2n\pi/N)}{\sum_{n=0}^{N-1} I_n(x, y)\cos(2n\pi/N)} \tag{5.34}$$

#### 5.4.2.2 数字莫尔移相

莫尔条纹表达式与光学干涉条纹表达式非常相似，而且待测量也非常相似，所以就有把光学干涉方面的知识引入到莫尔技术之中的思路。其中莫尔技术和移相技术的结合是应用比较广泛的一种方法。移相莫尔技术使莫尔技术的应用范围进一步拓宽，在很多方面都有应用，例如使用移相莫尔技术进行三维轮廓的测量、模式识别、表面面形测量等。移相莫尔技术是目前莫尔技术的一个重要分支，在理论方面研究已经比较成熟，目前主要研究热点在于移相莫尔技术在实际中的应用以及如何快速、准确地得到结果。很多方法都能形成莫尔条纹，所以移相莫尔技术在实际中的应用也很广泛，例如流场、应力、面形、三维轮廓、医学等。

移相莫尔条纹是莫尔条纹法与移相技术相结合的一种方法。它在检测前需要记录参考平面的移相光栅图像，检测时只需一幅物体变形栅像，就可以实现三维物体形貌的检测。

将参考条纹和变形条纹进行乘法莫尔合成低通滤波之后可得如式（5.35）莫尔条纹光强分布。若采用四步移相法时，需采集 4 幅参考条纹的图像，每次式（5.35）中参考条纹附加的移相量分别为 0、$\pi/2$、$\pi$、$3\pi/2$，则 4 幅低通滤波后的移相莫尔条纹光强可表示为

$$\begin{cases} M_1(x, y) = a_1a_2(x, y) + \frac{1}{2}b_1b_2(x, y)\cos[\varphi(x, y) - \varphi_0(x, y)] \\ M_2(x, y) = a_1a_2(x, y) + \frac{1}{2}b_1b_2(x, y)\cos[\varphi(x, y) - \varphi_0(x, y) + \pi/2] \\ M_3(x, y) = a_1a_2(x, y) + \frac{1}{2}b_1b_2(x, y)\cos[\varphi(x, y) - \varphi_0(x, y) + \pi] \\ M_4(x, y) = a_1a_2(x, y) + \frac{1}{2}b_1b_2(x, y)\cos[\varphi(x, y) - \varphi_0(x, y) + 3\pi/2] \end{cases} \tag{5.35}$$

此时求解公式为

$$\Delta\varphi(x, y) = \varphi(x, y) - \varphi_0(x, y) = \arctan\frac{M_4 - M_2}{M_1 - M_3} \tag{5.36}$$

此时求出的相位局限于（$-\pi$，$\pi$），因此相位分布不连续，即相位调制值超过 $2\pi$ 时将会产生 $2\pi$ 的相位跃变。为此需要进行解包裹操作，根据相位连续性假设采用适当的判据，在跃变点处加上 $2n\pi$ 的附加相位，消除跃变点，恢复原始相位。

对求解的相位进行解包裹之后就可以得到相位信息 $\Delta\varphi(x, y)$，但还要将相位信息 $\Delta\varphi(x, y)$ 和高度信息 $h(x, y)$ 对应上，故而需对系统结构进行分析得出相位－高度关系公式。

### 5.4.3　相位－高度变换

图 5.23 描述的是经典的条纹投影测量系统模型。模型中各参量的意义如下：

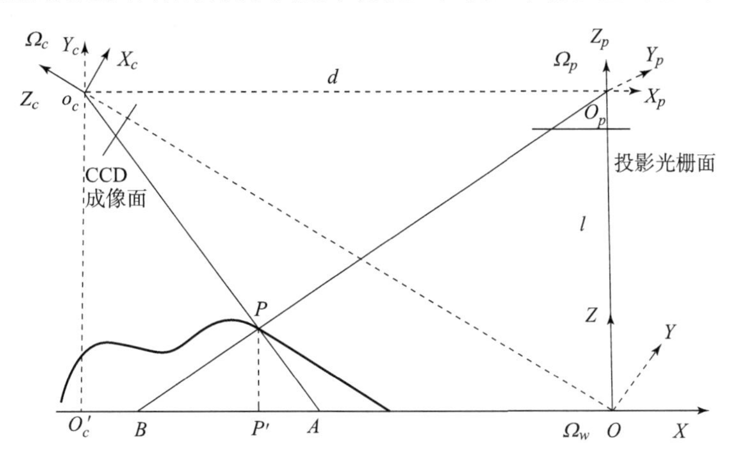


**图 5.23　经典的条纹投影轮廓术系统模型**

$O_p$：投影设备镜头光心，也称为投影中心，$O$ 点是 $O_p$ 在参考面上的投影。

参考面：即图中的 $OXY$ 平面，与投影面平行，$Y$ 轴方向与光栅条纹方向平行，原点 $O$ 是投影中心 $O_p$ 在该面上的投影。该面在传统相位法系统里作为系统标定和测量时的基准相位值，因此又称为基准面。

$\Omega_w$：参考坐标系 $OXYZ$。以参考面为本坐标系的 $OXY$ 平面。

$\Omega_c$：摄像机坐标系 $O_cX_cY_cZ_c$，原点 $O_c$ 位于镜头光心，$Z_c$ 位于光轴，$X_c$、$Y_c$ 分别平行于相机成像面的横轴、纵轴，$O_cO_p$ 连线平行于参考面，$O_c$ 在参考面上的投影为 $O_c'$。

$d$：投影中心 $O_p$ 与相机光心 $O_c$ 之间的距离。

$l$：$O_p$ 到参考面之间的距离。因为 $O_cO_p$ 连线与参考平面平行，因此 $O_c$ 到参考面之间的距离也是 $l$。

$P$：物点，在参考面投影为 $P'$。

根据物点所在相位与坐标间的对应关系和相似三角形原理，可以推导出物点相位，得到物点高度的转换规则。下面给出推导过程。

1. 投影装置和参考面的位置关系

投影装置和参考面的位置关系满足投影面与参考面平行，$Y$ 轴方向平行于光栅栅线方向，原点 $O$ 是投影中心、$O_p$ 在参考面上的投影。因为 $\Delta BPP' \sim \Delta BO_pO$，则

$$\frac{BP'}{BO}=\frac{PP'}{O_pO}=\frac{PP'}{l} \tag{5.37}$$

由于参考面和投影面相互平行，且光栅栅线方向平行于 $Y$ 轴，所以参考面上相位分布是 $X$ 的函数，即设 $OXY$ 面上任一点（$X$，$Y$）的相位是 $\theta$，则有

$$X=\frac{\theta-\theta_0}{2\pi}\lambda_0 \tag{5.38}$$

式中，$\theta_0$表示原点 $O$ 的相位值；为了不与物点 $P$ 混淆，此处 $\lambda_0$代表光栅栅距，即投影到参考面上的光栅条纹像的周期，也是沿 $X$ 轴相位变化 $2\pi$ 对应的距离。

2. 相机和参考面构成的三角关系

相机和参考面位置关系满足：①相机的 $Y$ 轴与参考面的 $Y$ 轴平行，又因为参考面的 $Y$ 轴平行于光栅条纹方向，得出相机的 $Y$ 轴平行于光栅条纹方向。该条件下，物点 $P$ 在 $OXZ$ 平面上的投影都始终满足图中的三角关系。②相机光心与投影中心的连线与参考面平行，即 $O_c$ 与 $O_p$ 距离参考面高度相同。相机光轴与投影仪光轴相交于参考面原点 $O$，有 $\Delta APP' \sim \Delta AO_cO_c'$，则

$$\frac{AP'}{AO_c}=\frac{PP'}{O_cO_c'}=\frac{PP'}{l} \tag{5.39}$$

联立式（5.37）和式（5.39）得

$$\frac{PP'}{l}=\frac{AP'+BP'}{AO_c+BO}=\frac{BA}{BA+OO_c'}=\frac{BA}{BA+d} \tag{5.40}$$

式中，$l$ 和 $d$ 为系统参量。由式（5.40）可得

$$BA=OA-OB=(\theta_A-\theta_B)\frac{\lambda_0}{2\pi} \tag{5.41}$$

式中，$\lambda_0$为光栅栅距，通过系统校准获得；$\theta_A$、$\theta_B$分别为 $A$、$B$ 点的相位值。将式（5.41）代入式（5.40）整理得

$$PP'=\frac{l(\theta_A-\theta_B)}{(\theta_A-\theta_B)+\dfrac{2\pi d}{\lambda_0}} \tag{5.42}$$

式（5.42）是基于三角法的经典的条纹投影系统测量原理的核心公式，即相位－高度映射关系。相位差分布 $\Delta\varphi(x,y)=\varphi(x,y)-\varphi_0(x,y)$ 与待测物体面形高度分布 $h(x,y)$ 之间的关系为

$$h(x,y)=\frac{L\Delta\varphi(x,y)}{2\pi Df_0+\Delta\varphi(x,y)} \tag{5.43}$$

式中，$L$ 为像面和参考平面之间的距离；$D$ 为投影装置和相机的出瞳中心之间的距离；$f_0$为投影光栅在参考平面上的投影条纹的空间频率。在得到相位差 $\Delta\varphi(x,y)$ 后，就可以计算初待测物体面形分布 $h(x,y)$。

### 5.4.4 应用举例

投影用正弦条纹均由计算机程序产生，经高质量液晶投影仪（对比度高于2 000:1）投影到被测物体表面。实验中投影条纹的周期均为 20 pixel/line。测量的过程是：首先将 4 幅步长为 π/2 的单色条纹投影到作为标准参考面的平板上，并由相机采集平板图像，图 5.24（a）为 CCD 采集的其中一幅带有条纹的参考平面图，通过计算可得到包裹相位，再直接运用解包裹技术得到如图 5.24（b）所示的标准参考平面相位图。不改变其他任何物理设置，仅用被测物体代替平板，重新进行移相条纹投影，并用黑白 CCD 同步采集，结果如图 5.25（a）所示，图 5.25（b）为图 5.25（a）中 4 幅条纹图灰度的算术和。

图 5.26（a）为图 5.25（b）进行二值化处理后的结果，其中白色区域对应于被测杯子，黑色部分则是阴影或背景区域。图 5.26（b）是最终求解得到的相位三维分布图。

图 5.27 是对带有空洞的面具进行测量的结果。

(a)

(b)

**图 5.24 参考平面的条纹和相位**

(a) 投影了正弦条纹的参考平面；(b) 参考面的连续相位图

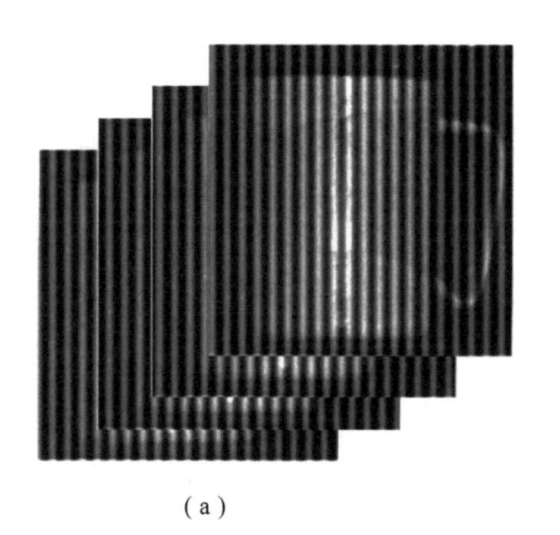

(a)

(b)

**图 5.25 被测杯子的条纹图和灰度图**

(a) 四步移相正弦条纹图投影在杯子上；(b) 杯子灰度图

(a)

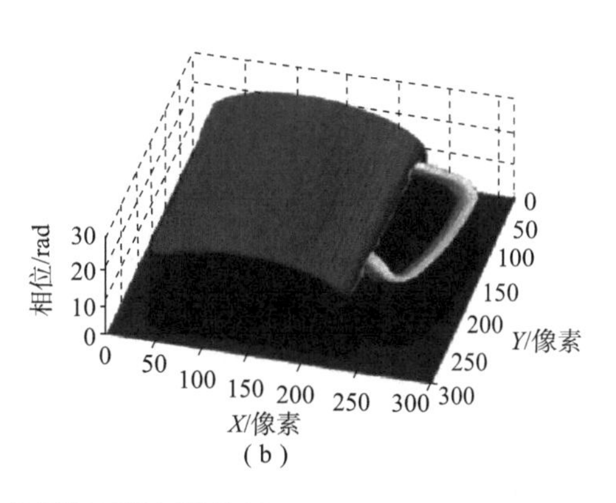


(b)

**图 5.26 被测杯子的测量结果**

(a) 杯子的二值化图像；(b) 杯子的三维相位分布图

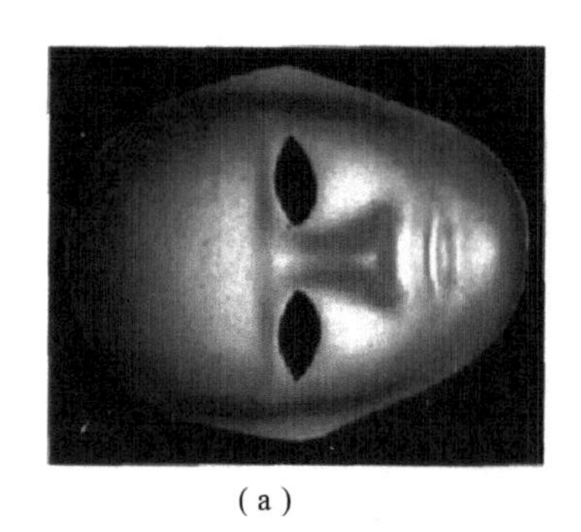

(a)

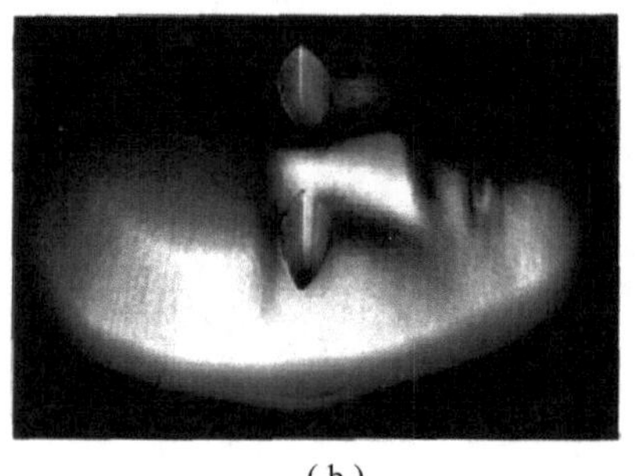

(b)

**图 5.27　被测面具的测量结果**

(a) 带有孔洞的面具；(b) 面具的三维相位分布

# 5.5　结构光法

## 5.5.1　结构光法概述

结构光法是 20 世纪 80 年代发展起来的直接获取三维图像的方法，其基本思想是利用结构光投影的几何信息来求得物体的三维信息，通过向物体投射各种结构光，如点、单线、多线、单圆、网格、颜色编码条纹等，在物体上形成图案并由相机摄取，而后由图像根据三角法和传感器结构参数进行计算，得到物体表面的三维坐标值。如图 5.28 所示，结构光三维重构方法也是基于三角法基本原理，目标物（被测物体）、投影点、观测点在空间成三角关系。当基准光栅条纹投射到目标物表面时，由于物体表面凹凸不平，条纹发生了畸变，这种畸变是由于投影的光栅条纹受物体表面形状调制所致，因此它包含了物体表面形状的三维信息。只要能建立起反映畸变条纹与物体表面形状之间对应关系的数学模型，就可以从畸变后的条纹信息推断出物体表面形状的三维信息。

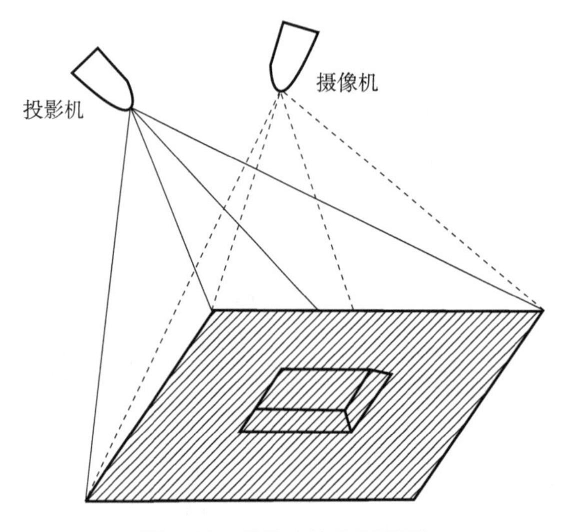


**图 5.28　结构光波法原理图**

由以上原理可知，系统必须包括以下功能：向被测物体投射结构光图案；读入被测物体图像数据；分析读入的图像，结合其他测量参数，计算出物体外形参数。其总流程图如图 5. 29 所示。

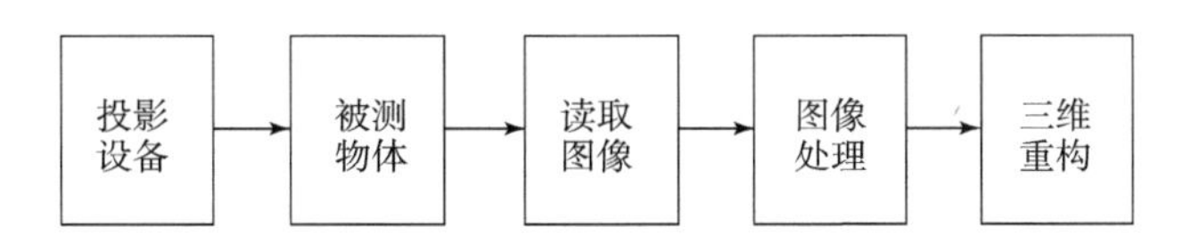


**图 5. 29　结构光波法总体流程图**

用结构光法实现的物体三维重构在对物体表面轮廓测量中占有重要地位。它以大量程、大视场、较高精度及条纹信息提取简单等优点，在计算机辅助设计与制造、机器人视觉及工业检测等领域有广泛的应用前景。

结构光三维重构方法是以三角法原理为基础的，是目前发展较为成熟、应用较为广泛的一种方法。可分为点结构光法、线结构光法、多线结构光法、编码结构光法和彩色结构光法等等。

1. 点结构光法

点结构光法在结构上与简单三角法相似。不过点结构光法的接收方向是不可变的。当实现光栅式平面扫描时，光源和探测是同步移动的。单束激光打在物体表面，由相机摄取其反射光点。物体表面每个点的 $x$，$y$ 坐标由物体图像每一像素的位置确定，$z$ 坐标值则根据三角原理算出，其原理如图 5. 30 所示。

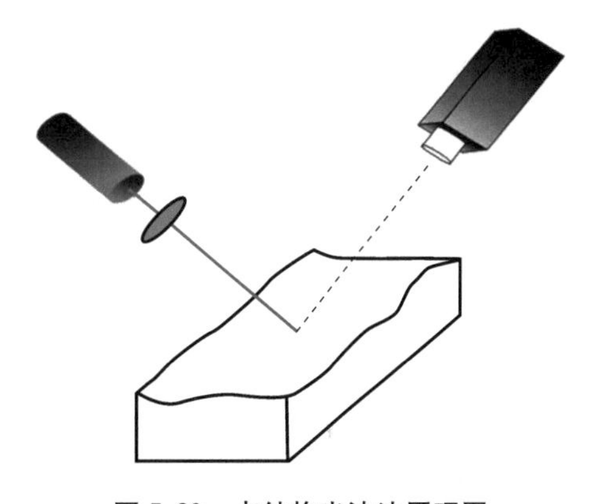

**图 5. 30　点结构光波法原理图**

这种方法的优点是设备相对简单、检测速度快、传感器参数求解方便等。其缺点为每幅图像中存储的信息量少、表面变化较大时整体效率低。现实应用中，多以后面叙述的快速扫描法为主。

2. 线结构光法

单束激光方法每次仅能处理一点，因而速度较慢。为了加快扫描速度可使用线状光源，即线结构光法，利用三角原理同时处理一个截面上所有的点，从而使测量速度大大加快。线结构光法根据应用还可分为光条法、光带法和光切法等。

线激光测量系统一般由相机、结构光源（激光器）、移动平台、图像采集及处理系统构成。由激光器投射出的光线在目标物体表面形成一条明亮光纹，当物体表面有高度或深度信息变化时，形成的激光条纹会发生变形。相机将激光条纹拍摄成二维图像，利用图像处理软件系统对光条纹图像进行预处理后，通过光条纹中心提取算法提取二维图像中激光条纹的中心坐标，利用相机和激光器在世界坐标系下的空间方向、不同坐标系的转换关系及位置参数等，计算出光条纹在世界坐标系下的实际坐标，即被测目标物体在实际中的三维信息。其基本原理图 5. 31 所示。

从线结构光扫描物体面过程中光源有无相对移动来划分，扫描系统可以分为两种方式。

（1）主动扫描测量方式：相机和目标物体的位置保持相对不变，电机驱动线结构光光源对目标物体进行移动扫描。结构光源射出的光面完成对目标物体表面轮廓的测量，相机记录整个扫描过程的成像。主动扫描测量方式中，世界坐标、图像坐标、摄像机坐标的变化较为复杂，因为随着结构光源位置的变化，其光平面也在不断变化，它必须要使每一个光平面都确定一个坐标系，扫描结束后再统一到一个世界坐标系下，复杂度增加。

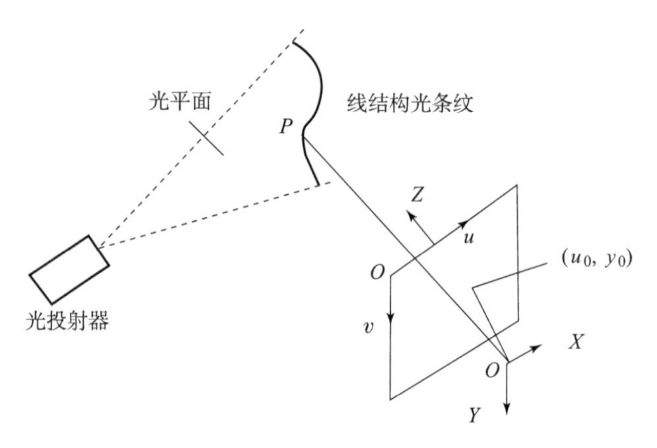


图 5.31　线结构光测量原理图

（2）被动扫描测量方式：相机和结构光光源的位置保持相对不变，利用电机控制两者以一定速度扫描目标物体表面，以此完成目标物体与相机之间的相对移动，相机记录整个扫描过程的成像。因为只需完成一个光平面的标定即可，世界坐标、图像坐标、摄像机坐标相对于主动扫描测量方式的标定过程相对简单。

3. 多线结构光法

多线结构光法是在线结构光法的基础上，为了进一步提高图像处理效率，在一幅图像内处理多条条纹。为了实现物体表面全覆盖，希望在视场内形成多条条纹，以获得表面的三维深度，这就是所谓的“光栅结构光法”。多条条纹可采用标准幻灯投影机投影一光栅图样产生，也可借用激光扫描器来实现。

4. 编码结构光法

编码结构光法是在多线结构光法的基础上，为了区分出投影在物体表面的每条条纹的序数而进行的一种对条纹编码的方法。编码法分为时间编码法、空间编码法和直接编码法。通过将多个不同的编码图案按时序先后投射到物体表面，得到相应的编码图像序列，将编码图像序列组合起来进行解码，得到投影在物体表面的每条条纹的序数，进而得到每条条纹所对应的物点上的光线投射角，再由结构光法基本公式得到物体的三维坐标。

5. 彩色结构光法

彩色结构光法是以颜色作为物体三维信息的加载和传递工具，以彩色相机作为图像获取器件，通过计算机软件处理，对颜色信息进行分析、解码，最终获取物体的三维面形数据。

## 5.5.2　结构光法测量原理

结构光法属于光学投影式三维轮廓测量方法，根据三维数据计算方法的不同，又可以分为直接三角法和相位法。直接三角法是以纯粹的三角测量原理为基础，由投影点、物体表面点和像点三者之间的几何成像关系确定物体各点高度。相位法是由条纹的形变量得到相位变化，再由相位和高度的映射关系来获得相对于参考面的三维数据，其优点在于分辨率高，数据获取速度快。相位法也利用了三角法原理，但其技术核心是相位信息的解调。

将结构光图像投射到被测物表面，从另一个角度可以观察到由于受物体高度的调制而变形的条纹，这种变形可解释为相位和振幅均被调制的载波信号。采集变形条纹并对其进行解调，恢复出相位信息，进而由相位确定出高度，这就是基于相位的结构光方法的原理。图 5.32 为典型的交叉光轴系统结构光法测量原理。

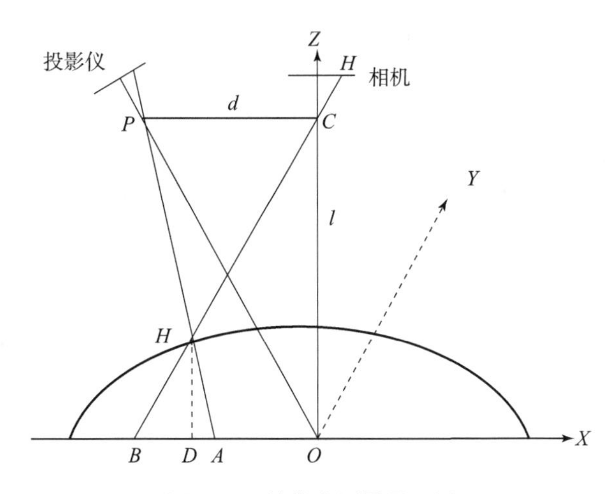


图 5.32　结构光测量原理图

图中，$OP$ 是投影系统透镜的光轴，它与成像透镜的光轴 $OC$ 交于点 $O$。$OX$ 所在的平面为参考平面（可以是虚拟的，也可以是真实存在的），$OC$ 垂直参考面。$P$ 和 $C$ 分别为投影透镜出瞳中心和成像透镜的入瞳中心，两点的连线与参考面平行，距离为 $d$，离参考平面的距离为 $l$。正交坐标系的 $XOY$ 平面位于参考平面上，$Y$ 轴垂直于 $XOZ$ 平面并与 $X$ 轴交于 $O$ 点，$Z$ 轴平行于成像透镜光轴。投射光栅交于物体表面点 $H$，$H$ 成像在像面上 $H'$ 点。$PH$ 与参考面交于点 $A$，$CH$ 与参考面交于点 $B$，$A$、$B$ 两点之间的距离表示为 $s(x,\ y)$。物体表面点 $H$ 相对于参考面的高度为 $h(x,\ y)$，由 $\triangle PHC$ 与 $\triangle AHB$ 相似可以得到

$$h(x,\ y)=\frac{ls(x,\ y)}{d+s(x,\ y)} \tag{5.44}$$

假设投影的是正弦光栅，规定系统的相位零点正好在坐标系 $OXYZ$ 的原点，则参考面和物体表面上各点的光强可以分别表示为 $I_0(x,\ y)$ 和 $I(x,\ y)$，即

$$I_0(x,\ y)=a(x,\ y)+b(x,\ y)\cos[2\pi f_0x+\phi_0(x,\ y)] \tag{5.45}$$

$$I(x,\ y)=a(x,\ y)+b(x,\ y)\cos[2\pi f_0x+\phi(x,\ y)] \tag{5.46}$$

式中，$a(x,\ y)$ 和 $b(x,\ y)$ 分别表示背景光强和物体表面反射率的变化；$f_0=1/p$ 为投影到参考面上光栅条纹的空间频率。相位 $\Phi_0(x,\ y)$ 和 $\Phi(x,\ y)$ 分别对应于在参考面和被测物体表面的相位分布。物体表面相位分布与参考面相位分布的相位差表示为 $\Delta\Phi(x,\ y)$，可以证明 $A$、$B$ 两点之间的距离 $s(x,\ y)$ 和相位差 $\Delta\Phi(x,\ y)$ 满足如下关系：

$$\Delta\Phi(x,\ y)=2\pi f_0s(x,\ y) \tag{5.47}$$

将式（5.47）代入式（5.44），即可以得到

$$h(x,\ y)=\frac{lp\Delta\Phi(x,\ y)}{2\pi l+\Delta\Phi(x,\ y)} \tag{5.48}$$

这样只要得到物体表面每点相对参考面的相位差 $\Delta\Phi(x,\ y)$，就可以计算得到高度值，实现三维轮廓测量。

图 5.33 为计算机仿真产生的正弦光栅投影在参考面和球体表面的条纹图，从图 5.33（b）可以看出受被测球体高度的调制作用，正弦光栅条纹产生了形变。

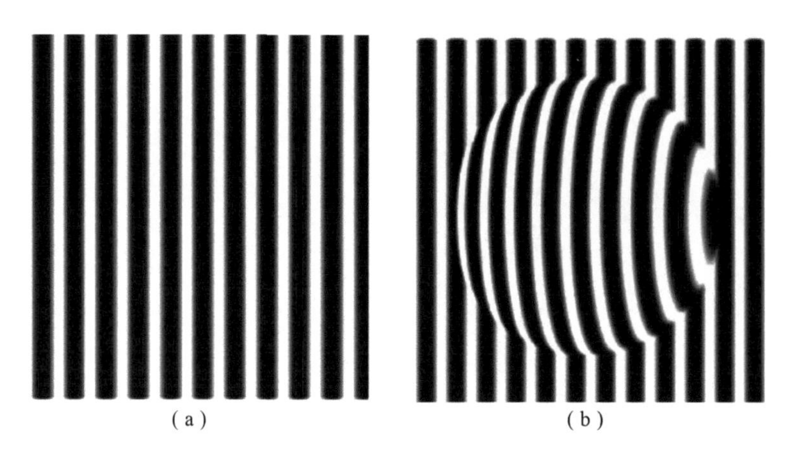


**图 5.33　条纹投影在参考面和球体表面**

(a) 参考面条纹图；(b) 球体表面条纹图

利用相位提取方法可以得到参考面和被测物体表面的相位分布，从而计算得到相位差。图 5.34 为由图 5.33 所示的条纹图得到的相位分布，其中图 5.34（a）为参考面上的相位分布，图 5.34（b）表示球体表面相位，图 5.34（c）为包裹相位，图 5.34（d）是采用相位展开方法进行解包裹后得到的真实相位。只要得到了真实的相位分布，根据式（5.48）和系统标定的结果就可以得到被测球体的三维数据。

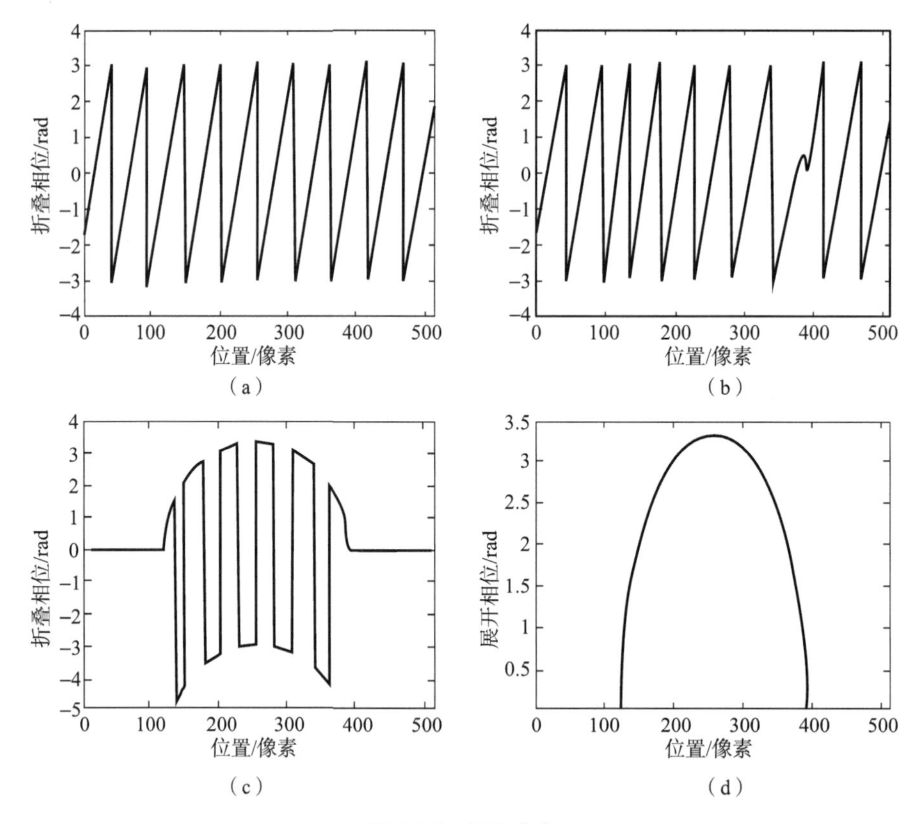


**图 5.34　相位分布**

(a) 参考面相位；(b) 球体表面相位；(c) 包裹相位；(d) 解包裹相位

### 5.5.3　应用举例

利用 LCD 投影仪作为投影装置，通过计算机编程生成投影所需要的正弦光栅，这样能够方便地根据被测物体以及测量的要求改变条纹的周期、初始相位、对比度和亮度等参数，以适应不同测量环境的要求，同时也便于实现投影光栅移相，而不需要其他的辅助移动装置，这样就大大提高了测量系统的适应性。利用高分辨率的数码照相机获取参考面和被测物体表面的条纹图，然后进行图像处理、相位提取和三维计算得到被测物体的轮廓信息。

实验系统的构建如图 5. 35 所示，主要的实验设备有：

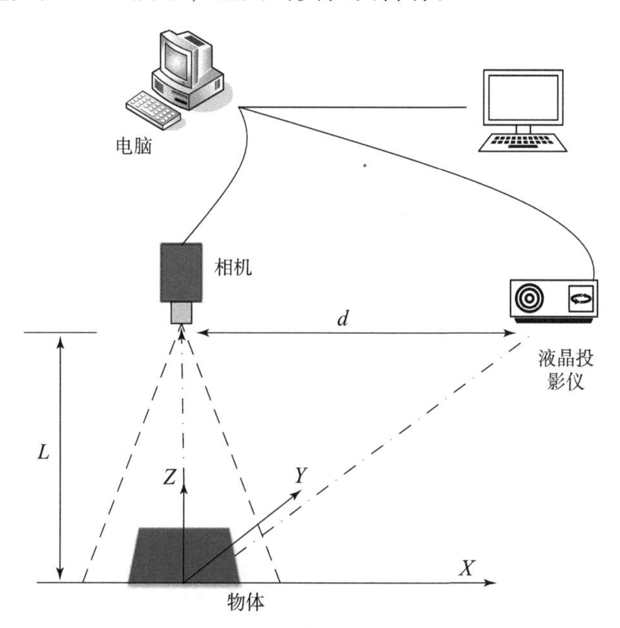


**图 5. 35　基于结构光的物体表面轮廓测量系统实验装置**

（1）投影仪采用 Sony VPL－CX71，具体的参数：

LCD 液晶面板：0. 79 英寸 XGA 液晶板，像素数 1 024 ×768；

投影机镜头：1. 2 倍变焦，变焦范围 23. 5 ~28. 2 mm，F1. 6 ~1. 78；

输出亮度：2 500 lm；

投影距离：80 英寸：2. 4 ~2. 7 m。

（2）相机采用 SamSung Digimax 350SE，具体的参数：

1/1. 8″CCD，2 048 ×1 536 像素；

3 倍光学变焦，变焦范围 7. 0 ~21. 0 mm。

为了提高实验测量精度，要求测量系统（包括投影仪、相机）的图像分辨率尽可能高，在布置实验系统时应注意以下事项：

（1）在保证测量精度的同时，尽量使投影仪和照相机之间的距离近，这样可以提高测量范围，同时减小遮挡的影响。

（2）将待测量物体放置在合适的位置，使其处于投影仪的整个投影范围中，同时结合对照相机焦距的调节，使被测物体的像在照相机的成像范围之内。

布置好实验系统后，将预先用计算机设计好的正弦光栅投影在参考面和被测物体表面上，由照相机获取参考面和被测目标物体表面的变形条纹图。然后对获取的实验图像进行处理，包括图像预处理、相位主值计算、解包裹、系统标定、三维数据计算，具体的处理过程如图 5. 36 所示。

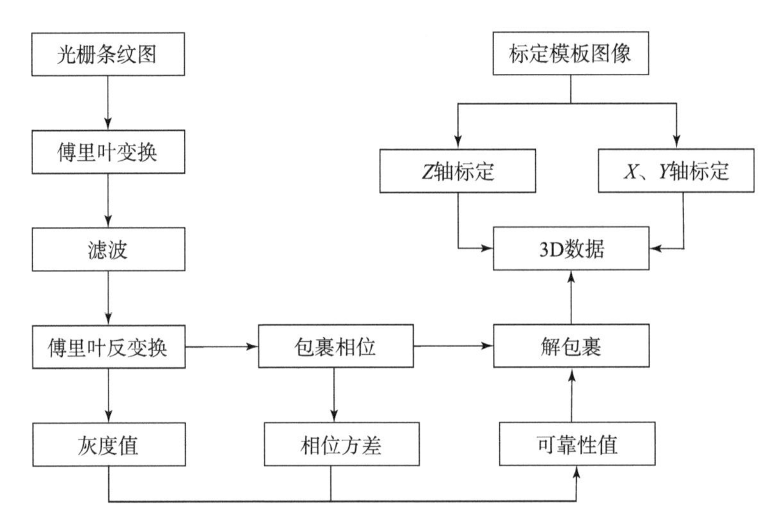


**图 5. 36　实验数据处理流程图**

利用设计的物体表面轮廓测量实验系统对目标物体进行了轮廓测量，图 5. 37（a）为被测目标物体（碗的背面），图 5. 37（b）为正弦光栅投影在参考面上的条纹图，图 5. 37（c）为被测物体表面的变形条纹图。

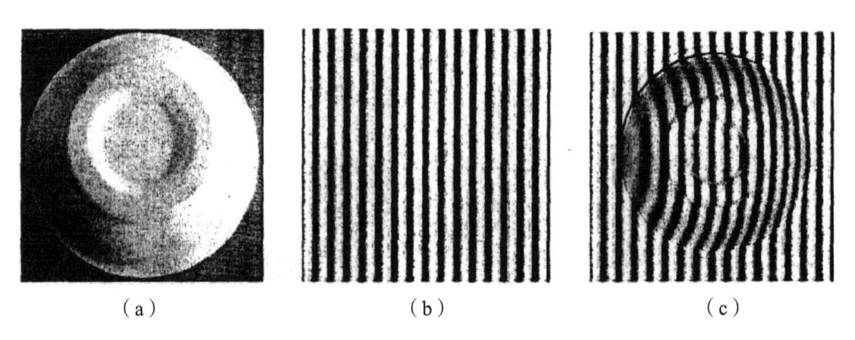


**图 5. 37　被测物体和条纹图**

（a）被测物体；（b）参考面条纹；（c）物体表面条纹图

得到参考面和被测物体表面条纹图后，经过初步的图像预处理，如图像变换、滤波和平滑处理，然后计算被测物体和参考面的相位差，最后利用基于可靠性排序的解包裹方法进行解包裹，得到解包裹后的相位差分布。图 5. 38 所示为相位差的某一行分布（取中间一行），图 5. 38（a）为包裹相位，图 5. 38（b）为进行解包裹后的结果。

对测量系统进行标定，根据标定的结果可以由展开相位计算出物体三维数据，然后利用仿真软件得到被测物体的三维轮廓图，如图 5. 39 所示。图中不同的灰度深度对应不同的高度分布。由实验系统测量得到的物体中心高度为 79. 498 5 mm，利用游标卡尺多次测量后取平均值得到的物体中心高度为 79. 497 mm，与非接触方法测得的结果非常接近。

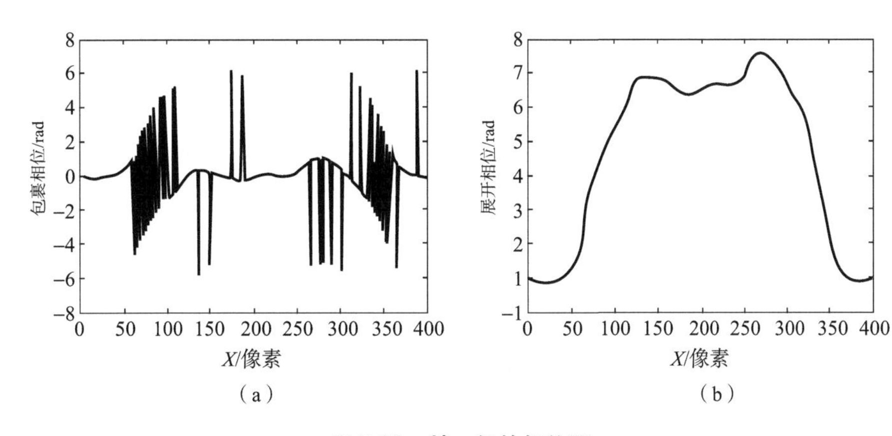


**图 5.38　某一行的相位图**

（a）包裹相位；（b）解包裹相位

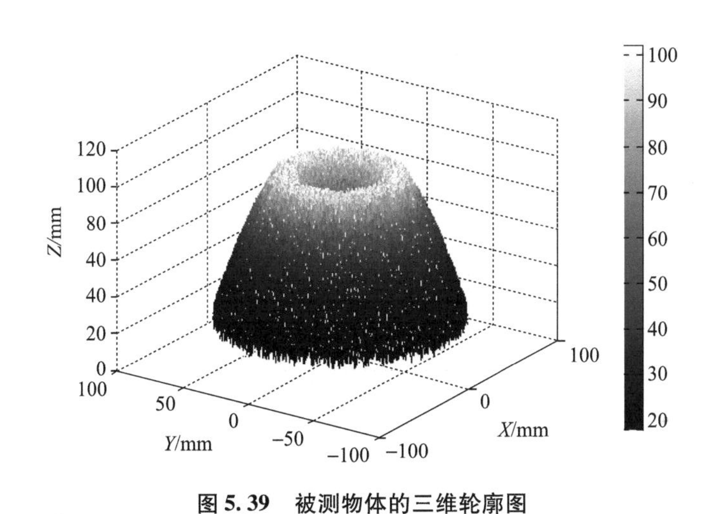


**图 5.39　被测物体的三维轮廓图**

## 参考文献


［1］范志刚，光电测试技术［M］．北京：电子工业出版社，2004.

［2］朱秋东，郝群．激光束偏转法非球面面形测量和计算［J］．光学技术，2002，28（1）：22－23.

［3］熊友兵，杨坤涛，张南洋生．数字图像处理技术在等高莫尔法三维形貌测量中的应用［J］．光学与光电技术，2004，2（5）：58－60.

［4］裘建新，檀亮，钟平．莫尔条纹三维精细测量方法的研究与应用［J］．上海工程技术大学学报，2007，21（1）：1－6.

［5］段存丽，陈芳，祁瑞利，等．利用莫尔条纹测量物体三维形貌新方法研究［J］．光子学报，2008，37（7）：1425－1428.

［6］王伯雄，施宇清．一种新的非球面三维形貌检测法——莫尔测偏法［J］．组合机床与自

动化加工技术，1996（1）：16－18.

[7] 朱丽君．数字莫尔条纹三维面形测量技术研究［D］．济南：山东大学，2016.

[8] 郝群，丁凌，栗孟娟，等．用于数字莫尔干涉术的莫尔滤波合成法［J］．光学技术，2006，32（1）：82－84.

[9] 曹斌．利用移相数字莫尔条纹检测三维物体形貌差异［D］．昆明：昆明理工大学，2012.

[10] 苏大图．光学测试技术［M］．北京：北京理工大学出版社，1996.

[11] 何威．基于虚光栅莫尔条纹法测量干涉腔空气扰动的研究［D］．南京：南京理工大学，2008.

[12] 孙姣芬．虚光栅移相莫尔条纹法对干涉图的处理及应用［D］．南京：南京理工大学，2004.

[13] 席崚．投影栅相位法在三维形貌测量上的研究与应用［D］．南京：南京航空航天大学，2009.

[14] 杨福俊，耿敏，戴美玲，等．基于单频四步相移条纹投影的不连续物体三维形貌测量［J］．光电子·激光，2012（8）：1535－1538.

[15] Du H, Zhang S, Zhao Z, et al. Development of two-frame shadow moire profilometry by iterative self-tuning technique [J]. Optical Engineering, 2018, 57 (11): 114101.

[16] Li M, Cao Y, Chen C, et al. Computer-generated Moire profilometry [J]. Optics Express, 2017, 25 (22): 26815－26824.

[17] Geng J. Structured-light 3D surface imaging: a tutorial [J]. Advances in Optics and Photonics, 2011, 3 (2): 128－160.

[18] Dirckx J, Buytaert J, Van der Jeught S. Implementation of phase-shifting moire profilometry on a low-cost commercial data projector [J]. Optics and Lasers in Engineering, 2010, 48 (2): 244－250.

[19] Tian H, Wu F, Gong Y. Gear Tooth Profile Reconstruction via Geometrically Compensated Laser Triangulation Measurements [J]. Sensors, 2019, 19 (7): 1589.

[20] Dong Z, Sun X, Liu W, et al. Measurement of Free-Form Curved Surfaces Using Laser Triangulation [J]. Sensors, 2018, 18 (10): 3527.

[21] An Y, Hyun J, Zhang S. Pixel-wise absolute phase unwrapping using geometric constraints of structured light system [J]. Opt. Express, 2016, 24: 18445－18459.

[22] An Y, Bell T, Li B, et al. Method for large-range structured light system calibration [J]. Appl. Opt., 2016, 55: 9563－9572.

[23] Heist S, Zhang C, Reichwald K, et al. 5D hyperspectral imaging: fast and accurate measurement of surface shape and spectral characteristics using structured light [J]. Opt. Express, 2018, 26: 23366－23379.

[24] Wang P, Wang J, Xu J, et al. Calibration method for a large-scale structured light measurement system [J]. Appl. Opt., 2017, 56: 3995－4002.

[25] Jiang C, Lim B, Zhang S. Three-dimensional shape measurement using a structured light system with dual projectors [J]. Appl. Opt., 2018, 57, 3983－3990.

[26] Huang X, Bai J, Wang K, et al. Target enhanced 3D reconstruction based on polarization-coded structured light [J]. Opt. Express, 2017, 25, 1173－1184.

[27] Yin W, Feng S, Tao T, et al. High-speed 3D shape measurement using the optimized composite fringe patterns and stereo-assisted structured light system [J]. Opt. Express, 2019, 27: 2411－2431.

# 第六章
# 微观形貌测量

微观形貌测量是科学研究的重要领域，能帮助人们了解物质的物理和化学特性，同时也是工业生产中的重要检测方法，在半导体制造业、高精度制造业得到广泛应用。本章介绍几种典型的微观形貌测试技术，它们的技术指标和适用范围各不相同，可根据需求选用。

## 6.1 光探针法

光学表面微观形貌常用探针轮廓仪、扫描探针显微镜等依靠机械探针沿物体表面进行二维扫描，获得被测面的三维轮廓信息，尽管测量速度较慢，但横向分辨率通常高于光学显微镜。然而机械接触式的探针与被测面之间存在相互作用力，易划伤被测面，应用范围受限。将其“机械探针”换成不接触测试表面的“光学探针”，通过测试样品上各点的最佳聚焦位置来测量光学表面围观形貌的方法称为光学探针法。

利用像平面位置来检测表面形貌的光学探针称为几何光学探针，利用干涉原理的光学探针称为物理光学探针。其中几何光学探针法又分为共焦显微原理和离焦误差检测两种，共焦显微将在6.2节中详细介绍，本节以经典的基于傅科刀口原理的离焦误差检测法为例介绍光学探针法，并对像散法、临界角法、共光路外差干涉法等进行了简要介绍。

### 6.1.1 光学探针法原理

德国科学家Brodman等于1987年研制了一种基于傅科刀口的光学探针法，见图6.1，是经典的离焦检测法。

激光二极管发出的点光源，经分光棱镜、准直镜、物镜会聚到被测样品表面，被测面反射的光原路返回，在分光棱镜处发射反射。分光棱镜的出射面上，贴有一对对称放置的光楔，将出射光斑分为上、下两部分，并分别偏置到一二象限探测器上。与傅科刀口类似，当光斑刚好聚焦在被测样品表面上时，出射光束恰聚焦于探测器靶面，形成一个很小的像点，此时两个象限接收到的光强一致；当光斑聚焦在被测样品上方时，返回光束聚焦在探测器的前面，半圆形光斑基本落在一个象限上，焦内象限输出信号强；当光斑聚焦在被测样品下方时，返回光束聚焦在探测器的后面，半圆形光斑翻转，基本落在另一个象限上，此时焦外象限输出信号强。信号差的符号确定了光束聚焦在被测表面哪一侧，可用其驱动聚焦物镜，使其移动到正确的位置。当物镜调整到刚好聚焦于被测点时，两象限均具有相等的信号，并且差信号为零。

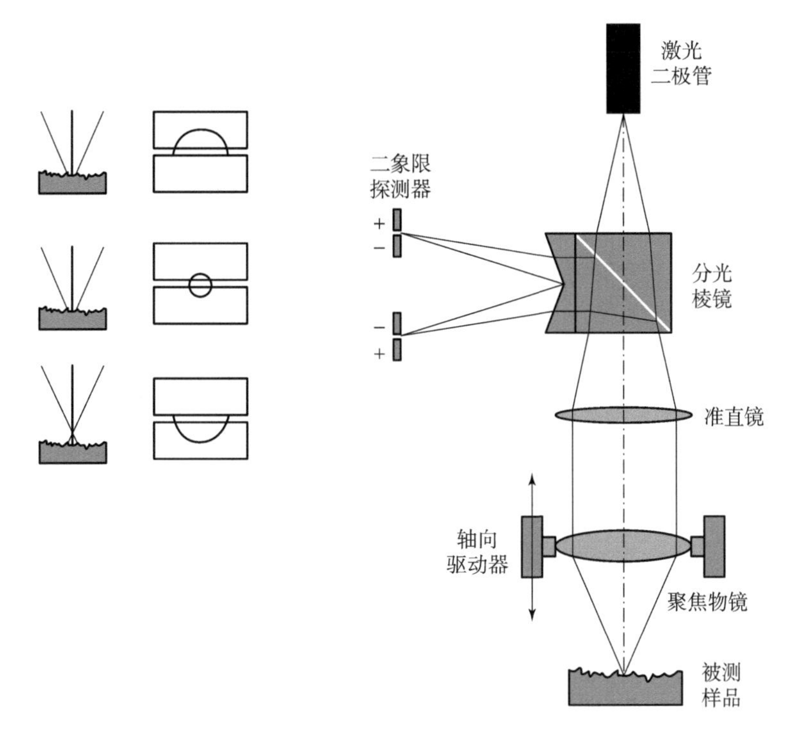


**图 6.1　基于傅科刀口的光学探针法原理图**

### 6.1.2　光学探针法技术参数

1. 分辨率

光学探针法的横向分辨率受测试表面上焦点的大小限制，基于傅科刀口的光学探针法焦点直径通常为 1.0 ~ 1.5 μm，测得的表面高度是该区域内的平均表面高度，这意味着最小的可测量特征约为 2 μm。其轴向分辨率可优于 2 nm，但与量程和单点测量时间相关。如果要测量较大的动态范围，则聚焦透镜的移动步长需要调大一些，以使每个数据点的时间保持不变，否则在较大的高度范围内进行精细的调焦会大大降低测量效率。

2. 动态范围

基于傅科刀口的光学探针法的动态范围与聚焦物镜的轴向驱动器相关，通常可达 ±500 μm 以上，但动态范围和测量时间、轴向分辨率三者相互制约。

3. 测量时间

基于傅科刀口的光学探针法要求在每个测量点都必须调整物镜位置，使采样的表面点处的信号为零，此外还需进行二维扫描，因此测试效率不高，通常需要数分钟甚至更久才能完成被测面的三维轮廓测量。

4. 使用限制

基于傅科刀口的光学探针法要求被测面不能太过陡峭，从测试表面反射的光必须回到传感器中。如果被测面较为陡峭，则光可能会无法反射进入镜头，造成信号丢失，从而导致测试结果不准确。

### 6.1.3 光学探针法的应用

基于傅科刀口的光学探针微观形貌测量法在精密机械、刑侦鉴别等领域得到了应用。例如，钢球轴承的表面形貌测试、滚动轴承内轨道形貌测试等。华中科技大学的谢铁邦等将其用于测量枪弹发射过程中弹头和枪支机件发生机械作用而留下的擦痕，实现枪案刑侦鉴别，搭建的系统垂直测量范围为 ±1 mm，垂直分辨率为 30 nm，聚焦光束直径为 1 μm。图 6.2 是采用该系统测得的弹头发射痕迹的截面形貌展开图和三维形貌展开图。

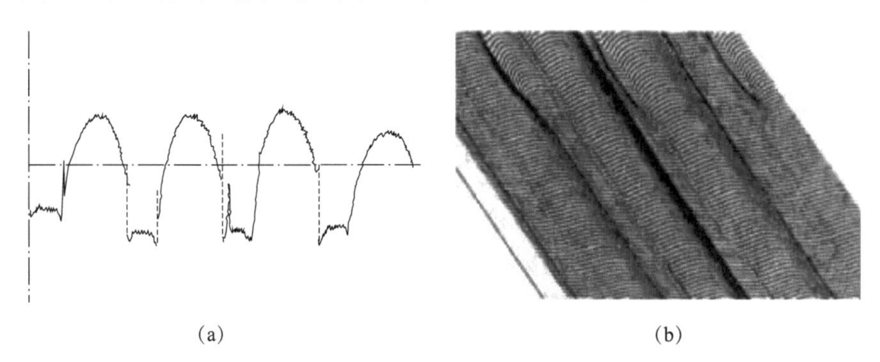

(a)　　　　(b)

**图 6.2　基于傅科刀口的光学探针法测量弹头发射痕迹结果**

(a) 弹头发射痕迹截面形貌展开图；(b) 弹头发射痕迹三维形貌展开图

### 6.1.4 其他种类的光学探针法

1. 像散法

像散法也是一种常用的几何光探针法，它利用柱面镜等像散元件焦面附近光斑的对称性进行离焦探测。1988 年日本的 Kimiyuki Mitsui 等研制了一款小型化的基于像散法的表面粗糙度传感器，纵向分辨率可达 1 nm，线性测量区间可达 1 μm，其原理如图 6.3 所示。

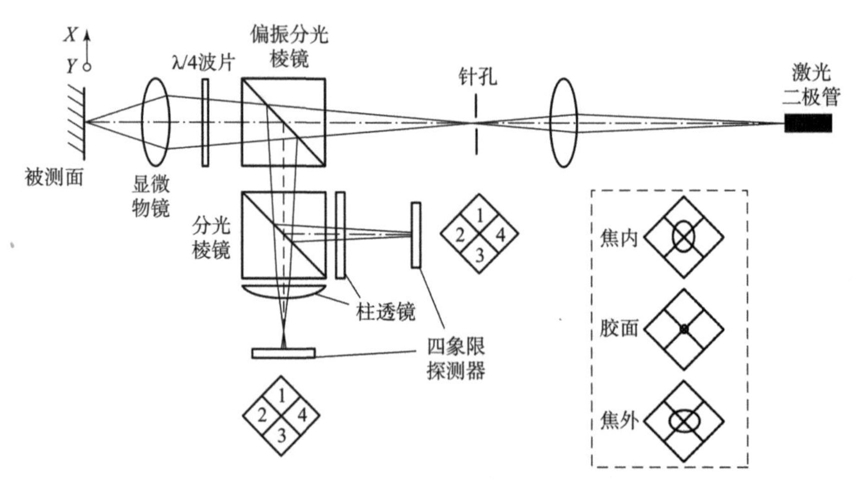


**图 6.3　像散法光探针原理**

激光二极管发出的光波经针孔滤波后会聚到被测表面上，被测面反射回的光波经显微物镜、分光棱镜、柱透镜会聚到四象限探测器上。柱透镜等像散元件在相互垂直的两个方向光焦度不同，沿光轴方向移动像面位置，当一个方向刚好成像时，另一个方向不能很好地会聚，形成“焦线”状光斑；移动像面位置，当另一个方向刚好成像时，光线会聚成一条与之前垂直的“焦线”状光斑。在两条焦线之间移动像面位置，可看到光斑经历了由线变成长椭圆，继而变成圆，再变成扁椭圆，最后变成一条垂直方向焦线的过程。使四象限探测器的方向与焦线夹角为45°，如图6.3所示，则可看出焦内时1、3象限的光强明显大于2、4象限；刚好位于焦面时，1、3象限与2、4象限光强相等；焦外时2、4象限的光强大于1、3象限。以1、3象限光强之和与2、4象限光强之和相减，即可指示出被测点相对于物镜理想像面的位置关系。

利用差动原理，在分光棱镜处加入一路垂直的四象限探测器，可消除车削等粗糙表面衍射的影响，扩大像散法光探针的适用范围。

2. 临界角法

临界角法数属于几何光探针法。1987年日本的Tsuguo Kohno等研制出了基于临界角法的高精度光学表面传感器HIPOSS，纵向分辨率优于1 nm，横向分辨率为0.65 μm，量程约为3 μm，可测量反射率高于10%的表面，其基本测量原理如图6.4所示。

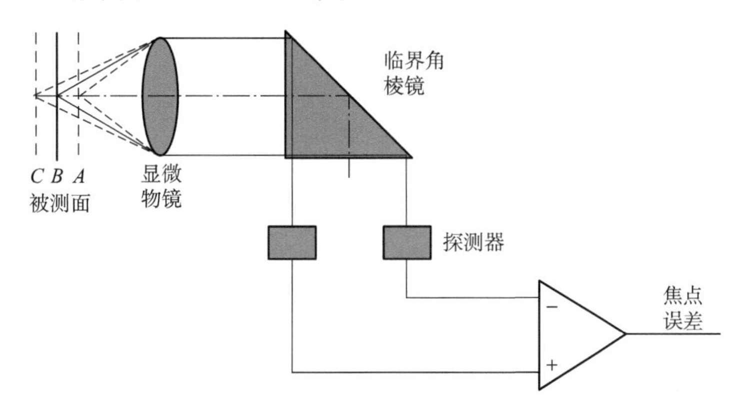


**图6.4　临界角法光探针原理**

*A*—焦内（发散）；*B*—焦面（平行）；*C*—焦外（会聚）

当被测点刚好位于物镜焦平面*B*上时，被测点反射的光线经物镜后成为平行光。临界角棱镜的设计恰保证以该角度入射的光线刚好发生全反射，即光线在棱镜斜面上的入射角等于临界角。此时，棱镜斜面上入射的光能量全部反射，两个光电探测器接收到的光强相同。当被测点位于物镜焦内，即图示*A*位置时，被测点反射的光线经物镜后形成发散光束，则光轴上方的光线在棱镜斜面上的入射角变小，从而部分能量折射损失；光轴下方的光线入射角变大，仍保持全反射，能量不衰减，此时左侧探测器的光强便会小于右侧的探测器；反之，当被测点位于物镜焦外时，入射到棱镜斜面上的是会聚光束，光轴下方的能量会折射损失，造成右侧探测器的光强小于左侧的探测器。因此，通过比较左右两侧探测器的光强即可判断被测点与物镜焦平面的位置关系。

为消除光源及各点原始透过率不一致性对测量的影响，可改进为双光路，利用差动技术消除直流信号。

3. 共光路外差干涉法

共光路外差干涉法是物理光学探针中最常用的一种。清华大学李达成教授团队研制了一种小型化，可用于磨床在线测量表面粗糙度的共光路外差干涉仪，体积只有 25 cm × 20 cm × 10 cm，纵向分辨率和横向分辨率分别为 0. 46 nm 和 0. 73 μm，量程可达 ±0. 5 mm。

共光路外差干涉法在外差干涉仪的基础上，添加共光路光探针测头，测量样品表面一点相对于周围区域平均高度的差，测头原理见图 6. 5。

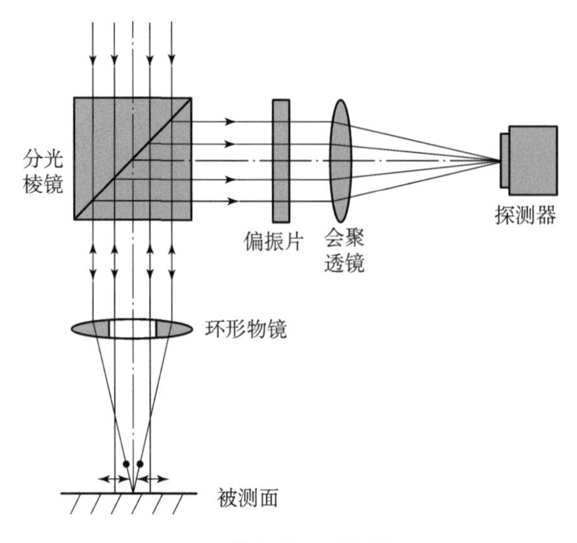


**图 6. 5　共光路干涉探针原理**

平行光入射到环形透镜上时，外环的光束经环形物镜聚焦到样品表面，形成光探针，作为测量光束；从透镜中孔透过的平行光直接入射到样品表面，形成参考光束。两束光经样品反射后再次通过环形透镜，形成两束平面波进入后续系统进行干涉。干涉测量得到的结果，就是“光探针”聚焦点相对于中孔区域平均值的高度差。中孔区域直径通常为几毫米，平均高度差稳定可靠，基本不随样品表面的微观起伏发生变化。共光路的设计消除了外界振动对测量的影响，外差法则提高了信号的信噪比。环形透镜一方面降低了光学探针焦点的直径，提高了仪器的横向分辨率，另一方面改善了干涉仪结构，使光路易于调节。

## 6. 2　共焦显微镜

### 6. 2. 1　共焦显微镜技术原理

共焦显微镜是 20 世纪 80 年代出现并发展起来的高精度成像仪器，是研究亚微米结构必备的科研仪器。随着计算机、图像处理软件以及激光器的发展，共焦显微镜也随之发生了很大的发展，现已广泛应用于生物学、微系统和材料测量领域中。共焦显微镜是集共焦原理、扫描技术和计算机图形处理技术于一体的新型显微镜，其主要优点为：既有高的横向分辨率，又有高的轴向分辨率，同时能有效抑制杂散光，具有高的对比度。

典型的共焦显微镜装置是在被测对象焦平面的共轭面上放置两个小孔，其中一个放在光源前面，另一个放在探测器前面，如图 6. 6 所示。由图可知，当被测样品处于准焦平面时，探测端收集到的光强最大；当被测样品处于离焦位置时，探测端光斑弥散，光强迅速减小。因此，只有焦平面上的点所发出的光才能透过出射针孔，而焦平面以外的点所发出的光线在出射针孔平面是离焦的，绝大部分无法通过中心的针孔。因此，焦平面上的观察目标点呈现亮色，而非观察点则作为背景呈现黑色，反差增加，图像清晰。在成像过程中，两针孔共焦，共焦点为被探测点，被探测点所在的平面为共焦平面。

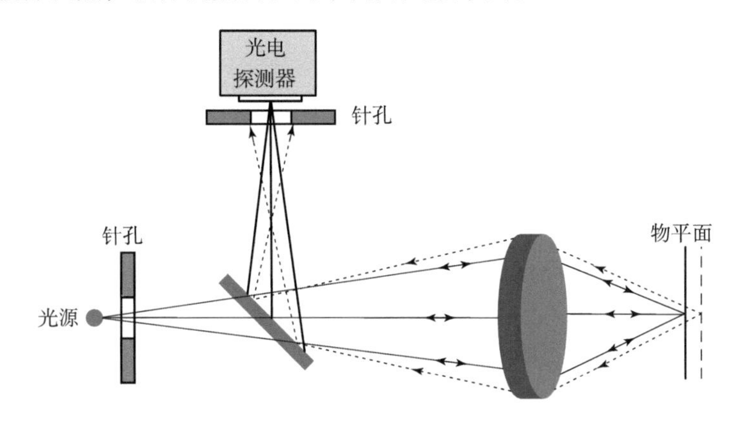


**图 6.6　共焦显微镜光路示意图**

共焦显微镜中探测器处的针孔大小起着关键性的作用，它直接影响了系统的分辨率和信噪比。如针孔过大，则起不到共焦点探测作用，既降低了系统的分辨率，又会引入更多的杂散光；如果针孔过小，则会降低探测效率，同时降低显微图像的亮度。研究表明，当针孔直径等于艾里斑的直径时满足共焦要求，且探测效率也没有明显降低。由于针孔直径一般为微米量级，如果激光束的会聚焦点与针孔位置存在偏差，则会产生信号失真。因此，共焦显微镜一般均采用自动对焦系统，这无形中会增加测量时间。

由于激光共焦扫描显微镜是点成像，因此要想获得物体的二维图像，需要借助于 $x$ 和 $y$ 方向的二维扫描。不同的显微镜采用不同的扫描方式：

（1）物体扫描。即物体本身按照一定的规律移动，而光束保持不变。优点：光路稳定；缺点：需要大幅度的扫描工作台，因此扫描速度受到很大限制。

（2）利用反射式振镜构成光束扫描系统。即通过控制扫描振镜将聚焦光点有规律地反射到物体某一层面，完成二维扫描。其优点是精度较高，常用于高精度测量。扫描速度比物体扫描有所提高，但仍然不快。

（3）使用声光偏转元件进行扫描，通过改变声波输出频率进而改变光波的传输方向来实现扫描。其突出优点是扫描速度非常快，由美国研制的利用声光偏转器产生实时视频图像的扫描系统，扫描一幅二维图像仅需 1/30 s，几乎做到了实时输出。

（4）Nipkow 盘扫描，其扫描过程是通过旋转 Nipkow 盘而保持其他元件不动完成的，可以一次成像，速度非常快。但是由于成像光束是轴外光，所以必须对透镜的轴外像差进行校正，并且光能利用率很低。

## 6.2.2　共焦显微镜技术参数

1. 分辨率

共聚焦显微镜的系统点扩散函数分布等于物镜和点像能量分布的卷积。在物镜相同的情况下，其横向分辨率（$x-y$ 面）比传统光学显微镜提高了 1.4 倍，达到 $0.4\lambda/NA$，如 Leica 公司的 TcS－NT 分辨率为 0.18 μm。从共焦显微镜的原理可知，探测器处针孔的设置不仅有效抑制了离焦面点像对检测平面像的干扰，同时抑制了准焦面上非探测点对探测点的干扰，极大地改善了图像的分辨率。此外，为了实现极限分辨率，共焦显微镜系统必须配备防振工作台。

2. 灵敏度

传统光学显微镜上常配备 CCD 相机来采集图像，但由于 CCD 的灵敏度比较低，对于低照度的光，如荧光无法探测到，因此在共焦显微镜系统中一般使用光电倍增管作为探测元件，其灵敏度大大超过 CCD，对微弱的荧光信号也可以呈现出很高的灵敏度。

3. 横向分辨率

共焦显微镜系统所展现的放大图像细节要高于常规的光学显微镜。此处所说的放大不是指物理上的放大，而是指在相同物镜放大的条件下，共焦显微镜所展示的图像形态细节是在传统光学显微镜下很难看到的，因而图像更清晰更微细，横向分辨率更高。

4. 对比度

由于物体照明光仅是扫描中一个非常小的聚焦光点，且亮度、信噪比高，信号光要比物体其他点要强。在像面上，点探测器只能接收通过针孔的光，而来自物体其他部位的杂散光因在共焦针孔处不能聚焦而被滤除。这使得通过共聚焦扫描显微镜得到的样品图像对比度比传统显微镜的要高。

## 6.2.3 共焦显微镜的改进

随着共焦显微技术的发展，出现了一些新的技术，进而出现了很多新结构的共焦显微镜。

1. 宽视场共焦显微镜

多年来，人们提出了许多提高数据获取速度的方法，大多数采用改变共焦孔径的方法。如果共焦轮廓仪要求很高的轴向分辨率，就必须用到高数值孔径的物镜。但是高数值孔径物镜的缺点就是视场小。

如果用微透镜阵列来取代物镜，如图 6.7 所示，则能够实现大（宽）视场的检测。当每一个独立的微观透镜保持较大的 NA 时，视场由阵列的大小决定。单个透镜的焦距可以用

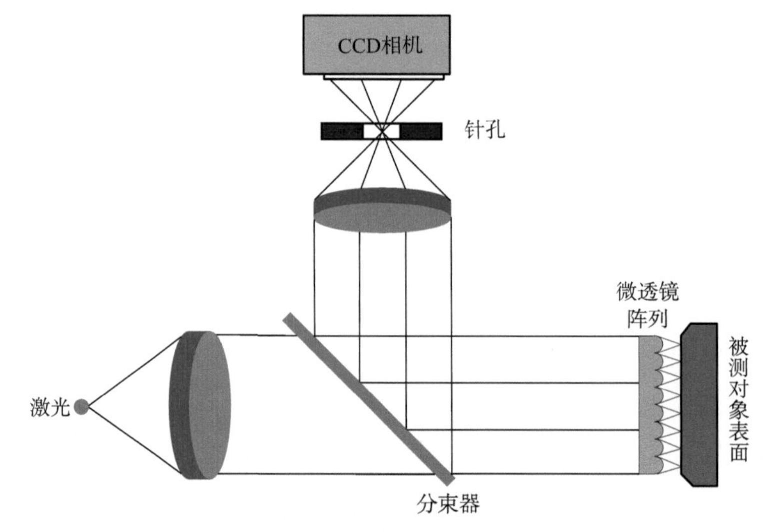


**图 6.7 宽视场共焦显微镜光路示意图**

于调节来适应被测对象的形状，减少扫描范围和加快速度。用微镜头代替物镜的系统与典型的共焦显微镜有一点不同，因为光被微透镜焦平面上的每一个物点反射，然后通过透镜聚焦在一个针孔上，该针孔相当于一个空间滤波器。微透镜的光瞳将在相机上成像，而不是像典型的共焦装置的像点。对于这个系统，当物镜 NA 等于 0.3 时，轴向分辨率能达到 50 nm。

2. 光谱共焦显微镜

光谱共焦显微镜是为了满足共焦系统通过垂直扫描来确定相对物体高度的位置这一需求发展起来的。其相对于纵向扫描的优点在于光谱共焦显微镜采用了一个有轴向色差的物镜，不同波长的光波通过这种物镜具有不同的焦点位置；只有满足焦点位置与物体位置重合的波长才能反射回系统。因此，这种系统也称为波长 - 深度的编码装置。这里用光谱仪代替 CCD 相机来探测波长值。通过测量功率谱来对焦点位置进行及时测量，取代了所有的扫描机制，从而加快了测量速度。图 6.8 为光谱共焦显微镜的示意图。

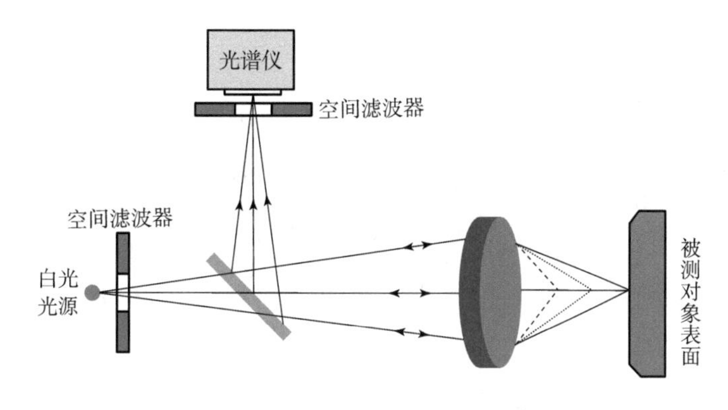


**图 6.8　光谱共焦显微镜光路示意图**

3. 差动共焦显微镜

差动共焦显微技术是在 1974 年由 Dekkers 和 De Lang 最先提出的。图 6.9 为差动共焦显微镜的技术原理图。

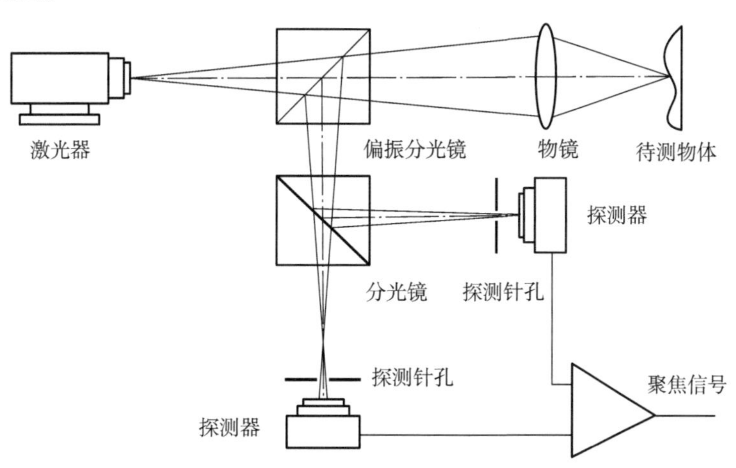


**图 6.9　差动共焦显微镜光路示意图**

它是在基本的共焦显微技术基础上，在共焦光路的信息接收端处，将被测信号分为两路，用两个光电转换器以差动方式进行连接，得到聚焦信号。采用差动方式测量共焦信号，可以消除光强漂移和探测器的电子漂移引起的噪声，很大程度上提高了测量信噪比，从而提高了测量精度。它与扫描探针式共焦测量系统相比，具有误差小、测量范围大、抗干扰的优点，其测量精度高，可达到纳米量级。此技术兼具高分辨率、大量程、非接触测量的特点。

### 6.2.4 共焦显微镜的应用

由于共焦扫描显微镜具有超衍射极限的高分辨率、高成像对比度以及能够层析成像等特点，自从其问世以来，便被应用于生物医学研究领域中。除了在生物医学研究领域，共焦显微镜在陶瓷、金属、半导体、芯片等材料的生产检测领域中还具有广泛的应用。这主要依赖于共聚焦扫描显微镜具有较高的分辨率、高对比度等特点，以及可对样品表面形状进行三维成像等功能。

1. 共焦显微镜在生物医药中的应用

共焦显微镜可以在不对生物样品进行染色，不做超薄生物切片的条件下，实现对自然状态下活生物体的三维无损检测。

图 6.10 为采用 Leica TCS SP8 激光扫描共焦显微镜拍摄的斑马鱼心脏的高分辨率图像。

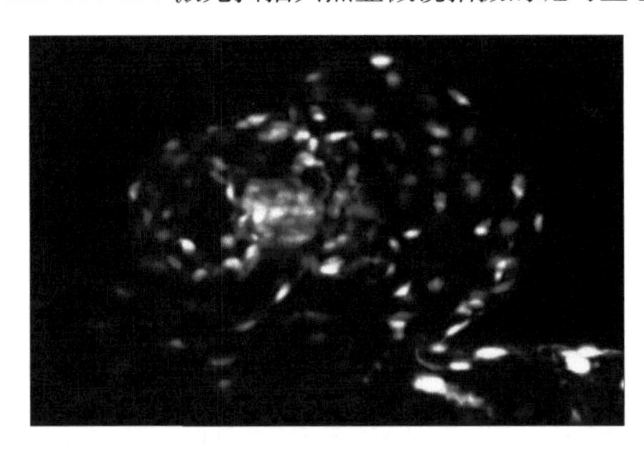

**图 6.10　斑马鱼心脏**

2. 共焦显微镜在微观形貌测量中的应用

根据共焦显微镜的光路特点，可以利用被测样品在离焦位置和准焦位置探测端信号差异显著的特点实现离焦信号与准焦信号的分离，在每个测量点位置均可通过轴线扫描得到该点的轴向坐标，再结合横向扫描就可实现对被测样品的三维形貌的测量。常规的共焦显微镜基本均能实现该功能。

目前，已有很多公司推出了面向生物医学领域和工业测量领域应用的共焦显微镜产品，主要性能指标列于表 6.1 中。

**表 6.1　工业用共焦显微镜主要性能参数对比表**

| 型号 | 特　点 | 主要性能指标 |
| --- | --- | --- |
| Zeiss LSM 700 | 半导体激光器；<br>振镜扫描 | 轴向分辨率：0.01 μm<br>扫描视场：对角线 18 mm |
| Nanofcus μsurf | LED 光源；<br>多针孔接收 | 测量范围：160 μm×160 μm<br>轴向分辨率：0.001 μm<br>$xy$ 方向分辨率：0.31 μm |

续表

| 型号 | 特　点 | 主要性能指标 |
| --- | --- | --- |
| Lasertec H1200 | 多波长激光器；<br>三线阵 CCD 接收 | 测量范围：8 000 μm<br>显示分辨率：0.001 μm<br>重复性：0.01 μm |
| Keyence VK－9700 | 408 nm 半导体激光器；<br>$x$、$y$ 方向振镜扫描；<br>$z$ 方向移动物镜 | 测量范围：7 000 μm<br>显示分辨率：0.001 μm<br>重复性：0.014 μm |

## 6.3　白光干涉轮廓仪

现代的干涉计量一般都用激光作为光源，这主要是由于激光的相干长度长，可以很容易得到干涉条纹。在表面形貌测量中，由于激光所形成的干涉条纹，各级次有着近乎相同的对比度和条纹宽度，一般用相移干涉法（PSI）对获得的多幅干涉条纹进行处理，并通过相应的相移算法得到被测面的三维形貌。但是，由于光波振动的周期性，干涉光强中被相位调制的干涉项是被测相位的周期性函数。因此，这种方法仅能实现对应 $2\pi$ 弧度相位范围内光程的测量，超过此范围，干涉仪的输出将呈周期性变化，导致测量结果不唯一。为了避免出现相位的不确定性，要求表面形貌的深度变化限定在一定范围内，造成测量范围小的缺点。为了克服上述缺点，人们研究和发展了一些扩大测量范围的方法，其中就包括白光干涉轮廓仪。

1982 年，美国 Balasubramanian 提出白光干涉法测量表面形貌原理，1990 年，美国斯坦福大学的 Kino 等利用这一原理测试表面，设计了 Mirau 干涉显微镜。其后美国 Veeco 公司经过多年开发，推出了 Veeco NT 系列光学轮廓仪。该系列的光学轮廓仪基于 Mirau 干涉显微镜，采用了相移干涉、垂直扫描白光干涉或增强型垂直扫描白光干涉三种测量方式，实现对微观高度从 0.1 nm 到数毫米的高精度测量。此外，美国 ZYGO 公司也推出了基于类似方法的 NewView 表面三维轮廓仪等。

### 6.3.1　白光干涉仪光路结构

根据干涉光路的结构不同，白光干涉仪可分为双光路和共光路两种类型。用于微表面形貌测量的基本上都是双光路干涉显微镜结构。根据分光方式的不同，双光路干涉显微镜结构又可分为 Michelson（迈克尔逊）、Mirau（米洛）、Linnik（林尼克）三种类型，图6.11 是这三种分光方式的示意图。

Michelson 干涉仪：来自光学系统前端光路的平行光经显微镜物镜和分光棱镜后分为两束，一束投射到参考面，另一束投射到被测面。这两束光被反射后再次经过分光棱镜，在物镜上发生干涉。

Mirau 干涉仪：来自光学系统前端光路的平行光经显微镜物镜后透过参考反射镜，然后在分光镜上表面分成两束。透射光经被测试件反射后，再次透过分光镜和参考镜回到物镜；反射光被参考反射镜上表面反射，再被分光镜上表面反射后回到物镜，两束光发生干涉。

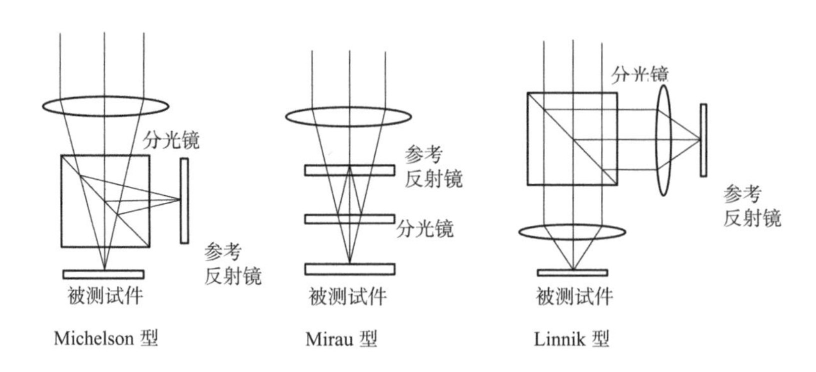


**图 6.11　三种不同类型的双光路干涉显微镜结构**

以上两种干涉仪均只使用了一个显微镜物镜，因而在测量时物镜不会给两束相干光引入附加的光程差，但为了在物镜和被测表面之间放置分光镜和参考反射镜等元件，就要求干涉仪的物镜工作距离长，尤其是 Michelson 型，因而限制了其数值孔径的进一步增加，造成这两种镜头的横向分辨率都较低。一般情况下，Michelson 型干涉仪显微镜物镜的放大率一般只有 1.5$^{\times}$、2.5$^{\times}$和 5$^{\times}$，数值孔径小于 0.2，横向分辨率为 8 μm。

Linnik 干涉仪：来自光学系统前端光路的平行光经分光棱镜后分为两束，反射光束经显微镜物镜聚焦在参考反射镜上，被参考镜反射回的光束再经分光棱镜反射进入干涉仪本体；透射光束经另一显微镜物镜聚焦在被测试件表面上，被测面反射的光束透过分光棱镜回到干涉仪本体，两束光重新汇合并发生干涉。该光路采用了两个名义参数完全相同的显微镜物镜，由于在物镜和被测表面之间没有其他光学元件，因而可以使用工作距离较短的显微物镜，其数值孔径可高达 0.95，放大率一般高达 100$^{\times}$，甚至 200$^{\times}$，横向分辨率达 0.5 μm。但由于两物镜本身像差难以做到完全一致，因而在测量时物镜会给两束相干光引入附加的光程差。

## 6.3.2　白光干涉仪原理

白光干涉测量法用白光作为光源，白光光源是各波长单色光的叠加，为连续光谱。光源光谱中不同的波长之间互不相干，不同波长的条纹叠加成了白光条纹。图 6.12（a）为用黑白 CCD 拍摄到的轴向扫描几个位置处（不同光程差）获得的球面被测物的白光干涉图。图 6.12（b）所示为在 3 个不同波长下，某一固定点在不同轴向位置处的光强分布曲线，即干涉光强与光程差的关系曲线。因为光源每一波长对应条纹的间距是不同的，仅有一个位置包含了所有波长对应条纹的最大值，即光程差为 0 的位置（等光程位置）。图 6.12（c）为图（b）中所有波长条纹的强度叠加结果。光强峰值称为零级条纹，在其两边相邻的条纹则依次为 +1 级、−1 级条纹及 +2 级、−2 级条纹。

从图 6.12（c）可以看出，一方面，随着光程差及干涉条纹级数的增加，干涉条纹中亮纹的强度将逐渐降低，直至干涉条纹消失；另一方面，与单色光干涉不同，白光干涉条纹的对比度随光程差的增大而降低，只有等光程位置时，条纹对比度变化剧烈并且呈现非周期性变化。该特征很容易与其他级条纹相区别，利用这一特征可以实现等光程位置的测量。因此，定位等光程位置是进行白光扫描干涉测量的关键。

白光光源的带宽越宽，时间相干性越差，由它产生的两束光波之间的相干光程就越短，基本上要在等光程差位置附近才能观察到干涉条纹，且条纹也只有为数不多的几条。采用白

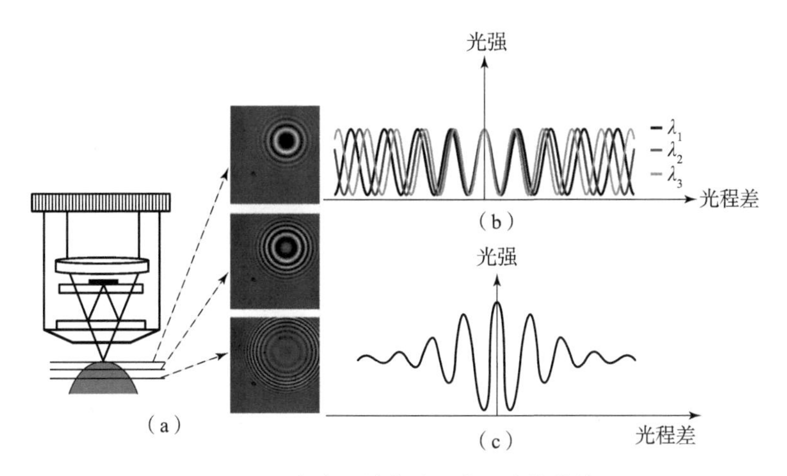


**图 6.12　白光干涉条纹及光强变化曲线**

（a）不同轴向位置处的白光干涉条纹；（b）3 个不同波长的光强 – 轴向位置分布轴线；
（c）白光光强 – 轴向位置分布曲线

光干涉技术测量表面时，其干涉图样很难获得。但是条纹条数少，对比度下降快，对等光程位置的判断确非常有利，因此，其大量应用于干涉式光学轮廓仪中。

由于等光程位置附近光强呈现非周期性，它有效地消除了 $2\pi$ 不定性，因此可实现较大高度范围的测量，从而克服了窄带光源干涉轮廓测量范围小的不足。对于非连续表面，尤其是阶梯状表面来说，基于窄带干涉的测量仪器根本无法分辨条纹的整数级次，而白光干涉的测量仪则不受表面高度突变的影响，因此白光干涉已广泛应用于表面三维微观形貌测量中。

## 6.3.3　白光干涉仪应用

图 6.13（a）所示为基于白光干涉垂直扫描系统的微观轮廓三维形貌测试装置的示意图，其基本结构为 Michelson 干涉仪。被测样品固定在载物台上，载物台与 PZT 移相器相连

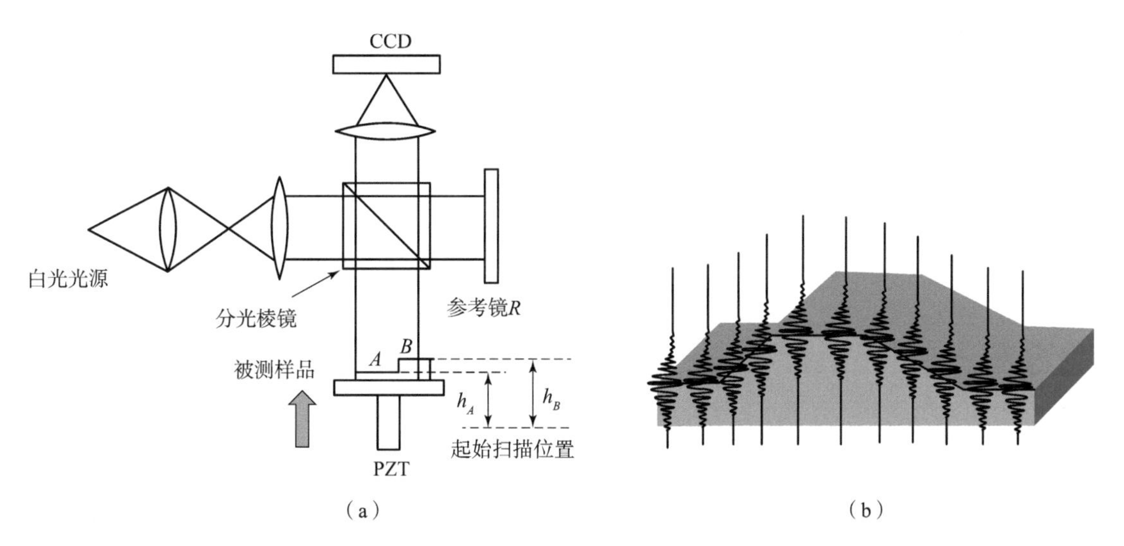


**图 6.13　白光干涉**

（a）三维形貌测量原理；（b）条纹及光强变化曲线

接。PZT 推动被测样品沿光轴方向微量移动。被测样品表面反射回的光束进而与参考镜 $R$ 反射回的光束被成像透镜会聚到 CCD 上形成干涉图。在 PZT 推动被测样品沿光轴方向移动的过程中，CCD 采集到干涉图序列，被测表面各点的时序干涉光强信号对比度最大的位置即为等光程位置，该位置可以表征被测点的高度信息。对 $xy$ 面上各点重复进行该过程，即可得到被测面的三维形貌，如图 6.13（b）所示。

白光干涉仪已广泛应用于生物医药、微机电系统、LED 显示技术等诸多领域，测量结果见图 6.14。

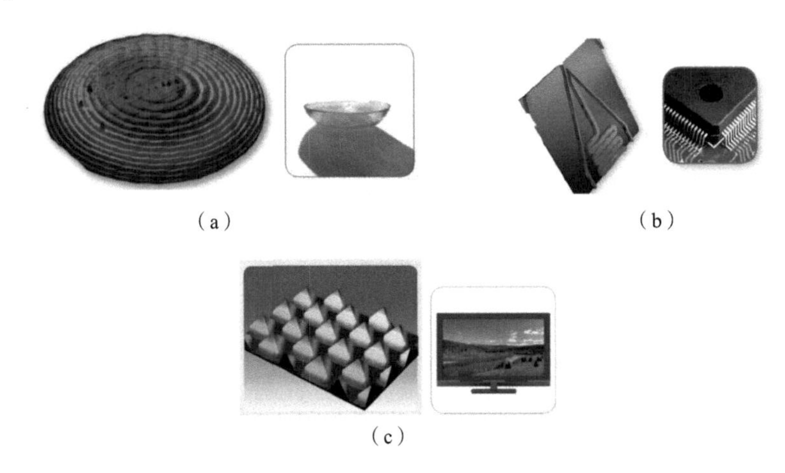

（a）　（b）　（c）

**图 6.14　白光干涉仪的应用举例**

（a）隐形眼镜形貌测量；（b）MEMS 器件测量；（c）蓝宝石衬底测量

目前，已有很多公司推出了商用的白光干涉轮廓仪，主要性能指标列于表 6.2 中。

**表 6.2　商用白光干涉轮廓仪主要性能参数对比**

| 型号 | Veeco NT9100 | Zygo New View 7300 | Taylor Hobson CCI3000A | Bruker Contour GT－1 3D |
| --- | --- | --- | --- | --- |
| 垂直测量范围 /mm | 10 | 20 | 10 | 10 |
| 垂直分辨率 /nm | <0.12 | 0.1 | 0.03 | <0.01 |
| CCD 分辨率 | 640×480 | 640×480 | 640×480 | — |
| 光源 | 绿光、白光 LED | 白光 LED | 白光 LED | 双白光 LED |
| RMS 重复性/nm | 0.015 | <0.01 | 0.03 | 0.01 |

## 参考文献

[1] 马拉卡拉．光学车间检测．[M]．3 版．杨力，伍凡，等译．北京：机械工业出版社，2012.

[2] 范志刚，张旺，陈守谦，李洪玉．光电测试技术．[M]．3 版．北京：电子工业出版

社，2015.
[3] Brodmann R, Smilga W. Evaluation Of a Commercial Microtopography Sensor [C]. Proc. SPIE, 802, 165-169, 1987.
[4] 李旦，杨练根，谢铁邦．弹头发射痕迹非接触三维检测仪 [J]. 兵工学报, 2003, 24 (3): 347-350.
[5] 李劲劲．采用环形透镜的公光路外差形貌仪及光学探针的研究 [D]. 北京：清华大学，1996.
[6] 梁嵘，李达成，等．在线测量表面粗糙度的共光路激光外差干涉仪 [C]. 第四届全国无损检测新技术暨第九届激光检测技术学术会议, 1998, 268-271.
[7] 浦昭邦，杨春兰，赵辉．几何光探针法在表面形貌测量中的应用 [J]. 测量技术, 2001, 1: 20-23.
[8] Kimiyuki Mitsui, Makoto Sakai, Yoshitsufu Kizuka. Development of a high resolution sensor for surface roughness [J]. OPT. ENG., 1988, 27 (6): 498-502.
[9] 周一览．共聚焦激光扫描显微镜的研制 [D]. 杭州：浙江大学，2002.
[10] 由小玉．光学共焦显微镜振镜扫描策略研究 [D]. 哈尔滨：哈尔滨工业大学，2015.
[11] Rezakhaniha R, Agianniotis A, Schrauwen J T C, et al. Experimental investigation of collagen waviness and orientation in the arterial adventitia using confocal laser scanning microscopy [J]. Biomechanics and Modeling in Mechanobiology, 2012, 11 (3-4): 461-473.
[12] Zhao W, Sun Y, Wang, et al. Three-dimensional super-resolution correlation-differential confocal microscopy with nanometer axial focusing accuracy [J]. Optics Express, 2018, 26 (12): 15759-15768.
[13] Hu Y, Zeng L. Multipoint focus-detecting method for measurement of biological nonsmooth surface topography [J]. Review of Scientific Instruments, 2005, 76 (5): 053101.
[14] Bai J, Li X, Wang X, et al. Chromatic Confocal Displacement Sensor with Optimized Dispersion Probe and Modified Centroid Peak Extraction Algorithm [J]. Sensors, 2019, 19 (16): 3592.
[15] 程灏波．精密光学元件先进测量与评价 [M]. 北京：科学出版社，2015.
[16] 刘承，张登伟，张彩妮．光学测试技术 [M]. 北京：电子工业出版社，2013.
[17] 沙定国．光学测试技术 [M]. 2 版．北京：北京理工大学出版社，2010.
[18] 戴蓉．光基于垂直扫描工作台的白光干涉表面形貌测量系统研究 [D]. 武汉：华中科技大学，2007.
[19] 冯奎景．基于白光干涉原理的三维微表面形貌测量技术研究 [D]. 武汉：华中科技大学，2007.
[20] 史琪琪．白光干涉显微系统及微观张貌移相算法研究 [D]. 南京：南京理工大学，2015.
[21] 徐海涛．垂直扫描白光干涉测量关键技术的研究及应用 [D]. 武汉：华中科技大学，2013.